The Bonobo and the Atheist

In Search of Humanism Among the Primates

Frans de Waal

道徳性の起源

ボノボが教えてくれること

フランス・ドゥ・ヴァール

柴田裕之㊟

紀伊國屋書店

シンシナティ動物園にいるオスのボノボ、ヴィック(写真上)は3歳のとき、父親が毎週ヴィックを見せに連れてきていた同じ年の男の子と友達になった。ヴィックとその子はガラス越しに互いの目を見つめ合っていた。写真家のマリアン・ブリックナーに言わせれば、2人は間違いなく友達だった。「すごいパパですね!　あの子の名前は聞きそびれました。写真を撮りましたが、ちょうど良いアングルで撮るために、じつはもう少し左に寄ってとお願いしなければなりませんでした」と彼女は言う。2012年、マリアンはヴィックの近影を撮るためにまた動物園を訪れた。ヴィックは12歳で青年期の後半だった(写真下)。

ボノボはあらゆる体位であらゆる相手とセックスする。この写真で大人のオスとメスが行なっている、対向位の交尾は一般的だ(写真上)。同性どうしのセックスも同様に一般的で、メスどうしのほうが多い。大人のメスが別の大人のメスを誘って生殖器を擦りつけている(写真右)。セックスの最中に盛んに求め合い、維持されるアイコンタクトの役割に注目してほしい。

ママと娘のモニーク。数十年間も（ほとんど歩けなくなったあとでさえ）アーネムの動物園の大コロニーに君臨し続けたママは、私にとってチンパンジー社会の絶対的支配者の典型だ。彼女はどんな大人のオスも力ずくで支配したことはなかったが、誰もが彼女の影響力を無視できなかった。オスたちはライバルにひどく圧力をかけられると、彼女の腕の中に避難していた。

この笑っているチンパンジーを見ると、類人猿と人間の表情が似ているのがよくわかる。私は片手でカメラをかざしながら、もう一方の手でこの3歳のオスの脇腹をくすぐる。彼は人間のように甲高い笑い声は出さないが、人間の笑い声と同じリズムで喉の奥からしわがれ声を出す。もっとやってとねだる様子から、間違いなく喜んでいるのがわかる。

コミュニティへの気遣いは、調和を回復しようとする行為によく表れている。2頭のメスが餌の若葉を巡って衝突すると、上位のオス（写真上、中央）が公平な仲裁に乗り出す。彼は2頭が叫ぶのを止めるまで、腕を広げて両者の間に立っている。メスもまた仲裁する。下の写真ではママ（写真中央）がアルファオスと子供の喧嘩に割って入っている。ママはなだめるようにパント・グラント（「ホッホッホッホッ」という連続した鳴き声）を上げながらアルファオスに近づき、そのあと子供を導いてその場から去らせる。

行動規範は仲良くやっていく必要性に基づいて必然的に決まる。幼いチンパンジーが互いの手足をしゃぶりながら、全身を絡ませて遊ぶ様子からは、相互信頼が窺われる(写真上)。遊びが乱暴になり過ぎると、楽しみを継続させるために関係改善が必要になる。社会規範に違反すると抗議される。たとえば、幼いチンパンジーは、誰かに盗られた小さな果実を返してもらおうと、精一杯手を伸ばし、叫び声を上げて訴える(写真下)。

不安なときは、安心感を生み出すさまざまな仕草を使って他者や自分自身を慰める。コミュニティ内で起こった緊迫した喧嘩を眺めながら抱き合う2頭のメスのチンパンジー（写真上）。上位のオスと喧嘩したあと、メスがオスの口にキスして仲直りしている（写真下）。

他者の子供を養子にするのは、人間社会でも他の動物の社会でもよく見られる利他行動の一形態だ。母乳が足りないために子供を数頭亡くしたメスのチンパンジーに、養子の赤ん坊のローシェ(写真下)を哺乳瓶で育てる方法を教えた。彼女は哺乳瓶で、ローシェだけではなくその後自分が産んだ子供も育てた。哺乳瓶での育て方を教えてやった私は、このメスに生涯感謝された。

The Bonobo and the Atheist
In Search of Humanism Among the Primates

道徳性の起源
ボノボが教えてくれること

Frans de Waal
The Bonobo and the Atheist
In Search of Humanism Among the Primates

私の好きな霊長類、カトリーヌに捧ぐ

目次

◎本文中の（ ）、［ ］は著者による、〔 〕は訳者による注とする。
◎行間の（ ）で括られた数字は著者による注で、原注として巻末に付す。

第一章
EARTHLY DELIGHTS

快楽の園に生きる

人間は神の不手際の産物にすぎないのか？　それとも神が人間の不手際の産物にすぎないのか？

フリードリヒ・ニーチェ[1]

私はオランダのデン・ボス[2]で生まれた。画家のヒエロニムス・ボスが自分の名に採った町だ。だからといって彼に詳しいわけではないが、中央の広場にボスの像が建つ町で育ったので、彼のシュールな絵や象徴的表現が昔から好きだったし、神の影響力が衰えるなかで、この世における人間の位置をうまく捉えている点も気に入っていた。

裸の人間たちが遊び戯れる彼の有名な三連祭壇画「快楽の園」は、楽園の純真さに捧げる讃歌だ。中央パネルの情景はあまりに楽しげでくつろいだものなので、厳格な専門家たちが提唱する堕落と罪の解釈とは相容れない。そこに描かれているのは、人類の堕落の前の、あるいは、堕落などまったく抜きの、罪悪感や羞恥心とは無縁の人間たちの姿だ。私のような霊長類学者にとっては、裸体や、セックスと繁殖についてのほのめかし、多くの鳥や果実、群れを成しての移動はごく当たり前のもので、宗教的な解釈や道徳的な解釈などおよそ必要としない。ボスは私たちを自然な状態のまま描き、自分の道徳観の表明は右側のパネルに譲ったようだ。そこで彼が罰しているのは、中央パネルで遊び戯れている人々ではなく、修道士や修道女、大食漢、賭博に興じる者、戦士、大酒飲みたちだ。ボスは聖職者も彼らの強欲も忌み嫌っていた。右隅に、ドミニコ会の修道女のようなヴェールを被ったブタに財産を譲り渡す書面への署名を拒んでいる男が小さく描かれているのも、それで説明がつく。その哀れな男は、ボス自身だと言われている。

それから五世紀が過ぎた今も、私たちは相変わらず社会における宗教の位置を巡る議論の渦中にある。ボスの時代同様、中心となるテーマは道徳性だ。私たちは絶対的な神が不在の世の中を想像できるだろうか？　その世界は善きものとなるだろうか？　聖書の記述を文字どおり信じる根本主義のキリスト教と科学が現在繰り広げている闘いが、証拠によって決着するなどとは一瞬たりとも思ってはならない。根本主義者はそもそもデータなど歯牙にもかけないから進化論を信じないのであり、そういう懐疑的な人たちを書物やドキュメンタリーで説得しようとしても無駄なのだ。その手のものは、もともと耳を傾ける気のある人たちの役には立っても、狙いをつけた肝心の相手を納得させることはできない。議論は事実についてというより、むしろその扱いについてのものだ。道徳性は造物主たる神に直接由来すると信じている人にしてみれば、進化論を受け容れたら道徳は破綻してしまう。アル・シャープトン師が、無神論の旗振り役だった故クリストファー・ヒッチンスと討論したときの言葉に耳を傾けるといい。「宇宙に何の秩序もなく、したがって秩序を規定した何らかの存在、何らかの力がないのなら、誰が善悪を決めるのか？　監督するものが何もなければ、何をしても不道徳ではなくなってしまう」(3)。同様に、私は人々がドストエフスキーのイワン・カラマーゾフに倣《なら》って、「もし神がいないのなら、私は隣人を好き勝手にレイプできるのだ！」と叫ぶのを耳にしたことがある。

ひょっとするとこれは私だけのことかもしれないが、自分自身と唾棄すべき行動とを隔てるものが自分の信仰体系しかないような人には警戒心を禁じえない。まともに暮らせる社会に必要な自制心も含め、人間らしい特性は、最初から私たちの中に組み込まれていると考えればいいではないか？ 私たちの祖先は、宗教を持つ前には社会規範が欠けていたなどと、本気で信じている人がいるのだろうか？ 私たちの祖先は、困っている人を助けたり、不公平な取引に苦情を言ったりすることなどまったくなかったのか？ 人間は昔から、自らが属するコミュニティの機能の仕方を気にかけてきたに違いない。現在の宗教が現れたのは、ずっとあとになってからで、たかだか二〇〇〇年ほど前のことにすぎず、生物学者にすればその程度の年数など物の数に入らない。

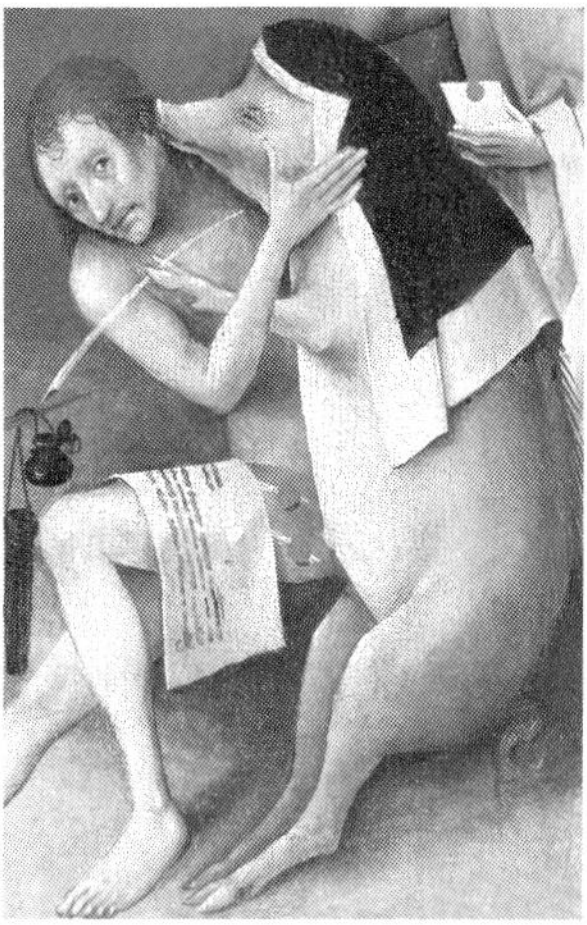

ボスは「快楽の園」の右下の隅に、口づけでそそのかそうとする修道女のような扮装のブタに抗《あらが》う自分の姿を描いた。ブタは彼の財産と引き換えに魂の救済を約束している(だから、ペンとインクと公式の書類らしきものが見える)。「快楽の園」が描かれたのは、マルティン・ルターがそのような慣行に対する抗議運動を巻き起こす10年ほど前の、1504年ごろだった。

ダライ・ラマとカメ

以上は、「ニューヨーク・タイムズ」紙のウェブサイトで発表した、「神抜きの道徳？」と題する小論の書き出しだ。私はこの論説で、道徳性が宗教に先行し、その起源については、人類の仲間の霊長類を考察することで多くが学べると主張した。[4] 自然界は弱肉強食で血にまみれているというお決まりの見方に反して、動物は私たちが道徳的に善しとする傾向を欠いてはいない。これは、道徳性は私たちが思いたがっているほど人間独自のイノベーションでないことを示唆しているように、私には見える。

これが本書の主題なので、小論発表後の一週間を説明することで、本書のおもなテーマを順に紹介しよう。その一週間には、ヨーロッパへの旅も含まれるのだが、その直前、私の勤務するアトランタのエモリー大学で、科学と宗教を考える集まりに出席した。それは、ダライ・ラマを迎えたフォーラムで、テーマはダライ・ラマがお気に入りの「思いやり」だった。私には、思いやりを持つことは人生にとって素晴らしい価値があるように思える。だから私は、この賓客のメッセージは大歓迎だった。第一講演者だった私は、赤や黄の菊に囲まれた壇上でダライ・ラマの隣に座った。ダライ・ラマに呼びかけるときには「ユア・ホーリネス」、他の人にダライ・ラマのことを指して言うときには「ヒズ・ホーリネス」という敬称を使うように指示されていた〔日本語ではどちらも「法王猊下《げいか》」だが、英語ではこのように使い分ける〕が、ややこしいので、その手の敬称はいっさい使わずに済ませることにした。世界で並ぶ者も稀《まれ》なほどの崇敬を集めているこの人物は、履物を脱ぎ捨てると椅子の上に趺坐《ふざ》し、小豆《あずき》色の衣と同じ色のサンバイザーを被った。三〇〇〇を超える聴衆が耳をそばだてる。私はプレゼンテーションの前に、主催者たちにしっかり釘を刺されていた。私の話を聴きにきた人など誰もいない、聴衆は全員、ダライ・ラマの珠玉の叡智を求めている、というのだ。

プレゼンテーションの中で私は、動物が利他行動をとることを示す最新の証拠を概説した。たとえば、類人猿はよく自発的にドアを開けて、仲間も食物を得られるようにする。そうすると自分の取り分が減ることになってもだ。また、オマキザルは他者も報酬がもらえるようにしようとする。たとえば、二匹を並べ、一匹に色違いの二種類のトークン（代用通貨）を使って私たちと物々交換させる。一方のトークンだと、そのサルだけが報酬を与えられ、もう一方のトークンだと、二匹とも報酬を与えられる。ほどなく、サルたちは「向社会的」トークンを選ぶようになる。これは恐れが原因ではない。なぜなら、（恐れる理由が少ない）上位のサルのほうが、じつは気前が良いからだ。

思いやりある行動は自然にとられる場合もある。ヤーキーズ国立霊長類研究センターのフィールド・ステーションでは、ピオニーという高齢のメスのチンパンジーが日中、仲間と外に出て過ごす。関節炎の症状が悪化している日には、歩いたりものに登ったりすることもままならないが、周りのメスたちが助けてやる。たとえばピオニーが、他のチンパンジーが集まってグルーミングをしているジャングルジムに登ろうとして息を切らしていると、血のつながりのない年下のメスが後ろに回り、でっぷりとした尻に両手をあてがい、苦労しながらも押し上げ、ピオニーが仲間に合流できるようにしてやる。

また、こんなこともある。ピオニーが立ち上がり、かなり遠くにある水飲み場に向かってのろのろ歩いていると、ときおり年下のメスたちが先回りして水を口に含み、ピオニーの所へ駆け戻って口移しで与えるのだ。私たちは最初、何をしているのか、さっぱりわからなかった。一頭のメスが自分の口をピオニーの口に近づけるところしか見えなかったからだ。だが、やがてはっきりした。ピオニーが大きく口を開ける。するとその中へ、年下のメスが水を勢いよく吐き出すのだった。

こうした観察結果がうまく収まるのが、動物の共感という新興の研究分野で、この分野は霊長類ばかりでなく、イヌ科の動物やゾウ、さらには齧歯類《げっしるい》さえも対象としている。典型的な例を挙げよう。チンパンジーは苦しんだり悲しんだりしている仲間がいると、抱擁《ハグ》したり、キスしたりして慰める。この行為は予測するのがじつに簡単なので、私たちは文字どおり何千という事例を記録してきた。哺乳類は互いの情動に敏感で、困っている仲間に反応する。人間が自分の住まいを、イグアナやカメではなく、毛むくじゃらの肉食動物だらけにするのは、爬虫類にはけっして望めないものを哺乳類が提供してくれるからにほかならない。彼らは親愛の情を示し、それを求め、私たちが彼らにするように、こちらの情動に応えてくれる。

それまでじっと耳を傾けていたダライ・ラマが、ここでバイザーを掲げて私の話を遮《さえぎ》った。カメについてもっと聞きたかったのだ。カメは彼のお気に入りで、それは古代インドでは、カメがこの世界を甲羅に載せて支えていることになっているからだった。この仏教界の指導者は、カメも共感するのかどうか知りたがった。彼はウミガメのメスが陸に這い上がって卵を産むのに最適の場所を探すことに触れ、それは未来の子供たちへの気遣いの表れだと言う。万一母ガメが子ガメたちに出会うようなことがあったら、どんな行動を見せるだろうかとダライ・ラマは尋ねた。私に言わせれば、このプロセスは、孵化《ふか》に最適の環境を探すように母ガメがあらかじめプログラムされていることを示唆している。母ガメは満潮線より高い場所に穴を掘って卵を産み落とし、後ろのひれ足で砂をかけてしっかり押し固めると、その場をあとにする。数か月後、孵化した子ガメたちは月光の下、急ぎ足で海に向かう。母親を知ることは金輪際ない。

共感を抱くには、他者の存在を認識し、他者が必要とするものを感知しなくてはならない。共感はおそらく、哺乳類に見られるような子育てに端を発するのだろうが、鳥類も共感することを示す証拠がある。かつて私はオーストリアのグリューナウにある、コンラート・ローレンツ研究所を訪れた。そこでは、大きな鳥舎でワタリガラスを飼っている。ワタリガラスは堂々たる鳥だ。とくに、肩に止まられ、黒い頑丈な嘴《くちばし》が自分の顔のすぐ脇に来ているときには圧倒される。ワタリガラスを見ていたら、学生時代に飼っていたおとなしいニシコクマルガラスを思い出した。ニシコクマルガラスはワタリガラスと同じカラス科だが、ずっと小型だ。グリューナウでは、科学者たちはワタリガラスの間で自然発生する喧嘩を見守り、居合わせた他のカラスが仲間の苦しみに反応する様子を目撃してきた。敗者は仲良しのカラスに心地良い羽づくろいをしてもらったり、嘴を嘴でそっと突いてもらったりできると思って間違いない。この研究所ではまた、ローレンツが刷り込みの実験に使ったガンの子孫に心搏数《しんぱくすう》測定用の送信機をつけて放し飼いにしている。大人のガンはみなつがいになっているので、鳥たちが共感するところを覗き見ることができる。一羽が喧嘩で別のガンに立ち向かうと、パートナーの脈が速まり始める。そのパートナーが喧嘩にはいっさいかかわっていなくても、気遣っていることが心搏から明らかになる。鳥類も互いの痛みを感じるのだ。

鳥類と哺乳類がともにある程度の共感を抱くのなら、その能力はおそらく、両者の祖先である爬虫類にまでさかのぼるのだろう。ただし、どんな爬虫類にも、というわけではない。そのほとんどが子育てをしないからだ。情動の座として「大脳辺縁系」という用語を導入したアメリカの神経科学者ポール・マクリーンによれば、思いやりのある態度が実在することを確実に裏付けているものの一つが、幼い動物が親とはぐれたときに発する「ロスト・コール」だという。子ザルは頻繁にロスト・コールを発する。置き去りにされると、母親が戻ってくるまで呼び続ける。木の枝にぽつんと座り、とくに誰に向けるでもなく、唇を尖らせて物悲しい「クー」という声を何度となく発する姿は哀れを誘う。マクリーンは、ヘビやトカゲ、カメなど大半の爬虫類には「ロスト・コール」がないことを指摘している。

ただし、動揺したり危険な目に遭ったりした子供が、助けてもらえるように母親を呼ぶ爬虫類も、いないことはない。ワニ目《もく》のアリゲーターの赤ん坊を手に取ったことがあるだろうか？　そういう機会があったら、気をつけてほしい。赤ん坊とはいえ、鋭い歯を持っているから。だが、それだけではない。彼らは動揺すると、喉の奥から絞り出すような声で吠えもする。すると母親がたちまち水の中から飛び出してきかねない。そうなれば、爬虫類には感情がないなどとはもう二度と思わないだろう。

私はダライ・ラマにそれを指摘し、共感は愛着を持つ動物に限られ、それが当てはまる爬虫類はほとんどいないと述べた。彼は納得がいかなかったようだ。なにしろ、カメについて知りたかったのだから無理はない。それに、カメは恐ろしげな歯を生やしたワニ目の獰猛な怪物たちよりもずっとかわいらしく見えるのだから。だが、外見に騙されてはいけない。ワニ目の生き物には、子供を大きな口の中に入れたり背中に乗せたりしてそっと運んでやり、危険から守るものもいる。口にくわえた肉片を子供に取らせてやることさえある。恐竜も子供の面倒を見たし、プレシオサウルス（巨大な海生爬虫類）にいたっては、今日のクジラと同様、胎生だった可能性もあり、水中で一度に一頭だけ子供を産んでいたかもしれない。私たちの知るかぎり、生み出す子供の数が少ないほど、親はよく世話をするので、プレシオサウルスは子煩悩だったと考えられている。ちなみに、科学界では羽毛の生えた恐竜と見なされている鳥類にしても同じだ。

ダライ・ラマはさらに質問を浴びせてきた。そして突然、蝶を話題にし、蝶の共感について尋ねたので、私はつい、冗談を飛ばしてしまった。「そんな時間はありませんよ。蝶は一日しか生きないのですから！」蝶の命は一日限りというのは、じつは俗説にすぎないが、たとえこの昆虫が互いについてどう感じているにせよ、それが共感とたいして関係があるとは思えない。もっともこれは、ダライ・ラマの質問の背後にある、もっと大切な点、すなわち、あらゆる動物は自分と子孫のために最善を尽くすということを軽視するものではない。この意味では、あらゆる生き物には思いやりがある。それは意識的なものではないかもしれないが、思いやりであることにかわりはない。ダライ・ラマは、思いやりが生命の何たるかの根源にあるという考えを伝えようとしていたのだ。

子育てをする爬虫類はほとんどいないが、ワニ目は例外だ。メスのアリゲーターが子供を安全に運んでいるところ。

ママの挨拶

そのあとフォーラムは他のトピックに移った。たとえば、思いやりについて長年瞑想してきた仏教僧の脳で、どうやって思いやりを測定するかだ。ウィスコンシン大学のリチャード・デイヴィッドソンは、こんな話をしてくれた。チベットから来たばかりの僧たちに、脳の検査をしてみてはどうかと誘いをかけると、尻込みしたそうだ。思いやりは脳（頭）ではなく心臓（心）で生じるに決まっているというのだ！　これを聞いて、誰もが滑稽そのものに感じたようで、聴衆のなかの僧たちも甲高い笑い声を上げた。だが、チベット僧たちの言い分にも一理あった。頭と心が結びついていることを、その後デイヴィッドソンは発見したのだ。「思いやりの瞑想」をすると、人間が苦しむ声を聞いたときに鼓動が速まるのだった。

私は思わずガンの心搏数の実験を思い出してしまった。だがそれだけではない。私はそこに座り、この科学と宗教のめでたい邂逅に感嘆していた。二〇〇五年にはダライ・ラマその人が、ワシントンで開かれた神経科学学会の年次総会で何千という科学者に、科学と宗教を統合する必要性を訴え、世間が神経科学の革新的な研究についていくのにどれほど苦労しているかを語った。「私たちの道徳的思考が、知識と力の獲得におけるこれほど急速な進歩に完全に置いていかれてしまっていることは明白そのものだ(5)」。これは、宗教と科学の間に楔《くさび》を打ち込もうとする試みとの、胸のすくような訣別ではないか！　このトピックは、ヨーロッパ旅行の準備をする間も私の頭を離れなかった。私はダライ・ラマから祝福を受け、カタ（白色の長い絹のスカーフ）を首にかけてもらい、重武装の護衛のついたリムジンで彼が走り去るのを見送ってからいくらもしないうちに、ベルギーの美しい古都ヘントに向かっていた。ヘントはベルギーのフランドル地方にある。この地域は文化的には、私の故郷オランダ南部に近く、ホラントと呼ばれるその北側の部分とは異質だった。オランダでは誰もが同じ言葉を話すが、ホラントはカルヴァン主義〔ルターの福音主義を基礎に、神の絶対的権威や禁欲的信仰生活を重視する教義〕なのに対して、南部はスペインによって一六世紀にもカトリック教会の支配下にとどめ置かれた。スペインはアルバ公と異端審問をもたらした。イギリスのコメディ番組「モンティ・パイソン」の馬鹿げた寸劇「まさかのときのスペイン宗教裁判」の類《たぐい》ではなく、聖母マリアの処女性を疑っただけでも本当に親指をねじで締めつけて拷問される、正真正銘の異端審問だ。流血は許されなかったので、異端審問官は「ストラッパド」という刑を好んだ。犠牲者は足首に重りをつけられ、手首を背中で縛られてそこから吊される。これは身に応えるので、セックスと受胎の因果関係についてどう思っていたにせよ、たちまちその考えを捨てることになる。近年、ローマ教皇庁は異端審問のイメージを和らげるキャンペーンを展開してきた。異端者を一人残らず殺したわけではなく、マニュアルに従ったまでだと言うが、監督していたイエズス会士たちに思いやりのトレーニングを受けさせておくべきだったのは明らかだろう。

ところでこの古い歴史からは、オランダでボスの絵を探しても無駄である理由もわかる。作品の大半はスペインの首都マドリードのプラド美術館に掛かっているのだ。「快楽の園」は、鉄の公爵の異名をとるアルバ公が一五六八年にオラニエ公ウィレム一世に叛逆者の烙印を押し、財産をすべて没収したときに、わがものにしたと考えられている。その後、アルバ公はこの傑作を息子に遺し、それが息子の代に国のものになった。スペイン人はボスのことを「エル・ボスコ」と呼んで崇拝し、彼の絵はジョアン・ミロやサルバドール・ダリにインスピレーションを与えた。私は最初にプラド美術館を訪れたとき、ボスの作品を心から楽しめなかった。「植民地支配者による強奪！」ということしか考えられなかったからだ。プラドの名誉のために言っておくが、今ではこの美術館は人気の高いこの作品を信じられないほどの解像度でデジタル化してあるので、グーグルアースを通して、誰もが「所有」

することができる。

ヘントで講演を終えた私を、科学者仲間たちが急に思い立って、ボノボの世界最古の動物園コレクションを見に連れていってくれた。このコレクションはアントワープ動物園で始まり、今はプランケンダールの動物公園に移っている。ボノボはベルギーの旧植民地が原産であることを考えれば、プランケンダールにいてもべつに意外ではない。アフリカから生きたまま、あるいは死んだ実物を持ち帰るのも、「植民地支配者による強奪」の一種だったが、それ抜きでは、この珍しい類人猿について何も知らずじまいになっていたかもしれない。ボノボの存在は、一九二九年、プランケンダールからさほど離れていない場所で発見された。あるドイツの解剖学者が、幼いチンパンジーのものとされる、小ぶりの丸い頭骨を引っ張り出してきて眺めていたときに、並外れて小さいとはいえ、それが成体の頭骨であることに気づいた。彼はただちに、この新しい亜種の発見を公表した。だが彼の主張は、それに輪をかけて重大なアメリカの解剖学者の発表によって、まもなくすっかり影が薄くなった。これは驚くほど人間とよく似た解剖学的構造を持つ、まったく新しい種であるというのだ。ボノボは他のどんな類人猿よりも優美な体つきをしていて、脚が長い。ボノボはチンパンジーと同じ、「パン」という属に分類された。二人の解剖学者は長寿をまっとうするまで、この歴史的発見をしたのがどちらなのか、ついに同意できず、学究の世界における対抗意識のすさまじさを身をもって示してくれた。私はボノボについてのシンポジウムで、そのアメリカの解剖学者と同席したことがある。彼はシンポジウムの最中に立ち上がると、憤りに震える声で、自分は半世紀前に「出し抜かれた」と言い放った。

ドイツの解剖学者はドイツ語で、アメリカの解剖学者は英語で書いたので、どちらの話が広く引用されているかは想像に難《かた》くないだろう。英語がますます使われるようになって押され気味の言語は多いが、私は、プランケンダールではオランダ語で楽しくおしゃべりをしていた（祖国を離れて何十年にもなるのに、オランダ語は他のどんな言語よりも一瞬早く口をついて出てくる）。ボノボの子供がロープにぶら下がって、振り子のように私たちの視界をよぎり、通り過ぎるたびにガラスを叩いてこちらの注意を惹く。それを見ながら私たちは、その表情が人間の笑顔にそっくりだと言い合った。ボノボは面白がっていた。私たちが恐れをなしたふりをして窓から飛びすさると、なおさら喜んだ。パン属の二つの種がかつてはいっしょくたにされていたというのは、今では想像できない。アメリカのロバート・ヤーキーズが幼い類人猿を二頭膝に乗せている有名な写真がある。霊長類の専門家だった彼も、二頭ともチンパンジーだと思っていた。これはボノボの存在が知られる前の話だ。もっともヤーキーズは、二頭のうち一頭ほど感受性が鋭く共感的な類人猿は他に知らないし、ひょっとするとこれより賢いものはいないかもしれないと言ってはいた。そして、その一頭を「天才類人猿」と呼び、おもにこの「チンパンジー」を題材に、『ほとんど人間（*Almost Human*）』を書いたのだった——じつは自分が、初めて生きたまま西洋に連れてこられたボノボの一頭を相手にしていたとは露知らず

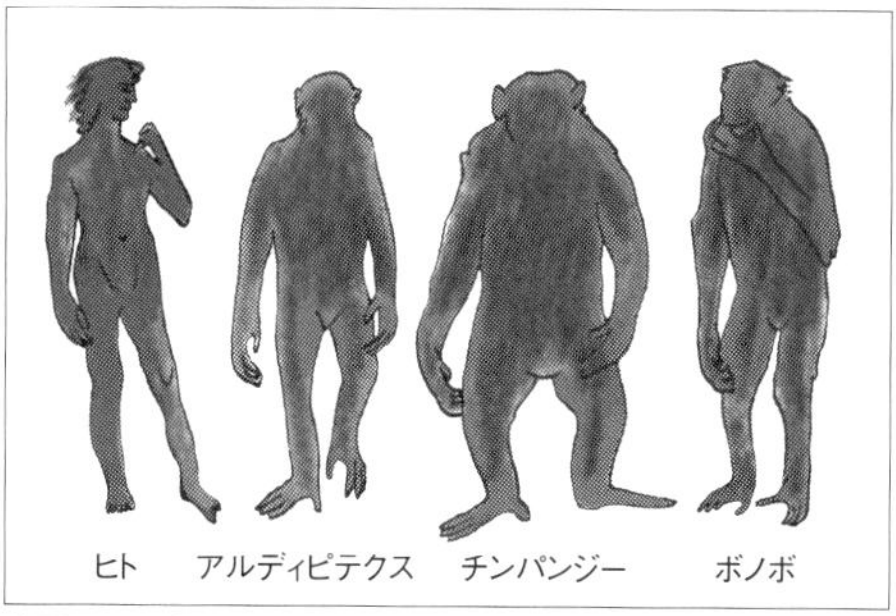

人間は二足歩行をしながら進化する間に、脚が長くなった。腕と脚の長さの割合は、類人猿のなかで、ボノボが私たちの祖先のアルディピテクスに最も近い（この図では、縮尺率がそれぞれ違う。実際には現生人類がいちばん背が高い）。

に。

プランケンダールのボノボのコロニー〔飼育環境下の集団〕を見れば、チンパンジーとの違いがたちまち明らかになる。リーダーがメスなのだ。生物学者イェルーン・スティーヴンズによれば、群れの雰囲気は、掛け値なしの「鉄の女」として長年君臨していたアルファメス〔最上位のメス〕が別の動物園に送られてから、くつろいだものになったそうだ。彼女は他のほとんどのボノボ、とくにオスたちを震え上がらせてきたが、新しいアルファメスはもっと性格が良いという。動物園の間でメスを交換するのは新しい傾向だが、ボノボの自然なパターンに沿うものなので推奨できる。野生の世界では、オスは大人になってもずっと母親のもとにとどまるが、メスはよそへ移り住む。動物園は長年、オスをやりとりしていたため、惨憺たる結果を積み重ねてきた。オスのボノボは母親がいないと、こてんぱんにやられてしまうからだ。そうした哀れなオスたちはけっきょく、命を守ってやるために動物園の非公開エリアに隔離されることが多かった。オスを母親のもとにとどめ、母子の絆を尊重することで、多くの問題が回避されている。

ここから、ボノボが平和の天使ではないことがわかる。だが、オスがひどい「母親っ子」であることも窺《うかが》えて、それをよしとしない人もいる。オスは「弱虫」でメスが支配する類人猿など屈辱的だと感じる男性がいるのだ。私がドイツで講演を終えたとき、聴衆の中の著名な高齢の教授に、「なんたるざまだ、そのオスどもは！」とドイツ語交じりでがなり立てられたことがある。それは、人類学者や生物学者が暴力と争いを強調するのに精を出し、当然ながら平和的な霊長類の仲間などにはほとんど関心がなかったときに、科学の表舞台に突然現れたボノボの宿命なのだ。どう扱えばいいのか誰にもわからなかったので、ボノボはヒトの進化に関する文献では、たちまち持て余し者にされてしまった。アメリカのある人類学者など、どのみち絶滅間近なのだから、そんなものは無視するに限るとまで述べた。(6)

絶滅の瀬戸際にあるからといって、ある種を責めるとは尋常ではない。ボノボはどこかおかしいのか？　適応しそこなっているのか？　いや、絶滅からは、当初の適応性については何もわからない。空を飛べない大型の鳥ドードーも、船乗りたちがモーリシャス島に上陸して、この鳥が（味こそひどいものの）手軽な食材になることを発見するまでは、何の問題もなく暮らしていた。同様に、ヒトの祖先もみな、今でこそ姿を消したとはいえ、ある時点ではうまく適応していたに違いない。彼らにも注意を払うのをやめろと言うのだろうか？　それはできない相談だ。メディアは私たちの過去のわずかな痕跡が見つかるたびに大騒ぎし、「ルーシー」や「アルディ」といった名前を与えられた化石が、そうした反応を煽り立てる。

私がボノボを歓迎するのは、チンパンジーとの際立った違いがヒトの進化に関する私たちの見方を豊かにしてくれるからにほかならない。ボノボは、私たちの血筋の特徴が男性優位とよそ者恐怖症だけではなく、調和を愛する心と他者への気遣いでもあることを示してくれる。進化は男性と女性の両方の血統を通して起こるのだから、男性が他のホミニン（ヒト族）(7)との闘いでいくつ勝利を収めたかだけで人間の進歩を測るいわれはない。進化の物語の女性側へ目を向けたところで害はないし、セックスに注意を払ったとしても同じだ。わかっているかぎりでは、私たちは他のホミニンを征服したりはせず、戦争ではなく愛を通して交雑することで、彼らを絶滅に追い込んだ。現生人類はネアンデルタール人のDNAを持っているし、ほかのホミニンの遺伝子も持っていたとしても、私は驚かない。この観点に立てば、ボノボの流儀もそれほど異質には見えない。

これらのおとなしい類人猿たちをあとに残し、私が次に立ち寄ったのがオランダのアーネムにある動物園で、ここは私がパン属のもう一方の種を相手に、研究者の道を歩み始めた場所だ。例のドイツの教授ならチンパンジーはおおいに気に入ることだろう。なにしろ、オスが絶対的権力を揮《ふる》い、たえず地位を争っているのだから。私は、彼らのおべっか戦術や権謀術数について『チンパンジーの政治学』という本をまるまる一冊書いたほどだ。生物学の教科書には提供してもらえない洞察を得るために、私は学生時代からニッコロ・マキアヴェリを読んでいた。今から四〇年も前になってしまったが、このコロニーの動乱期に上位を占めていたオスの一頭は、私がまだアーネムにいたときに殺された。襲撃者たちが睾丸を抜き取るという残忍な行為に及んだこともあって、あの出来事は今なお私の頭を離れない。年月を経るうちに、他のオスたちもみな死んでしまったが、アーネムのコロニーには大人になった彼らの息子たちが今でもいる。彼らは外見が父親に薄気味悪いほど似ているばかりか、威嚇するときや叫ぶときの声までそっくりだ。チンパンジーの声はそれぞれ特徴があるので、かつて私は声を聞いただけでアーネムの二五頭のチンパンジーをすべて区別できた。チンパンジーには強い親しみを覚えるし、彼らはじつに魅力的だと思うが、たいていの人には「気立てが良く」見えるとはいえ、心底気立てが良いなどという幻想を私は持ち合わせていない。彼らは自分たちの権力争いをとても真剣に受け止め、競争相手を殺すことも厭《いと》わない。ときには人間を殺したり、アメリカでペットのチンパンジーがしたように顔を食いちぎったりもするが、人間という脆弱な種によって性的嫉妬と優位性獲得の衝動が掻《か》き立てられかねない状況で野生動物を飼育していれば、これは予測しうることだ。大人のオスのチンパンジーは（短剣のような犬歯と、四つの「手」はもとより）すさまじい筋力を持っているので、屈強な男性が五人がかりでも押さえつけることはできない。人間のもとで育てられたチンパンジーはそれを十分心得ている。

オスたちは死んでしまったが、私が知っていたアーネムのメスたちはまだ生きており、そのなかには「ママ」という名の、コロニーの堂々たる長老格のメスもいる。ママはもともと、コロニーを支配するボノボのリーダーのメスとは似ても似つかないが、私の記憶のかぎりでは最初からアルファメスだった。ママは全盛期にはオスの権力闘争に積極的にかかわっていた。よく、オスの誰か一頭のためにメスたちの支持を結集したものだ。そのオスがまんまとトップの座に昇り詰めると、ママに借りができる。彼はママの機嫌を損ねないのが賢明だ。もしママを敵に回せば、自分のキャリアが一巻の終わりになりかねないのだから。ママは、自分が好ましく思っていないオスの肩をあえて持つようなメスがいると罰しさえした。まるで政党の幹部のようなものだ。チンパンジーのオスは身体的な力ではメスを圧倒するが、メスも政治に無知ではないし、関与しないわけでもない。野生のコミュニティのメスは無知だったり関与しなかったりすることが多いが、アーネムの島型の飼育場ではそのような選択肢はない。その結果、オスとメスの間の権力の差が縮まる。メスは全員たえずその場にいて、積極的に支え合っているので、どんなオスもメスの集団的政治力を無視することはできない。

私は最初からママと親しかったので、ママは私に会うたびに、敬意と親愛の情の混じった挨拶をする。ずっと昔にもそうしていたし、訪問者のなかに私の顔を見つけたときには、今でも毎回そうする。

私は一年おきぐらいにアーネムの動物園を訪れ、少しばかり彼女と仲良くグルーミングすることもあるが、このときは、動物園のコンベンション・センターで開かれたシンポジウムの出席者一〇〇人近くといっしょだった。私たちがチンパンジーの島に近づくと、ママと、ジミーという別の年老いたメスのチンパンジーが揃っていそいそと進み出てきて、私に挨拶した。二頭は続けざまに低いうなり声を発し、ママは堀の向こうから片手を差し伸べた。メスは移動するにあたり、子供を背中に飛び乗らせたいとき、よくこの「こっちへおいで」という仕草をする。私も同じ仕草で応え、あとで飼育係が島の周りの堀越しにチンパンジーたちに餌の果物を投げ与えるのを手伝った。そして、歩くのが遅く、宙を飛んでくるオレンジを受け止めるのが他のチンパンジーほどうまくないママでもたっぷり手に入れられるようにしてやった。

そのとき、その場で嫉妬がはっきり見てとれた。ママの娘だがすでに大人のモニークが忍び寄ってきて、一二、三メートルの距離から大きな石を私たちめがけて放り投げたのだ。彼女に注意を払っていなかったら、放物線を描いて飛んできたその石は私の頭を直撃しただろう。私は石を空中でつかみ取った。モニークは私がまだこの動物園で研究していたときに生まれたから、ママが私に注意を向けるのをひどく嫌う様子は何度も目にしてきた。彼女はおそらく私を覚えていないので、ママがなぜこのよそ者に旧友であるかのように挨拶するのか見当もつかない。だから、あいつに何かぶつけてやれ、というわけだ。一部の学者は、狙いをつけて物を放るのは言語の進化と関連した人間の専売特許と見なしているので、この説の支持者たちに、チンパンジーに何ができるか直接経験するように促してきたが、志願者にはお目にかかれたためしがない。ひょっとすると彼らは、石のかわりに悪臭漂う汚物が飛んでくる可能性に気づいているのだろうか？

　シンポジウムの参加者たちはママと私の再会場面に心を動かされ、チンパンジーが人間を、そして人間がチンパンジーをどれほど認識できるか知りたがった。私にしてみれば、類人猿の顔は人間の顔と同じでそれぞれはっきり異なっている。どちらの種も、同類のほうが見分けやすいのは確かだが。この傾向はつい最近まで無視され、顔認識が得意なのは人間だけだと考えられていた。人間を対象とするのと同じ実験を、同じ刺激（つまり人間の顔）を使って類人猿に行なうと、成績が悪かった。私はこれを、類人猿研究における「人間中心バイアス」と呼んでいる。このバイアスがどれほど多くの誤情報につながっていることか。アトランタの同僚の一人、リサ・パーが、アーネムで私が撮った何百枚もの写真を使い、チンパンジーに自分たちの種の顔写真で実験すると、彼らは素晴らしい成績を収めた。コンピューター画面で顔写真を目にしたチンパンジーたちは、写っているチンパンジーを直接知らないのに、どれがどのメスの子かさえもわかった。私たちも、写真アルバムをめくりながら、人間の顔を見るだけで誰が誰と血縁か判断できるのと同じだ。

　近ごろでは、ヒトと類人猿の近縁関係はしだいに受け容れられてきている。たしかに、人間が自らを特異な存在とする主張が出尽くすことはけっしてないだろうが、そうした独自性の主張で一〇年以上もつものはめったにない。ここ数千年の技術の進歩に眩惑されることなくヒトという種を眺めたときに目に入るのは、血と肉からできた生き物で、その脳は大きさがチンパンジーのものの三倍あるとはいえ、新しいパーツはまったく含んでいない。私たちの自慢の前頭前皮質でさえ、他の霊長類と比べれば標準的な大きさでしかない。人間の知性の卓越性を疑う者はいないとはいえ、私たちの基本的欲望や欲求で、近縁の動物たちにも見られないものなど一つとしてない。サルも類人猿もヒトとまったく同じで、権力を獲得するために骨を折り、セックスを楽しみ、安全と親愛の情を求め、縄張りを巡って相手を殺し、信頼と協力を重んじる。もちろん人間にはコンピューターや飛行機があるが、私たちの精神構造は他の社会的な霊長類の精神構造のままだ。

だからこそ、アーネムの動物園でシンポジウムを開き、医療の専門家と社会科学者が霊長類学から何を学びうるかをもっぱら検討したのだ。むろん私は霊長類学者だが、本題を離れた議論から私自身も学ぶところがあった。私たちは道徳性を正当とする根拠はどこから得られるかについて話し合っていた。もし道徳の重みが天に由来しないのなら、誰あるいは何がそれを提供するのだろう？　オランダ人はここ数十年ですっかり非宗教化したが、その一方で、道徳的権威の喪失がしだいに問題化していることを参加者の一人が指摘した。もう誰も公然と他人を正すことがなくなり、その結果、人々は礼儀正しくなくなってきた、と。見ていると、テーブルを囲む人がみなしきりにうなずいている。これは、今どきの若い者は、といつも苦言を呈したがる年長の世代の、いらだち紛れの叱責にすぎないのだろうか？　それとも、そこにはパターンがあったのか？　非宗教化はヨーロッパじゅうで誰もが経験しているが、その道徳的な意味合いはほとんど理解されていない。ドイツの政治哲学者で、正真正銘の無神論者かつマルクス主義者のユルゲン・ハーバーマスでさえ、宗教の喪失は手放しでは喜べないかもしれないと考えるようになり、「罪悪が犯罪と名を変えたとき、何かが失われた」と述べている。(8)

無神論のジレンマ

だが私は、道徳は天から重みを得る必要があるという考え方には納得がいかない。内から得ることはできないのか？　これは思いやりには間違いなく言えるだろうが、公平性の感覚についても当てはまるかもしれない。霊長類は、キュウリひと切れと引き換えに喜んで課題をこなすのに、キュウリよりずっと味の良いブドウの粒を他者が受け取るのを目にするとやめてしまうことを、私たちは数年前に実証した。キュウリを与えられた者は激高して投げ捨て、ストライキを始める。相棒がもっと良いものをもらっているのを目にした結果、非の打ち所のない食べ物が、受け容れ難《がた》いものに変わったのだ。私たちはこれを「不公平嫌悪」と名づけた。その後このテーマは、犬を含め、他の動物でも研究されている。犬は報酬なしで芸を繰り返し行なうが、別の犬が同じ芸でソーセージ片をもらうのを目にした途端、もうやるのを拒否する。

こうした研究結果は、人間の道徳性にも関係がある。たいていの哲学者によれば、私たちは理性の力で自らを道徳的真理に向かわせるという。彼らは神を持ち出しはしないにせよ、依然としてトップダウンのプロセスを提唱している。それは、原理を明確に規定し、そのうえでそれを人間の振る舞いに課するというプロセスだ。だが道徳は、本当にそのような高い次元で熟慮されるのだろうか？　私たちの本性に、しっかりと根差している必要があるのではないか？　たとえば、他者を気遣う性向がすでに生まれつき備わっていなければ、他人の身になって考えるよう催促するのは現実的だろうか？

公平さや公正さが欠けているときに強烈な反発を見せないようなら、そうしたものに訴えて意味があるのだろうか？　決定を下すときに、お仕着せの論理に照らしていちいち妥当性を吟味しなければならなかったとしたら、どれほど大きな認知的負荷がかかるか想像してほしい。私は、理性は情念の奴隷であるというデイヴィッド・ヒュームの立場を断固支持する。私たちは初めから道徳的な感情と直感を持っていた。他の霊長類との最も強い連続性が見つかるのもここだ。私たちは合理的な熟慮を経て無から道徳性を創り出したのではなく、社会的動物という素性に強力な後押しをしてもらったのだ。

だがその一方で、私はチンパンジーを「道徳をわきまえた生き物」と呼ぶ気にはなれない。感情だけでは不十分だからだ。私たちは論理的に筋の通った体系を求めて骨を折るし、死刑と生命の尊厳を擁護する意見との折り合いをどうつけるかや、本人が選択したものではない性的指向は道徳的に誤りたりうるかどうかについて議論もする。こうした議論は人間ならではのものだ。人間以外の動物が、自分には直接影響しない行動の是非を判断するという証拠はほとんどない。道徳性研究の偉大な先駆者である、フィンランド生まれの人類学者エドワード・ウェスターマークの説明によれば、道徳的情動は現下の状況とは切り離されているという。道徳的情動は、善悪をもっと抽象的で利害とは無縁の次元で扱うのだ。だからこそ人間の道徳性は際立っている。それは普遍的基準への移行であり、正当化や監視や懲罰から成る精緻な体系と結びついている。

ここで宗教が絡んでくる。思いやりを推奨する物語（たとえば、善きサマリア人《びと》の寓話）や、私たちの公平さの感覚を揺るがす物語（たとえば、「後にいる者が先になり、先にいる者が後になる」〔「マタイによる福音書」第二〇章一六節。なお、本書に引用された聖書の文言の訳はすべて、日本聖書協会『聖書』新共同訳に依拠している〕という有名な結論で終わる、ぶどう園の労働者の寓話）のことを考えるといい。さらに、（天国で出会える乙女から、罪人を待つ業火に至るまで）報酬と懲罰を好むスキナー学派ばりの傾向や、「称讃に値する」（これはアダム・スミスの言葉）人間になりたいという私たちの願望につけ込む行為もそれに加えよう。実際、私たちは世間の目をとても気にするから、目が二つ写った写真を壁に貼っておくだけで、善良な行動を見せるようになる。宗教ははるか昔からこれを熟知しており、何一つ見逃さない目の絵を利用して全知の神を象徴する。

だが、これほど控えめな役割を宗教に割り振ることすら忌み嫌う人もいる。私たちは近年、「神は偉大ではない」（クリストファー・ヒッチンス）、あるいは、「神は妄想である」（リチャード・ドーキンス）と主張する露骨な無神論にも驚かなくなった。新《ネオ》無神論者は「明るい者《ブライト》」を自称している（ヒッチンス、ドーキンスと、あとに出てくるサム・ハリス、ダニエル・デネットの四人は、ネオ無神論の四騎士とも呼ばれる）。信仰者はそれほど真理に明るくないというあてこすりであり、無信仰者は闇の中に生きているという聖パウロの考え方を逆転させ、真理の光を目にしたのは無信仰者だけだと言っているわけだ。ネオ無神論者は科学を信じるように強く迫り、自然主義的な世界観、つまりあらゆる現象を科学法則で説明しようとする立場に基づく世界観に倫理を根づかせることを望んでいる。宗教の制度や組織と、その「霊長類たち」（英語で「霊長類」を指す「primate」という単語は、このあと挙げられているような高位の聖職者を指しても使われる）、つまり教皇、司教、厖大《ぼうだい》な数の聴衆を抱える牧師、アヤトラ（イスラム教シーア派の指導者）、ラビ（ユダヤ教の指導者）に対するネオ無神論者の懐疑的な態度は、たしかに私も持っているが、宗教に価値を見出している多くの人たちを侮辱したところで何になるというのか？　あるいは、こちらのほうが本書にはずっと重要なのだが、科学はどんな代替物を提供できるというのか？　科学は人生の意味を明らかにするためにあるのではない。まして、私たちに生き方を指南することなど科学には不可能だ。イギリスの哲学者ジョン・グレイは次のように述べている。「……科学は魔法ではない。知識が増えれば人間にできることも増える。それでも人間を各自の境遇から救い出すことはできない」[9]。私たち科学者は、物事がなぜこのようになっているのかや、物事がどのように機能するのかを明らかにするのはお手の物だし、道徳性が現在のようなものになった理由を理解するうえでは、生物学が役立つと私は信じている。だが、そこから道徳的な忠告をするところまで行ってしまっては、いくらなんでもやり過ぎだろう。

西洋社会で育った極め付きの無神論者でさえ、キリスト教の基本的な教義は避けようもなく身についている。ますます非宗教化していく北ヨーロッパの文化を私は身をもって知っているのだが、そこの人々は、自らの物の見方はおおむねキリスト教的だと考えている。建築から音楽まで、そして芸術から科学まで、人間がどこで築き上げたものであれ、すべて宗教と手を携えて発展した成果であって、けっして別個に現れたわけではない。したがって、宗教抜きの道徳性がどのようなものになるかは知りようがない。もし知ろうとすれば、過去も現在も宗教とは無縁の人間の文化を訪れてみる必要がある。そんな文化など存在しない事実を、私たちはじっくり考えてみるべきだろう。

ヒエロニムス・ボスが取り組んだのも同じ問題だった。といっても、それは無神論者であることではなく（その選択肢はなかった）、社会に科学が占める位置だ。ボスの諸作品に描かれた小さな人や、鳥の頭上に載っている漏斗《ろうと》を逆さにしたようなものや、背景にある、蒸留用の瓶や炉のような形の建物は、化学装置を思わせる。今日私たちが科学をどのように見ているにせよ、それがあまり合理的な企《くわだ》てとして始まったわけではない点を押さえておくといい。ボスの時代には錬金術が台頭していたものの、オカルトと混ざり合い、山師やペテン師だらけで、ボスはそれを、物事を鵜呑みにする観衆の眼前に、卓越したユーモアをもって描き出した。そうした影響から解放され、自らを正す手順を開発したとき、錬金術は初めて経験科学へと姿を変えた。だが、科学が道徳的社会の創出にどう貢献しうるかは相変わらず不明だった。

もちろん人間以外の霊長類はこうした問題をいっさい抱えていないが、それでもなお、彼らはある種の社会を形成しようと懸命に努力する。彼らの行動には、私たち人間が追求するのと同じ価値観が見てとれる。たとえばメスのチンパンジーは、喧嘩したオスたちの手から武器を取り上げ、双方が乗り気でなくても引っ張っていって近づけ、仲直りさせるところが観察されている。さらに、高位のオスは普段から公平な仲裁者として振る舞い、コミュニティ内の紛争を収める。このような「コミュニティへの気遣い」を示唆するものこそ、道徳性の基本的構成要素が人類誕生以前にさかのぼることや、神を持ち出さなくても私たちが今日の在り方に行き着いた道筋を説明できることの証だと私は考え

ボスの絵は、化学の怪しげな先駆けである錬金術にまつわる描写であふれている。「快楽の園」で最も目立つ人物(「卵男」あるいは「木男」として知られている)は、頭に円板を載せており、その上では錬金術の道具としてよく使われたバグパイプのような装置が煙を吐いている。

る。だがその一方で、社会から宗教を除去したらどうなるだろう？　科学や、自然科学の立場に基づく世界観が宗教の穴を埋め、人を善に向かわせるインスピレーションになるとはとうてい思えない。

一週間に及ぶヨーロッパへの旅から帰る機中で時間を見つけ、「ニューヨーク・タイムズ」紙のウェブサイトで発表した「神抜きの道徳？」に対する七〇〇件近いコメントに目を通した。そのほとんどが建設的で、私の考えを支持し、道徳性の起源の話になるとさまざまな解釈の余地があると考えていた。だが無神論者たちは、こんな好機を逃す手はないとばかりに、宗教にさらに皮肉を浴びせ、私の意図をないがしろにした。私にとって、宗教の必要性を理解することのほうが、宗教を叩くことよりもはるかに重要な目標だ。無神論の中核を成す争点は神の（非）存在だが、私にとってこれほど退屈なものはない。誰一人証明も反証もできないものの存在について騒いだところでどうなるというのか？　二〇一二年、アラン・ド・ボトンは著書『無神論者にとっての宗教（*Religion for Atheists*）』の冒頭で「宗教について発しうるうち、この上なく退屈かつ不毛な問いは、それが本物——天からラッパの音とともに下されたものであるという意味で——かどうかというものだ」(10)と述べ、反発を招いた。とはいえ、相変わらずこの点についてしか語れない人もいる。私たちはどうしてこれほど狭量になってしまったのか？　まるで、勝つか負けるかしかない、ディベート・クラブに入ったかのようではないか。

科学はすべてに答えてはくれない。私は学生のころ「自然主義的誤謬《ごびゅう》」について学び、自分の研究によって善悪の区別を明らかにできるなどと科学者が考えるのは傲慢《ごうまん》の極みであることを知った。念のために言っておくが、これは、自ら主導する進化という科学理論で正当化されたはなはだしい悪行を第二次大戦がもたらした記憶がまだ色濃く残っていたころのことだ。戦時中、科学者は集団虐殺体制に深く関与し、想像を絶する実験の数々を行なった。子供たちをつなぎ合わせて結合双生児を作り出し、生きた人間に麻酔もかけずに手術をし、手足や目をあらぬ部位に移植した。私はあの暗黒の戦後時代を一度たりとも忘れたことはない。当時、ドイツ語訛《なま》りの科学者は誰もが疑いの目で見られた。とはいえ、アメリカやイギリスの科学者も潔白だったわけではない。なにしろ、二〇世紀初頭に優生学をもたらしたのは彼らなのだから。彼らは人種差別的な移民法を擁護し、目や耳が不自由な人、精神的に病んでいる人、身体的障害を抱えている人、さらには犯罪者や少数民族までを対象とする強制的な断種処置を支持した。そのような手術は、他の理由で病院を訪れていた人に、無断で秘密裏に行なわれた。この卑しむべき歴史の責任を科学に負わせることは望まずに、似非《えせ》科学のせいにしたがる人がいたら考えてほしいのだが、優生学は多くの大学で本格的な学問分野だった。一九三〇年には、優生学を専門とする研究機関がイギリスをはじめ、スウェーデン、スイス、ソヴィエト連邦、アメリカ、ドイツ、ノルウェイにも設置されていた。そしてその学説は、アメリカの大統領たちをはじめとする著名人に支持されていた。優生学を創始したイギリスの人類学者で博識家のフランシス・ゴールトンは王立協会の会員となり、人類を向上させるという考えを信奉するようになったずっとあとに、ナイト爵に叙せられてさえいる。ゴールトンが、平均的市民は「現代文明の日常業務をこなすのにはあまりに下等である」(11)と感じていたことは特筆に値する。

アドルフ・ヒトラーとその手先の蛮行を目の当たりにしたとき、こうした考え方が道徳的に破綻していることがようやくはっきりした。その必然的帰結として、科学(とりわけ生物学)の信用は急激に失墜した。「社会生物学」に対する激しい抗議運動が巻き起こったときのように、一九七〇年代になっても、生物学者たちはまだ当たり前のようにファシストと同一視された。私も生物学者だから、こうした厳しい日々が終わって嬉しいが、それと同時に、この過去を忘れ、科学を道徳の救世主として歓迎する人がいるのが信じられない。どうして深い疑念がおめでたい楽観に取ってかわられてしまったのか？　道徳性についての科学（私自身の研究もその一部だ）はおおいに歓迎するとはいえ、その一方で、（サム・ハリスの著作『道徳の風景（*The Moral Landscape*）』のサブタイトルのように[12]）科学に人間の価値観を「定める」ことを求める声は理解できない。似非科学は過去のものなのだろうか？　現代の科学者には道徳的傾向はないのか？　わずか数十年前のアラバマ州タスキギーでの梅毒人体実験、あるいは、グアンタナモ収容所での収監者に対する拷問に医師が現在も関与している事実[13]を考えてほしい。私は科学が道徳的に高潔であるとはとても信じられないし、科学に道徳性の補助役以上の役割を与えてはならないと感じている。

科学が買い被られる原因は、善き社会を築くためにはより多くの知識さえあればいいという幻想にたどれるように思える。道徳性の核を成すアルゴリズムをいったん解き明かしてしまえば、安心して科学に物事を委ねられる、そうすれば科学は最善の選択肢を保証してくれるという考え方がその背後にはある。これは、高名な美術評論家は素晴らしい絵が描けるに違いないとか、料理評論家はきっと料理の腕も立つだろうとか考えるようなものだ。なにしろ、評論家はでき上がった作品に関して深い洞察を示すのだ。適切な知識を持っているのだから、制作も彼らに任せてしまえばいいではないか？　ところが、評論家の十八番は事後の評価であり、創作ではない。創作には直感と技能とビジョンが必科学が道徳性を導けることにはならはない。卵の味の良し悪しがわかるからといって、卵を産むことはできないのと同じだ。

道徳性はひと組の不変の原理あるいは法則であり、それを発見するのは私たちの任務であるという見方の元をたどると、けっきょく宗教に行き着く。それらの原理あるいは法則を定めるのが神なのか、人間の理性なのか、はたまた科学なのかはあまり問題ではない。こうしたアプローチはみなトップダウンの方向性を持っており、その大前提は、人間はどう行動するべきかを知らず、誰かが教えなくてはならないという考え方だ。だが、もし道徳性が抽象的な観念のレベルではなく日々の社会的相互作用の中で生み出されるのだとしたらどうだろう？　道徳性が情動に根差していたらどうなのか？　情動は科学が好むすっきりした分類からはたいてい漏れてしまう。本書の主眼はボトムアップのアプローチを論じることだから、この点には当然また戻るつもりだ。私の見方は、理屈づけの前に本能的な反応が起こるという、私たちの知っている人間の心の働き方とも、進化がさまざまな行動を形作る手順とも合致している。手始めに、社会的動物としての私たちの来歴と、その来歴のせいで互いの扱い方にあらかじめ与えられている傾向を認識するのがいいだろう。無神論者を自認する人たちさえもなかば宗教的な道徳観を捨てきれず、実験用白衣を身に着けた「聖職者」が修道服をまとった聖職者に取ってかわれさえすれば世の中はもっと良くなるだろうと考えている時代にあって、この取り組み方は注目されてしかるべきだ。

第二章
GOODNESS EXPLAINED

思いやりについて

動物は、社会的な本能によって仲間との交流を好み、仲間たちにある程度の同情を覚え、さまざまなかたちで彼らに尽くす。

チャールズ・ダーウィン[1]

エイモスは、私がこれまで出会ったオスのうちでも際立ってハンサムだった。もっとも、ある日リンゴをまるごと二つ口に詰め込んだときには、そうとも言えなかったが。それでも、私たち人間にできないことをチンパンジーがやってのけられる事実を、またしても教えてくれたわけだ。エイモスは、目がぱっちりしていて、顔は均整がとれており、いかにも愛想が良さそうで、体はふさふさした艶やかな黒い毛に覆われ、腕や脚には筋肉が盛り上がっていた。一部のオスのようにやたらに攻撃的になることはまったくないものの、全盛期には自信満々だった。そして、誰からも愛された。彼が死んだときには、泣いた人もいたし、仲間のチンパンジーたちは何日間も、気味悪いほどひっそりしていた。彼らの食欲も落ち込んだ。

当初、死因は見当がつかなかったが、遺体を解剖すると、腹部をほとんど埋め尽くすほど肝臓が肥大していたのに加えて、腫瘍もいくつか見つかった。一年前から体重が一五パーセント減っており、何年もかかって症状が進行してきたに違いないが、それでもエイモスは普段どおりに振る舞っていた。体がどうしても言うことを聞かなくなるまでは。何か月もさんざんつらい思いをしたはずだが、少しでも弱みを見せれば地位を失っていただろう。その点はチンパンジーたちも心得ているようだ。野生の世界では、脚を傷めたオスが何週間もひっそりと一頭で過ごして傷を癒すところが観察されている。ただし、彼はときどきコミュニティのただ中に姿を現し、元気いっぱいに突進のディスプレイ（誇示行動）を見せ、それからまた離れていった。こうしておけば、良からぬことを企《たくら》む者も出てこない。

エイモスがようやく症状を表に出したのは死の前日で、私たちが気がついたときには、毎分六〇回の割合で荒い息をし、顔から汗をしたたらせ、他のチンパンジーたちが外の日なたに出ているなか、夜間用のケージの一つで麻袋の上に座っていた。エイモスはどうしても外へ出たがらなかったので、獣医に詳しく調べてもらうまで隔離しておいた。もっとも、他のチンパンジーたちはしきりに屋内に戻ってきては様子を窺おうとするので、接触できるようにと、エイモスの座っている場所の後ろのドアを少しだけ開けておいた。エイモスはその隙間のすぐそばに腰を下ろした。するとメスのデイジーが彼の頭を抱くようにして、耳の後ろの柔らかい場所をグルーミングした。そのあと、隙間から大量の木毛《もくもう》を押し込み始めた。木毛というのは、チンパンジーが寝床を作るときに好んで使うおが屑だ。チンパンジーは一面に木毛を敷き詰め、その上で寝る。デイジーがエイモスに木毛を与えると、今度はオスが一頭、同じことをするのが見られた。エイモスは壁に寄りかかって座り、木毛にはほとんど手をつけなかったので、デイジーは何度か中に手を入れて、木毛をエイモスの背と壁の間に詰めてやった。

これは驚くべきことだ。デイジーは、エイモスの具合が悪いに違いないことに気づき、病院のベッドで起き上がった人が寄りかかれるように私たちがクッションをあてがうのと同じで、何か柔らかいものに寄りかかっているほうが楽だろうと悟ったことが、ここから窺われるのではないか？　デイジーは自分が木毛に寄りかかったときにどう感じるかに基づいて推測したのだろう。じつは私たちの間では、彼女は「木毛マニア」として知られている（普通なら、彼女は木毛を仲間と分かち合わずに独り占めしようとする）。類人猿は他者の視点を取得できると私は確信している。仲良しが困っているときには、とりわけそうだと思う。たしかにこれまで、そうした能力を実験室で試すと、いつも確証が得られたわけではないが、たいがいの研究では、人工的な設定のもとで人間を理解することを類人猿に求める。私たちの科学における人間中心バイアスについてはすでに触れた。類人猿どうしで視点取得のテストを行なうと、チンパンジーは成績がずっと良くなり、野生の世界では他者が知っていること、知らないことに注意を払う。[2]したがって、デイジーがエイモスの立場を把握しているように見えたからといって、驚いてはならない。

翌日、エイモスは安楽死させた。助かる見込みはまったくなく、このままではさらに苦しむだけだったからだ。この出来事は、霊長類の社会生活における二つの対照的な面をはっきりと示している。第一に、霊長類は激烈な競争社会に生きていること。そのせいで、オスは強靭な外見を保つために、体の具合が悪くてもなるべく長くそれを隠さざるをえない。だが、第二に、彼らは緊密なコミュニティに属し、その中では非血縁者も含めて、他者の親愛の情と援助を当てにできる。このような二重性はなかなか理解し難い。一般読者向けの書き手は事を単純化したがり、チンパンジーの生活をホッブズの説の見地に立って卑劣で凶暴なものとして描いたり、あるいは、愛想が良くて親切な面だけを強調したりするが、じつは、そのどちらか一方ということはけっしてない。必ず、その両面が併存している。チンパンジーがときには殺し合うことを知っている人が、チンパンジーは共感的だなどとどうして言えるかと問うなら、私はいつもこう問うことでそれに応じる。殺し合いという話を持ち出すなら、同じ理屈から、人間の共感という概念もそっくり放棄すべきではないですか、と。

この二重性はきわめて重要だ。私たちが例外なく親切だったなら、道徳性など無用の長物になる。もし人間は互いに同情を示し合うばかりで、けっして盗まず、けっして裏切らず、けっして他人の妻を欲さないのなら、何一つ心配する必要がないではないか。私たちがそれにはほど遠いことは明らかであり、だからこそ道徳規範が必要なのだ。その一方で、他者への敬意と気遣いを求める規則を無数に定められるが、もし人間にもともと他者に対するそのような傾向が備わっていなかったなら、そんな規則はすべて無駄になるはずだ。ガラス板に落ちた種子のようなもので、根を張ることなどないだろう。善悪の区別がつくのは、私たちが善くも悪くもなりうるからこそだ。

デイジーがエイモスに差し伸べた援助は、公式には「利他行動」という分類に入り、（たとえば、危険を冒す、エネルギーを費やすといった）何らかの犠牲を払いつつ他者に恩恵を与える行動と定義される。だが、利他行動を巡る生物学的な議論の大半は、動機には触れず、この手の行動が他者に与える影響や進化がそれを生み出した理由をもっぱら取り上げる。この議論は始まってから一五〇年以上になるが、表舞台に上がったのは、ここ数十年のことにすぎない。

遺伝子の視点

飛行機に乗るたびに、「まずご自分が酸素マスクをおつけになってから、他の方のお手伝いをしていただきますように」と言われる。利他行動をとるには、まず自分のことをしっかりやる必要がある。だが、この分野でも有数の理論家は、悲しいかな、まさにそれをやりそこなった。その様子をイスラエルの科学史家オレン・ハーマンが、読む人の心を捉えて離さない著書『親切な進化生物学者』で語っている。

この本の主人公ジョージ・プライスは風変わりなアメリカの化学者で、一九六七年にロンドンに移り住み、集団遺伝学に手を染め、見事な数学の公式を使って利他行動の謎を解決しようとした。だが、自分自身の問題の解決には手を焼いた。それまでの人生では、他者への気遣いをほとんど見せなかった（妻と娘たちを見捨て、老いゆく母親に対しても、およそ孝行息子とは言い難かった）が、今度は正反対の極端へと方向転換した。断固とした懐疑論者かつ無神論者という立場から一転して敬虔なキリスト教徒になり、ロンドンのホームレスたちの支援に人生を捧げたのだ。全財産をなげうち、自身のことはまったく顧みなかった。五〇になったころには、すっかり痩せ細り、虫歯だらけで、声もかすれていた。一九七五年、プライスは鋏を使って自らの命を絶った。

プライスは長い伝統に倣い、好んで利他主義を利己主義の対極に置いた。だが、両者の違いが鮮烈であればあるほど、利他行動の由来にまつわる謎が深まった。もちろん、利他行動の不可解な事例はいくらでもある。ミツバチは巣を守るために侵入者を刺し、まもなく息絶える。チンパンジーはヒョウに襲われると、助け合って窮地を脱する。リスは警告の声を上げて危険を仲間に知らせる。ゾウは倒れた仲間を助け起こそうとする。だが、なぜ他者のために行動する動物がいるのか？　これは自然の法則に反してはいないか？

科学者たちはこの理論上の問題に熱心に取り組み、それについて議論し、言い争ってきた。その問題は、外部の人間にしてみれば難解なのだが、行動生物学と進化心理学における昨今の進歩に大きく貢献している。その過程では、プライスの生死を巡るドラマは別にしても、重大な出来事や個人的な出会いには事欠かなかった。たとえば、こんなこの上ないアイロニーもあった。イギリスの著名な進化生物学者ジョン・メイナード・スミスが、さらに有名なJ・B・S・ホールデーンが死の床に就いている所へ、一冊の本を持ってきたという。鳥類は自らの繁殖活動を制限することで、個体数が過剰に増えるのを防ぐと主張する本だった。生物学者にとって、これは自らを犠牲にして他者の繁殖を許すのだから、利他行動となる。だが、動物が全体の利益を自己の利益に優先することなどとうていありそうにないので、このような考え方はみな、その後何年にもわたってたっぷり嘲笑を浴びることになった。ホールデーンはただちに問題を見てとり、訪ねてきた人々に悪戯っぽい笑みを浮かべてこう言った。

ケニアの平原で見られたゾウの利他行動。グレイス（右）は、体重3トンのエレノアが倒れると、牙を使って立たせ、体を押して歩かせようとした。だが、エレノアはまた倒れ、とうとう死んでしまい、あとに残されたグレイスは側頭腺から分泌物を流しながら叫び声を上げていた。これは、深い苦しみや悲しみの表れだ。この2頭はそれぞれ別の群れの長老格のメスだから、おそらく血縁関係にはない。

そうだな、クロライチョウがたくさんいたとしよう。オスたちはみな気取って歩き回っていて、ときどきメスが一羽やってくる。するとオスの一羽がそのメスとつがう。やつらは棒を一本持っていて、メスとつがうたびに、小さな刻み目を一つつける。刻み目が一二個になり、そこへ別のメスがやってくると、オスたちは言うんだ。「いや、淑女のみなさん、もう、いいかげんにしましょう！」(3)

大衆向けに語る人たちは、形質が種あるいは群れの生存を助けることをしばしば強調するが、私も含め、生物学者の大半は、群れのレベルを強調する進化の筋書きからは尻込みする。それは、ほとんどの群れが遺伝的単位のようには振る舞わないからだ。たとえば霊長類では、どちらか一方の性（たいていのサルではオス、類人猿ではメス）の事実上すべての個体が成熟期に自分の群れを離れ、近隣の群れに加わる。人間が部族間で頻繁に婚姻関係を結ぶのとちょうど同じだ。これにより、血縁関係の境目がじつに曖昧になる。霊長類の群れは遺伝的にあまりに「漏れが多い」ため、自然淘汰が威力を発揮できない。遺伝的単位としてふさわしいのは、拡大家族のように、共有する遺伝子に基づいているものぐらいだろう。ホールデーンは、進化を「遺伝子の視点から眺める」という立場の創始者の一人だった。遺伝子の視点から眺めると、利他行動は特別な意味を持つ。たとえ自分の命を落としても、血縁者を救えれば、その血縁者と共有している遺伝子は、依然として次世代に伝えられる。したがって、血縁者を助けるのは自分自身を助けるようなものだ。ホールデーンは酔っぱらってビールの上に覆いかぶさるようにしながら、もごもご言ったという。「二人の兄弟のためなら、そして八人のいとこのためなら、川に飛び込むぞ」。こうして彼は、チャールズ・ダーウィン以降、聡明で人柄の良いことでは屈指の生物学者ウィリアム・ハミルトンがやがて提唱する血縁淘汰説を先取りしたのだった。

私が「人柄の良い」という言葉を加えたのは、ハミルトンの発想であることを示さずに血縁淘汰説を拝借した論文で、この「血縁淘汰」という用語を造り出した科学者と対比させるためだ。その科学者とは先ほど出てきたメイナード・スミスで、ハミルトンの発想を耳にした途端に、「当然ではないか。なぜ私は思いつかなかったのか!」と叫んだと言われている。[4] ハミルトンは自分の独創的な論文の匿名審査員のうち、誰が刊行を遅らせたかを突き止めて以来、何度も謝罪を受けたにもかかわらず、メイナード・スミスに対して激しい恨みを抱き続けた。プライスも同じ目に遭いかけた。メイナード・スミスは、戦いの抑制(「なぜ毒蛇は毒牙を使って互いに殺し合わないのか?」)に関するプライスの発想にお礼を言うだけで済まそうとしたが、幸いプライスは、共同執筆者の肩書を確保できた。

当初、血縁淘汰という考え方を前にして、利他行動にまつわる議論は影が薄かった。近縁者のコロニー(集団)で暮らすミツバチやシロアリといった社会性昆虫に焦点が絞られていたからだ。だがやがて、利他行動も血縁淘汰に並び立つほど注目されるようになった。アメリカの進化生物学者ロバート・トリヴァースは、非血縁者間の協力はしばしば互恵的利他主義に依存していると提唱した。他者を助ける行為は、短期的には犠牲が大きくても、いずれ他者から助けてもらえるのなら、長期的には利益になるからだ。もし私が溺れかけている友人を救い、私が同じような状況に陥ったときに、彼が助けてくれれば、二人とも、自力だけを頼みにしているよりも良い結果が得られる。したがって、互恵的利他主義のおかげで、協力のネットワークは血縁による絆を超えて拡がりうるのだ。

驚くまでもないが、長年に及ぶこの探究の参加者たちの大半が、政治的に凝り固まっていた。その一人で、イギリスの統計学者で生物学者のロナルド・フィッシャーは、優生学者を自認しており、ヒトという種には遺伝的改良が必要だと感じていた。ハンガリー生まれのアメリカのゲーム理論家ジョン・フォン・ノイマンは、自分の計算に酔いしれるあまり、一九五五年に、「もしみなさんが、明日爆撃しようと言うのなら、今日やればいいではないですか、と私は言いたい」と主張してアメリカ上院にソヴィエト連邦に原子爆弾を落とすよう迫った。[5] 一方、筋金入りの共産主義者もおり、初期にはもちろん、ロシアの無政府主義者ピョートル・クロポトキン公爵もそのなかに含まれていた。進化生物学は右翼の陰謀だという敵対者たちの非難があったにもかかわらず、利他行動についての議論は、イデオロギーのスペクトルのおもに右ではなく左の側で行なわれた。私はそれを直接知っている。トリヴァースと故ハミルトンは、私が数十年にわたって所属している法律・行動調査のためのグループ研究所での会合で、ときどき顔を合わせていたからだ。私はトリヴァースにインタビューし、彼の説の意味合いについて尋ねた。ここにそのときのやりとりの一部を引用しておく。

ドゥ・ヴァール　行間を読むと、あなたの論文には、クロポトキンが自分の考えを練り上げるきっかけとなったのと同じ類の社会的関与が見てとれるのですが……。

トリヴァース　私の政治的好みについては、おっしゃるとおりだ。数学を離れ、大学で何をしようか思案したときに、こう言ったよ（自嘲的な調子で、いかにも偉そうに）。「よし、弁護士になって、公民権の拡大と貧困の撲滅のために闘おう！」アメリカ史をやったらどうかと言う人もいたが、一九六〇年代前半のあのころ、あの分野の本は完全に独りよがりのものばかりだった。けっきょく私は生物学を学ぶことになった。

政治的にはリベラルであり続けたので、この互恵的利他主義の説を論じていくだけでたちまち、正義と公平性を求める理由が生まれるのがわかると、とても喜ばしかった。なにしろそれは、最強者の権利という生物学におけるあのおぞましい伝統とは反対の側にあったから。(6)

ハミルトンはプライスの葬儀に参列したあと、彼が無断居住していたアパートに行き、残された論文を回収し、晩年には神に話しかけていた（「何事においても主の僕《しもべ》となり、大小にかかわらずあらゆることで主の判断を仰ぐよう努める」(7)）この人物に強い親近感を覚えたという。プライスの早過ぎる死は、自分自身の計算が持つ不快な意味合い（たとえば、外集団に対する拷問やレイプや殺害をするようにならないかぎり、内集団に対する忠誠も進化させられないこと）にひどく心を乱されたせいだと見る向きもある。プライスは、利他主義は負の側面を伴うこととなしには現れえなかったかもしれないと考えて絶望した。だが彼は、利己主義は正真正銘の利他主義の邪魔をするという考えも抱いていた。自分自身がどこまで自己を犠牲にする能力を持っているかを試すことで人間性の限界を探っていた彼には、このはなはだしい誤解は致命的だったかもしれない。人間の利他主義のほとんどがそんなふうに作用しないことには、考えが及ばなかったのだ。人間の利他行動は、困っている者に対する共感から生まれる。そして、自己と他者の境界が曖昧になることこそ、共感の要《かなめ》ではないか。そのため、利己的な動機と利他的な動機の違いがあやふやになることは明らかだろう。

どんなものであれ、人間の利他行動についての理論には共感を含める必要があることに気づいたトリヴァースは、ハミルトンにこの概念をぶつけてみた。「ずっと以前、それについてビル［ハミルトン］と話をしたときに、『じゃあ、共感はどうなんだい？』と訊いてみた。すると彼は、『共感？　何だい、それは？』と言う。まるで、共感など存在しない、そんなものはありはしないかのように(8)」。遺憾ながら、と私は付け加えたい。利他主義がどう機能するかに注意が向けられていたら、遺伝子にできることを巡る論争と混乱がもっと少なくて済んだかもしれないからだ。遺伝子と行動との間の道は直線にはほど遠く、利他行動を生み出す心理には遺伝子自体に対してと同等の注意が向けられてしかるべきだ。初期の学説を打ち立てるにあたっては、こうした複雑さを素通りしたのが誤りだった。

共感はおもに哺乳類の特性で、したがって、より根深い誤りは、偉大な思想家たちがあらゆる種類の利他行動をいっしょくたにした点にある。ミツバチは巣のために死ぬし、粘菌の細胞は何百万も集まって単一のナメクジのような生体を形成し、いくつかの細胞にだけ繁殖を許す。この種の犠牲が、人間が赤の他人を助けるために凍りつくような川に飛び込む行為や、チンパンジーが哀れっぽい鳴き声を上げる孤児に食べ物を分け与える行為と同じ次元に位置づけられたのだ。こうした援助は、進化の観点に立つと同等なのだろうが、心理の面から言えば根本的に違っている。そもそも粘菌は、私たちと同じようなかたちで動機を抱きうるのか？　また、ミツバチが侵入者を刺すときには、私たちが利他行動と結びつけるような親切な動機ではなく、攻撃性に駆り立てられているのではないか？　哺乳類は、私が「利他主義的衝動」と呼ぶものを持っている。他者が示す苦しみの表出に応え、彼らの状況を改善したいという衝動を感じる。他者の欲求を認識し、適切な反応を見せるのは、遺伝子のために自己を犠牲にするという、あらかじめプログラムされた傾向とは、真の意味で同じではない。

だが、遺伝子の視点の人気が高まると、こうした区別は見過ごされてしまった。それが、人間や動物の本性に対する冷笑的な見方につながった。利他的な衝動は軽視され、嘲笑さえされ、道徳性は検討の対象から完全に外された。人間は社会性昆虫よりわずかにましなだけになった。人間の思いやりは見せかけであり、道徳性は、忌まわしい傾向が沸き立つ大釜を覆う、薄いベニヤ板のようなものと見なされた。私が「ベニヤ説」と名付けたこの見方は、「ダーウィンの番犬《ブルドッグ》」としても知られるトマス・ヘンリー・ハクスリーにその起源をたどれる。

「ブルドッグ」ハクスリーの袋小路

ハクスリーがダーウィンを擁護するというのは、言わば私がアルベルト・アインシュタインを擁護するようなものだ。私はどうあがいても相対性理論を理解できない。数学的な能力が足りないのだ。高速で走る列車の例など、鈍い人のために単純化された話にはついていかれるのだが。アインシュタインが私に期待できることがあるとすれば、それは、アイザック・ニュートンの力学的概念に取ってかわる素晴らしい考えを彼が持っていたと私が思っている事実を、身振り手振りを交えて力説することぐらいだろう。もちろん、たいして役には立たないが、それはハクスリーがダーウィンの主張を擁護したときに起こったことと似ていなくもない。ハクスリーは正規の教育を受けなかったが、独学で卓越した比較解剖学者になった。とはいえ彼は、進化の原動力として自然淘汰を受け容れるのに乗り気でないことで有名で、漸進説にも納得していなかった。これはけっして些細な事柄ではない。だから、二〇世紀有数の生物学者エルンスト・マイヤーが、ハクスリーは「本物のダーウィン説の考え方は、まったく体現していなかった」(9)と切って捨てたことに驚いてはいけない。

ハクスリーは、進化を巡る一八六〇年の公開討論で「ソーピー・サム」・ウィルバーフォース主教をぎゃふんと言わせたことで最も有名だ。祖父の側と祖母の側のどちらを通して類人猿の血を引いているのかと、嘲《あざけ》るように訊く主教に、ハクスリーは、類人猿の子孫であっても何ら気にならないが、弁舌の才を濫用して真実を覆い隠すような人間と血がつながっていたら非常に恥ずかしい、と答えたという。

もっとも、この有名な話は真に受けないほうがいい。この話が討論の何十年もあとにでっち上げられたという事実は脇に置くとしても、ハクスリーの声はあまりに弱々しくて、聴衆を惹きつけられなかったという問題が残る。マイクロフォンがなかった当時、これは大問題だ。同席していた他の科学者の一人が、軽蔑したように書いている。ハクスリーの声は会場を埋め尽くす聴衆には届かず、主教に迫ったのは自分、すなわち植物学者のジョセフ・フッカーだ、と。「彼を打ちのめし、満場の喝采を浴びた。あの見苦しい口から出た言葉から一〇語を使ってやり返し、一撃のもとに仕留めた」。ところで、主教自身は、自分こそが論敵たちを完全に始末したと感じていた。(10)

これは、誰もが勝者という珍しい討論会だったに違いない。だが、宗教に対して科学を擁護した偉大な人物として歴史に名を残したのはハクスリーだった。それに比べてずっと引っ込み思案だったダーウィンは、異論の多い自分の考えを主張するには、「兵隊」の介添えが必要だった。ハクスリーは大の好戦家で、嚙みつく機会を探し求めていた。『種の起原』（堀伸夫・堀大才訳、朝倉書店、二〇〇九年、他）を読んだあと、彼はダーウィンに喜んで力を貸そうと熱心に申し出た。「鉤爪《かぎづめ》と嘴を鋭く尖らせ、準備万端にしておきます[11]」

宗教を葬り去った人物としてのハクスリーの名声に寄与していたのが、「不可知論者」という彼の造語だった。不可知論者とは、神が存在するかどうか確信が持てない人という意味だ。ただしハクスリーは、不可知論を信条ではなく方法と見ていた。彼は、人間より上位に位置する権威ではなく、純粋に証拠に基づく科学的論証を提唱した。今日、そのような立場は「合理主義」として知られる。ハクスリーは、正しい方向に大きな一歩を踏み出したことは讃《たた》えられるべきだが、相変わらず敬虔そのもので、そのため見方が歪んでしまったのだから、なんとも皮肉な話だ。彼は自分のことを「科学的カルヴァン主義者」と呼び、彼の思想の多くは、原罪という教義の厳粛で面白味のない教えに従っていた。この世の苦しみは避けようがないので、歯を食いしばって耐えるしか希望はないと彼は言う。これが彼の「歯を剝き、耐える人生哲学[12]」だ。自然にはいかなる善も生み出す能力がない。ハクスリー自身の言葉を借りれ

ダーウィンの好戦的な「公的弁護人」トマス・ヘンリー・ハクスリーは、「不可知論者」を自称した。とはいえ、非常に敬虔だったので、道徳性の進化という問題ではダーウィンに同意できなかった。彼にしてみれば道徳性の進化などありえなかった（この絵はカーロ・ペレグリーニによる。「ヴァニティフェア」誌1871年1月28日号掲載）。

ば、次のようになる。

予定説の教義、原罪の教義、人間は生来堕落しており、大半が不幸な運命を背負っているという教義、この世では悪魔が優位に立っているという教義、物質は本質的に卑しむべきものであるという教義、最近ようやく姿を現した慈悲深き全能の神より下位の邪悪な創造神デミウルゴスの教義は、不完全なものであるとはいえ、赤子はすべて善なる者として生まれるという、世間に流布している「自由主義的」幻想よりも、はるかに真実に近いように私には見える……(13)。

悪魔の優位性？　これが不可知論者の言葉に聞こえるだろうか？『素人説教（*Lay Sermons*）』と題する本によって、ハクスリーは教会の説教壇からの説教と競うことができた。彼の採用した口調はとても説教臭かったので、批判者たちは独善的で清教徒主義の信念に満ちていると評した。客観的真理への願望の裏側に隠されたハクスリーの宗教的な態度を見れば、彼がベニヤ説を展開し、人間の本性に暗い評価を下した理由がわかる。彼は人間の倫理を、手入れの行き届いた庭に似た、自然に対する勝利と見なしていたのだ。庭師は日々苦労して庭が野生状態にならないようにする。ハクスリーが書いているように、園芸のプロセスは宇宙のプロセスに反する。自然は、庭師が育てたがっているエキゾティックな植物の息の根を止めようと手ぐすね引いている、忌み嫌われた雑草やナメクジ、その他の害虫などを庭に侵入させ、庭師の努力を台無しにしようとする。

この比喩がすべてを物語っている。倫理は、手に負えない邪悪な進化の過程に対する人間独特の回答というわけだ。このテーマについて、一八九三年にオックスフォードで大勢の聴衆を前に行なった有名な講義の中で、ハクスリーは自分の立場を次のように要約している。

倫理的に最善のもの――私たちが善良さあるいは美徳と呼ぶもの――の実践には、生存に向けた普遍的苦闘における成功につながるものとは、あらゆる面において相反する振る舞いが含まれる。(14)

あいにく、人間が自分の本性を打破する意志と力をどこから見つけ出してきたかについては、ハクスリーは何一つ手掛かりを与えてくれなかった。もし本当に生まれつき慈悲の心が備わっていないのなら、私たちはなぜ、どうやって、模範的な市民になろうと決めたのか？ そして、もしそうすることが期待どおり私たちに有利だったのなら、自然はなぜ手を貸すのを拒んだのか？ 私たちはなぜ、自分の不道徳な衝動を寄せつけないように、庭で果てしなく汗を流さなければならないのか？ これはまた奇怪な説だ（仮にそれを「説」と呼ぶのであれば）。道徳性は進化上のおまけにすぎず、罪人という私たちの正体をかろうじて隠せる程度のものでしかないというのだから。この陰鬱《いんうつ》な発想がハクスリー一人のものである点は、心に留めておいてほしい。それがダーウィンの考え方とは似ても似つかないというマイヤーの意見には、私も賛成だ。ハクスリーの伝記作家の言葉を借りれば、彼は「ここまで自分を運んでくれたダーウィン説の流れに逆らって、自分の倫理の箱舟を押し進めようとしていた」(15)
けっきょくダーウィンは、自分のこの「公的弁護人」に対抗するための弁護人がなんとしても必要になった。そして、一流の博物学者クロポトキンという頼りがいのある人物が得られた。ハクスリーは都会人で、生きた動物に接して得た知識がほとんどなかったのに対して、クロポトキンはシベリアじゅうを旅して回り、動物どうしの出会いが、「絶え間ない乱闘」を想像していたハクスリーの喧伝する闘争的な様式には、めったに当てはまらないことに気づいた。そして、同じ種の動物どうしがしばしば協力することも知った。寒さの中で身を寄せ合ったり、（野生の馬たちがオオカミに対してするように）団結して捕食者に立ち向かったりすることが、生存には決定的に重要だった。クロポトキンは一九〇二年の著書『相互扶助論』（大杉栄訳、同時代社、二〇一二年、他）でこの点を力説した。この本は、ダーウィンを誤解したハクスリーのような「不信心者」に明確に向けられたものだった。クロポトキンが自分の政治的な見方を裏付けるために、動物の結束の例ばかり選び、反対方向に傾き過ぎたことは確かだが、現実がろくに反映されていないハクスリーの自然の描写に抗議したのは正しかった。

私にしてみれば、最大の疑問は、どうやってハクスリーの袋小路から抜け出すかだ。もし私たちが神について語るのを許されず、進化も答えを提供してくれないのなら、いったいぜんたい、何が人間の道徳性を説明しうるというのか？　宗教と生物学の両方を排除してしまったら、あとには大きなブラックホールが残るばかり。そして、何より唖然となるのは、生物学者たちが一世紀後に再び、下手な運転手さながら、私たちを同じ袋小路にはまり込ませてしまったことだ。

便器の中のカエルとしてのわが人生

オーストラリアでは、便器の中にかなり大きなカエルが入っていることが珍しくない。取り出したところで、カエルはまた喜んで飛び込んでしまい、ときおり私たち人間が津波を引き起こしても、吸盤付きの指で貼りついて難を逃れる。彼らは排泄物が便器の中を渦を巻いて流れていっても気にならないようだ。

だが、私は嫌だ！　私は二〇世紀最後の三〇年間、便器の中のカエルになったような気分だった。書き手が生物学者だろうが、人類学者だろうが、科学ジャーナリストだろうが、人間というものについての本が出るたびに、必死にしがみついていなければならなかった。なぜなら彼らの大半が、ヒトという種に対する私の見方とはまったく相容れない考えを提唱していたからだ。人間は本来、善だが悪にもなりうると考えることもできれば、本来、悪だが善にもなりうると考えることもできる。私はたまたま、前者を信じる陣営に属するが、当時の文献は後者の側ばかり強調していた。好ましい特性でさえ、問題を孕《はら》んでいるかのような言い回しで表現される憂き目を見た。動物や人間は家族をとても大切に思っている？　それなら「身贔屓《みびいき》」と呼ぼう。チンパンジーは自分が手にした食べ物を仲間が食べるのを許す？　それなら「こそ泥」とか「たかり」と呼ぼう。このような、思いやりを疑う調子が蔓延していた。この種の文献に繰り返し引用された、典型的な文章を以下に挙げておく。

いったん感傷主義を脇にのけてしまえば、私たちの社会観を変えるような、正真正銘の慈善行為が存在するという手掛かりは何一つない。協力と称されているものは、ご都合主義と搾取の取り合わせであることが判明する。……自分の利益に基づいて行動する完全な機会を与えられたとき、「人間が」兄弟姉妹や配偶者、親や子を残忍に扱い、傷つけ、殺害するのを引き止めるのは、打算的な便宜主義以外にない。「利他主義者」も、ひと皮剝けば「偽善者」が姿を現す。[16]

ウミウシの研究でとみに有名で、ウミウシが身を守る化学物質の一つ（ギセリニン）に名を残しているアメリカの生物学者マイケル・ギセリンにとっては、利他主義者はただの偽善者だった。だが、先の引用はウミウシではなく人間についてのものだ。彼の言葉はあとに続く多くの意見の基調を定め、二〇年後には、科学ジャーナリストのロバート・ライトの『モラル・アニマル』にも反映されている。「……無私を装うというのは、無私が頻繁に見られないのと同様、人間の本性なのだ」[17]。そして、最も極端な立場をとったのは、アメリカの進化生物学者ジョージ・ウィリアムズかもしれない。彼は自然の「悲惨さ」について陰鬱な評価を提供し、賢明にもハクスリーがしたように自然を「無節操」あるいは「道徳的に無頓着」と呼ぶ程度では、物足りないと感じていた。そして、自然は「はなはだしく不道徳」であると非難し、進化の過程に道徳的な働きを持たせた最初の、そして願わくは最後の生物学者となった。[18]

この手の主張はたいてい、以下のような順を踏んでいた。（一）自然淘汰は利己的で忌まわしいプロセスである。（二）そのため利己的で忌まわしい個体が自動的に生み出される。（三）そう考えないのは、髪に花を挿したロマンティストぐらいのものである。ダーウィンは、自然の領域から道徳性を排除するのに賛成しているというのが、明らかに彼らの主張だった。まるでハクスリーの袋小路に自らがはまり込むのを許したかのようではないか。だが、このあと説明するように、ダーウィンはそこまで愚かではない。だから、リチャード・ドーキンスが一九九七年のインタビューで、「政治生活と社会生活において、私たちにはダーウィン説を捨て去る資格がある」[19]と述べて、ダーウィンをきっぱりと拒絶したときに、不条理も頂点を極めたわけだ。

これ以上忌まわしい主張を引用するのは控えよう。完璧に筋の通った結論（ただし、私はそれにはまったく同意できない）に至った唯一の科学者は、アメリカ最大の連邦研究機関である国立衛生研究所のフランシス・コリンズ所長だ。道徳性の進化を疑うこうした書物をすべて読み、それでも人間にはある程度の道徳性が備わっていることを見てとったコリンズにしてみれば、超自然的な源泉を受け容れるしかなかった。「私にとって道徳律は、神の存在を示す最も有力な指標として際立っている」[20]

当然ながら、この高名な遺伝学者は、初期の無神論運動の笑い種《ぐさ》になった。信仰で科学を汚染していると主張する科学者もいた。ドーキンスは彼一流の寛大さをもって、コリンズのことを「聡明ではない男」と呼んだ。[21]だが、道徳性についての疑問の扱いで生物学者たちがひどいへまをやらかし、代替の説明が入り込む余地をたっぷり造ってしまったという、もっと根本的な問題にはおかまいなしだった。ダーウィンの『人間の進化と性淘汰』に倣う、もっと思慮深い進化の文献にコリンズが出合っていれば、この成り行きはそっくり回避できたかもしれない。『人間の進化と性淘汰』を読めば、ダーウィンを捨て去る必要など少しもないことがわかる。ダーウィンは道徳性を進化の過程と密接に結びつけ、人間には善に向かう能力があるのを認めることに、まったく異論はなかった。そして、私にとって最も興味深いのは、彼が人間と動物の間に情動面での連続性を見ていた点だ。ハクスリーにとっては、動物は知性とは無縁の自動機械だったが、ダーウィンは同情する能力も含め、動物の情動について本をまる一冊書いている。印象的な一例を挙げよう。ある犬は、仲良しの猫が病気でバスケットに寝ていたとき、脇を通りかかるたびに必ずぺろぺろ舐《な》めてやったという。ダーウィンは、これは親愛の情の紛れもない表れだと考えた。彼は死の直前、ハクスリーに宛てた最後の手紙で、この友人が見せるデカルト学派寄りの傾向をやんわりからかわずにはいられなかった。そして、もし動物が機械なら、人間もそうに違いないことをほのめかし、「この世にあなたのような自動機械がもっとあればいいのに、と神に願いたい[22]」と述べている。

ダーウィンの著述は、ベニヤ説とはまったく相容れない。たとえばダーウィンは、道徳性は動物の社会的本能から直接発展したと推測し、「そうした本能が利己主義から発達したなどというのは道理に合わない」と言っている[23]。彼は少なくとも心理的なレベルでは、正真正銘の利他主義が生まれうると見ていた。彼はたいていの生物学者と同じで、実際好ましいところなどまったくない自然淘汰の過程と、多種多様な傾向にまたがる、その多くの産物との間に明確な線を引いた。忌まわしい過程は必然的に忌まわしい結果を生むという考え方には、彼は反対だった。その考え方を、私は「ベートーヴェン・エラー」と呼んでいる。ルートヴィヒ・ヴァン・ベートーヴェンの音楽を、どこでどのように作曲されたかに基づいて評価するようなものだからだ。ウィーンでこの大作曲家が借りていた部屋は、ゴミや、中身が入ったままの室内便器が散らばる、乱雑で臭い不潔な場所だった。この部屋に基づいてベートーヴェンの音楽を評価する人など、もちろんいない。同様に、たとえ遺伝的進化が死や破壊を通して進むとしても、それが生み出した驚異の数々の価値が下がるわけではない。

これは当然の主張に見えるが、一九九六年に出した『利己的なサル、他人を思いやるサル』で詳しくその主張をした私は、ベニヤ説との闘いに嫌気がさした。ベニヤ説は三〇年の長きにわたり、不合理な熱狂をもって歓迎された。それは、その単純さのせいであることは間違いない。誰もが理解し、誰もがおおいに気に入っていた。これほど明白なことに、どうして私は異議を唱えられようか？

だがその後、不思議なことが起こった。この説が消滅してしまったのだ。ゆっくり進む熱病で斃《たお》れるのではなく、ひどい心臓発作を起こしたらしい。それがなぜ、どのように起こったのか、私にはよく理解できない。ひょっとしたらこれまたＹ２Ｋ（二〇〇〇年）問題だったのかもしれないが、二〇世紀の末には、ダーウィンの「不信心者」と闘う必要性は、あっという間に消えてなくなった。データが、最初はぽつぽつと、やがて途切れのない流れを成して入ってきた。データというものは、新たな仮説を葬り去る素晴らしい特質を備えている。私は二〇〇一年に「情動的な犬とその合理的な尻尾」と題する論文を手に取ったことを覚えている。書き手はアメリカの心理学者ジョナサン・ハイトで、私たちは直感的な過程を経て道徳的な決定に至ると彼は主張していた。私たちは、そうした過程についてほとんど考えることはない。ハイトは被験者たちに常軌を逸した行動の話（たとえば、姉と弟がひと夜限りの関係を結ぶ話）を聞かせた。すると誰もが即座にそれを非とした。そこで彼は、被験者が思いつく理由に、片端から異議を唱えた。近親相姦は障害を持つ子供の誕生につながるという意見が出れば、この話では姉弟は有効な避妊処置をとっていたことを指摘し、この主張を退けた。ほとんどの被験者は、たちまち「道徳的説明の行き詰まり」状態に陥り、理由を挙げられぬままに、その行動は何と言おうと間違っていると言い張るのだった。

道徳的な決定は「腹」から得られるとハイトは結論した。情動が決定を下し、そのあとで人間の理性が精一杯それに追いつこうとする。論理の優越がこのように崩れたため、ヒュームの道徳的「感情」

が復活した。人類学者は、世界中の人が公平さの感覚を持っていることを実証し、経済学者は「ホモ・エコノミクス」という見方が許す以上に人間が協力的・利他的であることに気づき、子供や霊長類を使った実験から、報酬がなくても利他行動が見られることがわかり、生後六か月の赤ん坊にも「やんちゃな」振る舞いと「親切な」振る舞いの区別がつくとされ、神経科学者は人間の脳がもともと他者の痛みを感じるようにできていることを発見した。こうして私たちは二〇一一年には、すっかり振り出しにもどっていた。この年、人間は「超協力者」と公式に宣言されたのだ。

新たな展開が見られるたびに、ベニヤ説の棺に釘が打たれ、とうとう一般的な見方は一八〇度転換した。私たちはいっしょに暮らし、互いに面倒を見合うように心身ともにデザインされており、人間には他者を道徳的な見地から判断する生まれつきの傾向があると、今では広く思われている。道徳性は薄っぺらなベニヤではなく、内から現れ出てくるものであり、私たちの生物学的特質の一部というわけだ。この見方は、他の動物たちとの間に数多く見つかる類似点によって裏付けられている。こうして、この数十年のうちに、大きな変化が見られた。ヒトという種は親切に振る舞う自然な性向を完全に欠いているので、親切にするように子供たちに教えなければならないとかつては考えられていたのに、今では私たちは善たるべく生まれついており、親切な人が成功するということで意見が一致している。

どれほど劇的に態度が変わったかは、「利他主義者も、ひと皮剝けば偽善者が姿を現す」という、そもそも私を便器の中のカエルにしたギセリンの悪名高い言葉を講演で紹介するたびに明らかになる。この冷笑的な言葉を数十年にわたって講演で取り上げてきたが、二〇〇五年ごろからようやく、聴衆が驚きの声を上げたり、げらげら笑ったりするようになった。あまりに荒唐無稽で、自分たちの見方とはあまりにかけ離れているので、かつてそんな言葉がまともに受け止められていたのが信じられないのだ。この言葉の書き手には友人が一人としていなかったのか？　愛情深い妻は？　自分になついていた犬すらいなかったのか？　なんと悲しい人生ではないか！　まったく呆れたという反応を目にし、そうした反応がどれほど一般的になったかを思うと、聴衆が新たな証拠の影響で変わったのか、それとも、ひょっとしたら、その逆なのだろうかと、私は首を傾《かし》げることになる。私たちは新しい時代精神に包まれ、科学がそれに追いついてきただけのことなのか、と。

それはともかく、おかげで私のトイレにはバラのような香りが漂うようになった。これでようやく、へばりつくのをやめて脚を伸ばし、泳ぎ回ることができる。

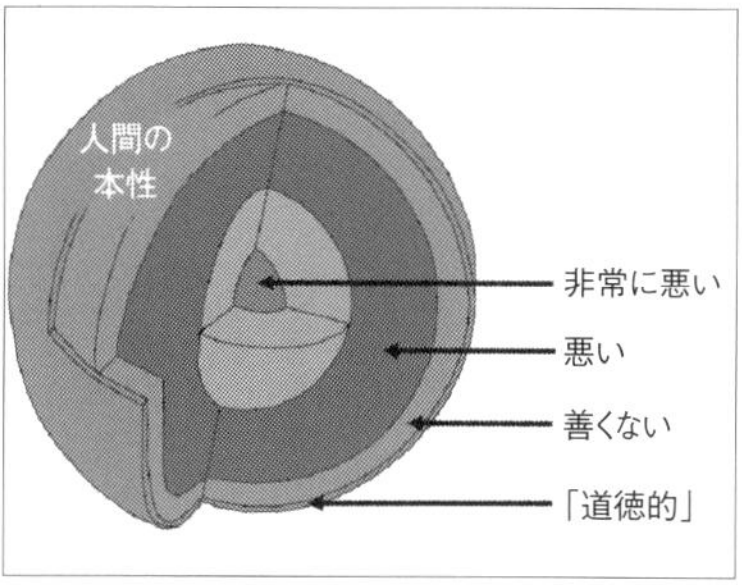

かつてベニヤ説は、人間の本性についての最も有力な生物学的見解だった。この説は、正真正銘の思いやりは存在しない、あるいは進化上の誤りであるとしていた。私たちの真の本性は完全に利己的であり、道徳性はそれをかろうじて覆い隠す薄いベニヤ板だというのだ。だが、過去10年間に、人間やその他の動物には共感や利他行動、協力をする能力が生まれながらにして備わっていることを示す圧倒的な証拠が出てきたために、ベニヤ説は敗れ去った。

間違いだらけ

だが、すべては途方もない勘違いという可能性は残っている。思いやりは適応性を欠き、不適切なときに不適切な場所で現れうる。デイジーは死にかかっているエイモスに気遣いを見せたし、人間も末期患者を看護する。そこに何の意味があるのか？

多くの人が、老いゆく配偶者の世話をする。私の母も父の晩年にそうした。父はほとんど歩けず、母は父よりずっと小柄だったから、大変な負担だったはずだ。あるいは、アルツハイマー病の夫や妻の面倒を見ることを考えるといい。毎日一分たりとも目が離せず、感謝もされず、部屋に入っていくたびに驚かれ、自分を見捨てたと苦情を言われる。ストレスと疲労がたまるばかりだ。どの場合も、相手からの恩返しはほとんど期待できない。だが、進化の理論に従えば、利他行動は血縁者あるいは、行為に報いる気持ちと能力のある者に恩恵を与えるべきだということになる。死にかけている配偶者はこれに当てはまらない。

デイジーや私の母、そして何百万もの介護者が進化論の定説から逸脱しているので、「意図された効果をもたらさない遺伝子」があって、そのせいで私たちは自分のためになる以上に善く振る舞うのだということが盛んに言われている。だが、この種のまことしやかな言説に惑わされてはならない。意図された効果をもたらさない遺伝子など遺伝学の概念として存在しない。遺伝子はＤＮＡの小さな断片にすぎず、何も知らないし、何も意図しないからだ。何の目的も頭にないまま効果を発揮しており、したがって、意図に反した間違いなど犯しようがない。利他行動がこれほど盛んな状態は、輝かしい幸運と呼ぶほうがふさわしいのだろうが、祝賀気分になれる専門家はほとんどいない。彼らは苦々しい言葉を口にする。利他主義は利己主義に由来するという素晴らしい説が、事実によって嘆かわしくも台無しにされたとでも言いたげだ。「遺伝子の観点からは、現代生活においてはほぼあらゆることが間違いだ」と彼らはこぼすが、そのせいで自分たちの説がおおむね時代遅れになるとはけっして結論しない。(24)

彼らの説が正しければどうなるか？　津波や地震に見舞われた遠方の土地にお金を送るのは間違い。匿名で献血するのも間違い。困っている人のための無料食堂で働くのも、高齢の女性のために雪かきをするのも間違い。養子にすべてを注ぎ込むのも同様。これは、共通の遺伝子を持たない子供にはまったく価値がないという事実を知らない無数の家族が犯す、理解し難い長期的間違いだ。ペットに対して同じことをする家庭もある。彼らは返報という選択肢を持たない動物に、これでもかというほど世話をする。他にも、見知らぬ人に危険を警告したり、コートを忘れてレストランを出ようとする人に指で差し示したり、故障で立ち往生した自動車の乗り手を自分の車に乗せたり、というのもよくある間違いだ。人間の生活は、大小さまざまな間違いに満ちあふれている。他の霊長類の生活についても同じことが当てはまる。

たとえば、エイモスの父親のフィニアスだ。といっても、エイモスはフィニアスが自分の父親だとは知らなかった。チンパンジーの社会では、オスとメスの間には恒久的な絆がないので、原則として、どのオスが自分の父親であってもおかしくない。フィニアスはもともとアルファオス〔最上位のオス〕だったが、四〇歳になると、気楽に暮らし始めた。彼は子供たちと遊んだり、メスたちとグルーミングをしたり、警官役を務めたりするのが大好きだった。喧嘩が始まるのを聞きつけると、たちまち近づいて全身の毛を逆立て、派手に力を誇示し、やめさせる。争っている二頭の間に立ち、叫び合いが止むまで待つ。この「監督者の役割」は、野生のチンパンジーの間でもしっかり記録されている。これは特筆に値するが、この役割を果たすオスは、依怙贔屓《えこひいき》をしない。攻撃しているのが自分の親友でも、弱いほうを守る。私はしばしば彼らの公平性を不思議に思ってきた。チンパンジーたちが他にやることのほとんどとは大違いだからだ。監督者の役割は、その演じ手の社会的バイアスを超越することで、コミュニティにとって最善のことを真に目指している。

ジェシカ・フラックと私は、そのような行動から群れがどれだけ大きな恩恵を受けているかを実証した。仲裁者の役を担うオスたちを私たちが一時的によそに移すと、群れの社会が綻《ほころ》び始めた。争いが増え、仲直りが減った。だが、オスたちを戻した途端に秩序が回復した。(25) とはいえ、なぜ高位のオスは仲裁者の役を担うのかという疑問が相変わらず残る。彼らはそこから何を得るのか？　勝ち目の薄い者を助けてやることで、敬意と人気を勝ち取れるというのが、大方の見方だ。だが、これは若いオスにとっては完璧に理にかなった戦略ではあるが、フィニアスに当てはまるとは思いづらい。この温厚な老チンパンジーは、晩年、力が衰えていたし、野心もあまり残っていそうになかった。それなのに、彼は群れの中の不和に熱心に目を光らせていた。調和に向けた彼の努力は、全員のためになった。ただし、ひょっとすると彼自身だけは得るものがなかったかもしれない。チンパンジーも、遺伝子中心の説に従えば、必要以上に気前が良いのだろうか？

チンパンジーが血のつながりのない仲間を助けることはよくある。たとえば、アメリカの手話を世界で初めて教え込まれたチンパンジーのワショーは、ろくに知らないメスが叫び、水に落ちるのを聞きつけると、電流の流れるフェンスを二つ越えて大急ぎで駆けつけ、引っ張り上げて助けてやった。(26) セネガルのフォンゴリに棲む野生のメスのチンパンジーの例もある。ティアと名付けられたそのメスは、密猟者に赤ん坊を連れ去られてしまった。幸い、研究者たちがなんとか取り返し、群れに戻してやった。すると、血のつながりのない若いオス（若過ぎて、その赤ん坊の父親とは思えない）のマイクが、研究者たちが置いた場所から赤ん坊を抱き上げ、真っ直ぐティアのもとへ運んでいった。明らかに彼は、赤ん坊の親が誰かを知っていたし、密猟者の犬たちに傷つけられたあと、ティアが動き回るのにどれだけ苦労しているかにも、おそらく気づいていた。その後二日間、群れが移動するときは、マイクは赤ん坊を運んでやり、ティアは脚を引きずりながらあとをついていった。(27)

最も代償の大きい投資、すなわち、血のつながっていない幼児を養子にする行為さえも、知られていないわけではない。メスならやるかもしれないと思う人もいるだろうが、メスだけではないのだ。クリストフ・ベッシュがコートジヴォアールから最近送ってきた報告には、三〇年間に、母親を失った幼い子供を養子にした野生のチンパンジーのオスが、少なくとも一〇頭載っている。(28)ディズニーネイチャーは二〇一二年、映画『チンパンジー　小さな勇気の物語』を公開して人気を博した。そこには、コミュニティのアルファオスのフレディがオスカーを庇護するところが捉えられていた。このドキュメンタリーは、実際の出来事に基づいていた。オスカーの母親が急に自然死を遂げたとき、撮影班が偶然、絶好の場所に居合わせた。幼いオスカーの前途は暗かったが、撮影班はそこにとどまった。フレディは、養父になった他のオスと同じパターンをたどった。養父たちは幼い子供に食べ物を分け与え、夜は自分の寝床で寝かせてやり、危険から守り、その子が迷子になると一生懸命捜した。一年以上面倒を見る者もいた。あるオスは五年以上世話をした（チンパンジーは少なくとも一二歳に達しないと、大人にならない）。これらの養父たちは、授乳こそできないものの、それ以外は母親が子供に対して担うのと同じ義務を引き受け、孤児の生存の可能性を著しく高める。DNAサンプルを調べると、彼らは養子にした子供と必ずしも血縁関係にあるわけではないことがわかる。オスカーは運が良かった。

チンパンジーも「間違い」を犯すと結論するかわりに、私たちは生まれつき遺伝子に従うようになっているというような、ありきたりの言い回しとその意味合いから離れてみよう。ある特性の起源と現在の使用法の間に一貫性がないことを、あっさり認めればいいではないか。アマガエルは葉にとりつくために吸盤を進化させたが、それを使ってトイレで生き延びることができる。霊長類の手は木の枝をつかむように進化したが、私は手を使ってピアノを弾くし、サルの赤ん坊は手で母親にしがみつく。ある理由で進化したものの、他の目的にも使われるようになった特性はたくさんある。ピアノの鍵盤上を滑らかに動き回る指が「間違い」と呼ばれるのなど聞いたことがない。それならば、なぜ利他行動にはその種の言葉を使うのか？　ピアノの演奏には犠牲は伴わないが、利他行動には犠牲がつきものだ、だから「間違い」という言葉を使うのは正当だと反論する人がいるかもしれない。だが、汎用化された共感や生涯にわたる献身が、長期的には報いをもたらすことが本当にないのだろうか？　そうした行動が私たちの害になるという証拠は見たためしがない。むしろ逆なのではないか？「神は死んだ」という有名な言葉を残したフリードリヒ・ニーチェは、道徳性の起源に興味を抱いていた。彼は、(身体的器官だろうと、法的機関だろうと、宗教的儀式だろうと) 物事の出現を、それが獲得した目的とけっして混同してはならないと警告している。「何であれ存在しているもの、何らかの経緯で出現したものは、たえず新たな解釈を与えられ、新たなかたちで使われ、新たな目的に合わせて変えられ、方向転換させられる」(29)

これは目から鱗《うろこ》が落ちるような考えであり、物事の来歴によってその応用の可能性を限定してはいけないことを教えてくれる。コンピューターは計算機として誕生したとはいえ、私たちがコンピューターでゲームを楽しんでも差し支えはない。セックスは繁殖のために進化したものの、楽しみでするのは（節度をわきまえているかぎり）各自の自由だ。特性は毎回必ず、それが進化した目的のために使われなくてはならないという法などない。同じことは共感や利他行動にも当てはまる。だから、「間違い」などという言葉はさっさとやめて、「可能性」という言葉を使うべきだ。人間の共感はクジラを念頭に置いて出現したのではないからといって、私が岸に乗り上げたクジラに共感し、海に戻してやろうと、みんなと力を合わせるのを引き止めるものは何もない。私は生まれながらにして備わっている共感能力を、可能性の限界まで発揮しているにすぎないのだ。

ニーチェは正しかった。物事の来歴は、今という瞬間、ここではごく限られた関連性しか持たない。利他行動の進化上の背景に関してプライスやハミルトン、トリヴァースらが提示した洞察には畏敬の念を覚えつつも、そうした洞察を人間がどう振る舞うべきかというドグマに変えるべき理由は、私には一つも見当たらない。

享楽的思いやり

私たちは体に酸素を補給するために呼吸することを科学は教えてくれる。とはいえ、それを知らなかったとしても、私はやはりまったく同じように呼吸をするだろう。過去に生きた無数の人間や、それよりもはるかに多い動物たちと同じように。私たちは酸素を認識しているから呼吸するわけではない。同様に、利他行動は見返りを得るために進化したと生物学者が推測しても、実際にその行為を行なう者がそれを知っている必要があるということにはならない。たいていの動物は、「彼のためにこうすれば、明日お返しをしてもらえるかもしれない」などと先を読むことはない。彼らは将来の展望を欠いているので、慈悲深い衝動に従うだけだ。それは人間にも当てはまる。ビジネスの場面や見知らぬ人どうしの場合を除けば、人間は自分の行動に伴う代償や利益をいちいち勘定することはめったにない。友人や家族の間では、とりわけそうだ。それどころか、そんなことをするのは悪い兆しで、家族療法士であれば結婚生活が破綻しかけている指標と見なす。

　したがって、人間の利他行動も動物の利他行動も、隠れた動機を伴わないという点で、真正のものなのかもしれない。利他行動を抑え込もうとするのが難しいのだから、これはそれなりに正しい。エモリー大学の同僚のジェイムズ・リリングは、神経画像実験に基づいて、私たちには「協力をしたがる情動的傾向があり、そうとう努力して認知的制御を行なわないかぎりそれを克服できない」と結論した。これが意味することを考えてほしい。私たちの最初の衝動は相手を信頼して助けることで、そのあとようやく、そうしないという選択肢を私たちは検討するのであり、その選択肢には理由を必要とするのだ。これは報酬目当ての行為の対極に位置する。この生まれつきの衝動を欠いている人のカテゴリーが一つだけあり、ベニヤ説は精神病質者の考え方を完璧に捉えているという、私のいつもの当てこすりも、これで説明がつく。リリングはさらに、正常な人が他者を助けると、報酬と結びついている脳の領域が活性化することも証明した。善いことをするのは気持ち良いのだ。

　この「温情効果」は、私がアカゲザルを研究していて数えきれないほど目にした感動的な行動を思い出させてくれる。その行動は完全な利他行動ではないが、哺乳類が見せる愛情に満ちた世話のいっさいの源と非常に近い。毎年春には、私たちの飼っているサルたちが何十頭も赤ん坊を産んだ。メスの子供は赤ん坊に惹きつけられ、辛抱強く母親の毛づくろいをして、赤ん坊を貸してもらおうとする。そうやってかなり長い間、母親にまとわりついていると、ようやく母親が手を放すので、赤ん坊は「お姉さん」によちよち歩み寄る。すると、お姉さんは抱き上げ、抱えて歩き回ったり、逆さにして生殖器を念入りに調べたり、顔を舐めたり、あらゆる方向から毛づくろいをしたりするが、やがて赤ん坊をしっかり抱き締めたまま居眠りを始める。どのぐらい時間がかかるか、私たちは賭けをした。五分か？　一〇分か？　幸運な機会が巡ってくるまでたっぷり待たされ、ようやく子守りができたお姉さんたちは襲ってくる眠気のせいで、催眠状態（あるいは恍惚状態と言ったほうがいいかもしれない）に陥ったかのような印象を与える。宝物を抱いていると、愛のホルモンとして知られるオキシトシンが血液中と脳内に分泌され、まぶたが重くなる。もっとも、その眠りは長続きせず、お姉さんたちはほどなく赤ん坊を母親に返す。

赤ん坊の世話をする喜びを味わうことで、幼いメスは最も利他的な行為の練習を積む。哺乳類の母親による世話は、自然界で知られているうちで、他者に対する最も犠牲が大きくて最も長く続く投資であり、胎児に栄養を与えるところから始まり、何年もたってやっと終わる。あるいは、たいていの親が言うように、いつまでも終わらない。ところが、奇妙な話だが、利他行動を巡る議論では、母親による世話が話題に上ることはほとんどなかった。それを利他行動に含めたがりさえしない科学者もいる。犠牲を重視する彼らの考え方に当てはまらないからだ。彼らは、少なくとも短期的には行為者に害が及ぶときにしか利他行動について語りたがらない。利他主義者になりたくてしかたのない者などいるはずがなく、まして、そうした行為に喜びを覚える者など考えられないというのだ。私はこれを「痛みを伴う利他主義仮説」と呼んでいる。この仮説は根本的に間違っている。なにしろ、利他行動の定義は、痛みを必ず引き起こすものではなく、犠牲を伴うものにすぎないからだ。

言っておくが、生物学者は哺乳類のメスがわが子の面倒を見る理由を、苦もなく説明できる。子育てをする以外、どうやって子孫を残すというのか？　私たちは、女性がどれだけ赤ん坊を欲しがるかも知っている。怖い話はしたくないが、その願望はあまりに強いので、赤ん坊を手に入れるために、人を殺す女性や、他人の腹を切り裂く女性さえいる。あるいは、育児室から盗む女性もいる。これは病的な事例だが、その願望の圧倒的な力を物語っているし、赤ん坊の養育が犠牲とは見なされていない理由も明らかにしてくれる。母親による世話に不思議な点はほとんどないので、科学はもっと不可解な行動に焦点を絞ってきた。科学は難題を追い求めるものなのだ。それでも私は、少なくとも哺乳類にとっては、母親による世話は利他行動の原型であり、他のいっさいのもののテンプレートだと言いたい。それを無視するなどもってのほかだろう。私の知っている女性科学者には、利他行動の由来を巡って大騒ぎする人が一人としていないのは意味深長だ。女性にしてみれば、母親による世話を除外するのは難しいだろう。人間の協力について書いた二人の女性が、はっきりそれを示している。アメリカの人類学者サラ・ハーディは、人間のチーム精神は母親だけではなく周囲の大人全員が集団で子供の面倒を見るところから始まったという、「全員参加」説を提唱している。神経科学に詳しいアメリカの哲学者パトリシア・チャーチランドも同様に、人間の道徳性は他者の世話をする傾向から発達したと考えている。ある生き物自身の身体機能を調節する神経回路網は、幼い子供の欲求に対応するためにも使われ始め、子供たちは新たな手足のように扱われるようになった。子供は私たちの一部であり、そのため私たちは自分自身の体にするように、何も考えずに子供を守り、養育する。それと同じ脳のメカニズムが、それ以外の、思いやりある関係の基盤を提供する。

生まれてまもないころから見られる観察可能な性差も、これによって説明できるだろう。誕生後、女の赤ん坊は男の赤ん坊よりも長く他者の顔を眺め、男の子は機械仕掛けのおもちゃをもっと長く見る。その後の人生でも、女の子は男の子よりも向社会的で、情動的表現を読むのがうまく、声の聞き分けが得意で、他者を傷つけたあとに良心の呵責に苛《さいな》まれ、他者の視点に立つのが上手だ。また、男性でも女性でも、鼻の中にオキシトシンをスプレーすると共感が高まるので、この卓越した母性ホルモン（オキシトシンは出産や授乳と結びついている）で人を操作できることもわかっている。私たち自身の実験からは、チンパンジーのメスがオスよりも頻繁に、苦しんだり悲しんだりしている仲間を慰めることがわかっている。メスは攻撃的な行為の犠牲者に近づき、相手の体に優しく腕を回し、鳴き叫ぶのをやめるまで抱き締めてやる。メスのほうが養育が得意なのだ。

母親による世話があまりにも当たり前で理論家には考察に値しなかったとしても、それはまた、自分に最もためになる世話であり、そこで私は「気持ちの良い利他主義仮説」に戻ってくることになる。自然はいつもきまって、私たちがする必要のあることを快楽と結びつける。私たちは食べる必要があるので、食べ物の匂いを嗅ぐとパヴロフの犬のようによだれを垂らすし、食物の摂取は私たちのお気に入りの活動だ。私たちは子孫を残す必要があるから、セックスは頭にこびりついて離れない願望であり、喜びでもある。そして、私たちがきちんと子供を育てるように、自然は愛着を与えてくれた。そしてそのうちで、母と子の間の愛着を超えるものはない。他のどんな哺乳動物とも同じで、人間も心身両面でこの愛着を覚えるように、あらかじめ完全にプログラムされている。その結果、わが子のために日々重ねる苦労にはほとんど気づきもしないし、多額の養育費をジョークのだしにする。もちろん、遠い親戚や非血縁者にはそこまでの援助をしないが、援助の根底にある満足感に変わりはない。二世紀のローマ皇帝マルクス・アウレリウスの著書『自省録』(神谷美恵子訳、岩波文庫、二〇〇七年、他)には、すでにそれが述べられている(「……他者を助けるといった、自然にかなった行為は、それ自体がその報いである」[30])。私たちは集団性の動物で、互いに頼り合い、互いを必要とし、したがって、助けたり分かち合ったりすることに喜びを感じる。

一九九六年の映画『マイ・ルーム』で、ダイアン・キートンが演じるベッシーのもとを、メリル・ストリープが演じる世俗的な妹が訪ねてくる。ベッシーは長年、父親の世話に人生を捧げてきたが、妹はいっさい手を貸さなかった。自分にはこのふた親がいて、人生が愛情に満ちあふれており、どれほど幸運だと思っているかをベッシーが語ると、妹は彼女らしい自己中心的なかたちで姉の意図を誤解し、「二人ともお姉さんをとても愛しているわ」と言う。ベッシーはこう言ってそれを正す。「そういうことじゃないの。違うわ。誰かをこれほど愛することができて、私はずっと幸運だったという意味よ」。利他行動は私たちを幸せで満たしうるのだ。

ジョージ・プライスは、痛みを伴わなければ利他行動ではないという奇妙な概念に駆り立てられ、極端な自己犠牲を試みた。苦しむことなしにはりっぱな利他主義者にはなれないと彼は考え、財産をすべてなげうち、自らを顧みず、とうとう惨めな状態に陥った。慈善事業に従事している人の間ではよく知られているように、自らを顧みなければ望ましくない結果につながることに、彼は気づかなかった。飛行機の酸素マスクと同じで、自分の必要を満たしてからでなければ、他の人の世話はできない。痛みを伴わなければ利他行動ではないという奇妙な概念はどこから生まれたのか、私はしばしば考えてきた。たとえば、仏教ではそのような概念は完全に忌み嫌われている。仏教では、他者への思いやりは私たちを喜びで満たしてくれるとされているからだ。この効果は、内省ができる大人に限られておらず、よちよち歩きの幼児でも見られる。幼児はご馳走をもらうことよりも与えることからのほうが大きな満足感を得る。(31) 病気の配偶者や親の介護をしている人の研究からも、興味をそそる証拠が得られている。心理学者のステファニー・ブラウンは、介護者が自分のかけている手間にはほとんど気づいていないことを発見した。彼らは相手との一体感を覚え、必要とされることからとても大きな充足感を引き出すので、他者の世話をする必要のない人よりも長生きする。

乳癌で命を脅かされた妻の世話をするという自分の個人的な体験に基づくと、「犠牲」という言葉はしばしば使われるものの、的外《まと》れだという見解には全面的に賛成だ。愛する者の世話ほど私たちが自然にすることは他にない。チャーチランドは自分自身の体の面倒を見ることと、わが子の面倒を見ることと、近しい人々の面倒を見ることとの連続性を、正しく見てとった。私たちの脳は、自己と他者の境界を曖昧にするようにできている。それは古代からの神経回路網であり、マウスからゾウまで、あらゆる哺乳動物の特徴だ。私はタイの自然保護区で、盲目のゾウが道案内をしてくれる仲間とともに歩き回っているのに出くわした。血のつながりのないこれら二頭のメスのゾウは、まるで腰のあたりでつながっているかのように見えた。盲目のゾウは案内役のゾウが頼みの綱で、案内役のほうもそれを承知しているようだった。案内役のゾウが移動すると途端に、低く重々しい声を二頭が発した。

ラッパのような甲高い鳴き声が聞こえるときすらあった。盲目のゾウに案内役のゾウが居場所を伝えているのだ。この騒々しいショーは、二頭が再びいっしょになるまで続く。それから熱烈な挨拶が交わされる。二頭は耳を何度もばたつかせ、触れ合い、匂いを嗅ぎ合う。二頭は緊密な友情を楽しんでいた。この友情のおかげで、盲目のゾウは比較的正常な暮らしを送ることができていた。

家族や緊密な仲間の面倒を見る行為には、本来、報酬がつきものなので、少なくとも情動的なレベルでは「利己的」というレッテルを貼りたがる人がいる。これは間違ってはいないとはいえ、利己主義と利他主義の区別を台無しにするものであるのは明らかだ。テーブルの上に置かれた食べ物をすべて一人で食べるのも、お腹を空かせた赤の他人に分けてあげるのもまったく同じぐらい利己的だというのなら、言語はもう使い物にならなくなってしまったも同然だ。単一の概念が、どうしてそれほど異なる動機に当てはまりうるのか？　それ以上に重要なのは、他人が食べるのを見て私が満足するのと、私が利己的であるのとが、なぜ混同されるかだ。なぜ利他行動は、快楽をもたらすという点において、人間に生まれつき備わっている他の傾向と同等たりえないのか？　家族や友人に大サービスするのが好きな人は大勢いるし、私たちが彼らに与えられる最大の喜びは、そんなふうに大サービスさせてやることだ。

利他行動は説明し難い犠牲であるという見方から、本来、報酬がつきものの、哺乳動物による愛情に満ちた世話に根差すものであるという現代の概念への転換が起こった経緯を振り返ると、プライスによるキリスト教への転向から、ハクスリーによる原罪への執着、クロポトキンの無政府主義、利他主義は偽善あるいは間違いであるという妙に人気のある概念まで、じつに多くのイデオロギーや宗教の要素がこの議論に満ちていることに驚かされる。この議論の大半から抜け落ちているのは、人間や他の哺乳動物が、たとえば社会性昆虫などとはまったく違ったかたちで利他行動を達成しているという見方だ。人間の利他行動とアリやミツバチの利他行動がよく引き比べられるために、私たちは混乱してしまったのかもしれない。昆虫には共感はないが、私たちの脳は他者とつながり、彼らの痛みや快楽を経験するようにできている。その結果、利他行動はまがいものではなく、しかも満足感を与えてくれる。プライスは自分の健康と富を、ろくに知らないホームレスたちのためになげうち、この限度を踏み越えてしまったのなら、けっきょく絶望することになったのも納得できる。彼は、自分が気遣う人に向けた利他行動の享楽的特質を過小評価し、他人に対して気前の良い行為を行なう能力を過大評価してしまったのだ。後者ははなはだしく限定されているのに対して、前者にはほとんど限界がない。

第三章
BONOBOS IN THE FAMILY TREE

系統樹におけるボノボ

敵を滅ぼす最良の方法は、敵を味方にすることである。
エイブラハム・リンカーン(1)

生物の頂点に立つ現生人類の近縁種というだけでは、敬意を払われることはないだろうとかねがね思っていたが、モスクワのある法医学研究所を訪ねたときに、それが裏付けられた。その研究所は、身元不明の他殺体の頭骨から顔を復元する復顔法を専門としていた。私を出迎えた所員たちは、地下室の片隅で、自分たちがひた隠しにしている、ある粗削りの顔を見せてくれた。私は写真を撮ることさえ許されなかった。彼らはネアンデルタール人の復顔に挑戦したが、でき上がった頭部は、ドゥーマ（ロシア連邦議会下院）で指折りの実力者にぞっとするほど似ていたため、写真が一枚でも世に出回れば、その議員に研究所が閉鎖されるのではないかと恐れていたのだ。

私たちは、この近縁種をとりたてて高く評価してはいないし、彼らのようになりたいとは間違っても思わない。ネアンデルタール人には、どたばた走って洞窟に出入りし、妻の髪の毛をつかんで引きずる猫背の愚か者というイメージがある。最近インドネシアのフローレス島で骨が発見された、「ホビット」のような小柄な化石人類は、小頭症であり、おそらく「クレチン症」だったとさえ考えられている。科学者は、それをヨード欠乏による甲状腺疾患のせいにしているが、おおかたの人は、「愚鈍な人、知能の低い人」といった、辞書にあるクレチンという単語の定義どおりに考える。フローレス島の化石のそばに高度な道具が発見されてもおかまいなしに。

人類学者は、彼らの名物とも言える、聞くに堪えない論争を繰り広げながら、今なおその化石証拠について思案中だが、ネアンデルタール人の境遇は、日ごとにはっきりしてきている。彼らのほうが私たちよりも脳が大きかったことを考えれば、ネアンデルタール人を愚かな野蛮人だとする従来のイメージに、もともとそれほどの説得力はなかった。むしろ、下院議員とネアンデルタール人との類似から、私たちが彼らの系統を受け継いでいることが窺われる。初期の現生人類はアフリカを出ると、北方ですでに二五万年間暮らしていたこの近縁種に遭遇した。その種は、凍えるような寒さにはるかにうまく適応していた。私たちは、よく言われているように北方の種を征服したのではなく、味方にしたのかもしれない。現生人類の男性はネアンデルタールの女性に魅力を感じ、現生人類の女性はネアンデルタールの男性に惹かれたに相違ない。その逆もあったはずだ。現生人類のうち非アフリカ系の人のDNAは、最大で四パーセントがネアンデルタール人に由来すると推定されるからだ。おそらくその交雑によって、私たちの免疫系は強まったのだろう。

北方の兄弟種であるネアンデルタール人は死者を埋葬し、巧みに道具を作り、火を絶やさず、初期の現生人類と同じように虚弱者の世話をした。小人症や手足の麻痺、咀嚼《そしゃく》不能の人が成人期まで生き延びたことは、化石記録を見れば明らかだ。「シャニダール1号」「ロミート2」「ウィンドオーヴァー・ボーイ」「ラ・シャペル＝オ＝サンの老人」といった風変わりな名前で知られる、社会にほとんど貢献しない者たちを、私たちの祖先は扶養した。虚弱者、身体障害者、知的障害者など、周囲の支えが必要な者が生き延びるというのは、思いやりの進化における一段階であると、古生物学者は見ている。このコミュニティ優先主義の遺産は、本書のテーマとの関連できわめて重要だ。道徳性は、現在の文明や宗教より、少なくとも一〇万年は古いことを示唆しているからだ。

だが、過去に押し戻されつつある起源はそれだけではない。ビールの醸造から芸術表現に至るまで、万事私たちが考えているより早く始まったと思っていい。複雑な幾何学模様が刻まれた南アフリカのオーカー（酸化鉄塊）は、フランスのラスコー洞窟壁画の二倍は古いし、二足歩行の起源さえ押し戻され続けている。たとえば、完全な直立歩行を示す足跡の発見により、二足歩行は以前に想定された年代の二倍は過去にさかのぼれるのだ。

私たちはいつもまず、自分の行なうことや誇りに思うことは最近進化したものだと決めてかかる。だがその後、ネアンデルタール人も、ひょっとするとアウストラロピテクスも同じことをしていたと知り、やがてははるか昔の類人猿まで立ち返って、実際は彼らが最初だったらしいことを発見する。たとえば、石器時代が私たちの系統から始まったはずがない。コートジヴォアールでは考古学の技術を使って、四〇〇〇年以上も前の、ハンマーと石の台で木の実を割っていた場所の遺跡が発掘されたが、見つかった木の実の種類や道具の大きさ（大きくて重い）、環境（熱帯雨林）は、道具の使い手がヒトではなくチンパンジーだったことを匂わせている。発掘物の分析からは、何千年もの間、類人猿が森の堅い木の実を砕くために、遠くの、岩が露出した場所から花崗岩《かこうがん》のような頑丈な石を運んできていたらしいことがわかった。今日では、西アフリカのチンパンジーの間で、同じような道具がよく使われている。

永《なが》の別れ

過去に押し戻されるのではなく、じりじりと現代に忍び寄っている起源が一つだけある。二〇世紀の前半、教科書の系統樹ではまだ、ヒトの枝は二五〇〇万年の間、単独で誇らしげに伸びていた。

私たちの直近の系統は、四種の大型類人猿（チンパンジー、ボノボ、ゴリラ、オランウータン）と、いわゆる小型類人猿（テナガザル、フクロテナガザル）から成る。これは、霊長目に含まれる真猿類と原猿類の二〇〇の種と比べれば、ごく小規模な系統だ。尾があり、鼻先の突き出た真猿類は、類人猿よりも私たちからは遠い関係にある。だが、ヒトを他のすべての霊長類からかけ離れた存在として位置づけていた古い系統樹は、短命に終わった。カール・リンネはヒトに「ホモ」という固有の属を割り当てたときに、すでにそのことを予見していたのかもしれない。スウェーデンの分類学者だった彼は、ヒトに与えられた特別の地位に疑問を抱いていたが、カトリック教会と揉め事を起こすのを避けることにしたと伝えられている。三世紀後、血液タンパクやDNAの分析によって、それまで使われていた解剖学的な比較よりも優れた方法で種の比較ができるようになった。新たなデータからは、ヒトとサル類との隔たりがはっきりしたものの、私たちは類人猿のど真ん中に放り込まれた。これは衝撃的な出来事だったが、DNAに異論を唱える余地はほとんどない。人間が強調したい特性を選り好みするという問題が入り込まないからだ。私たちは二足歩行をたいしたものだと思ったところで、じつは自然の大きな枠組みの中ではそれほどのことでもない。ニワトリも二足歩行だ。ＤＮＡによる比較では、私たちの偏見が回避される。ＤＮＡに基づく系統樹では、ヒトは、およそ六〇〇万年前に類人猿から分岐した多くの枝のうちの一本の細枝にすぎない。

現生人類への道のりの終盤に起こった交雑（たとえば、ネアンデルタール人とのもの）が、私たちの種としての成功に弾みをつけたのであれば、同じことがその序盤にも起こっていた可能性がある。ヒトと類人猿のＤＮＡには、初期に交雑が起こった形跡があるのだ。私たちの祖先は分岐後もおそらく、今日ではハイイログマとホッキョクグマ、オオカミとコヨーテで知られるような近縁種の交雑を、類人猿と繰り返したのだろう。一部の古生物学者はこれに懐疑的で、二足歩行の祖先が一〇〇万年以上もの間、四足歩行の類人猿と交雑を続けることは考えづらいとしているが、私の知るかぎり、歩き方とつがう能力の有無とはほとんど関係がない。この懐疑論からは、ヒトとネアンデルタール人の交雑が知られる前の、なおさら不可思議な説が思い出される。私たちの祖先とネアンデルタール人が同じ言語を話さなかったのは明らかなので、この二種のホミニン（ヒト族）間で性行為が行なわれた可能性は除外していいというものだ。この説に私は思わずニヤリとしてしまった。フランス人の妻と初めて出会ったときのことが頭に浮かんだのだ。言語とはじつに些細な障壁にすぎない。

ヒトが類人猿の系統であることは、一八〇九年、フランスの博物学者ジャン＝バティスト・ラマルクが初めて提唱した。ラマルクの説によれば、獲得形質（渉禽類《しょうきんるい》の脚の伸びなど）は、次の世代にも伝わりうるという。ダーウィンがこの問題に触れるずっと以前に、ラマルクは、ヒトが四手類《ししゅるい》の霊長

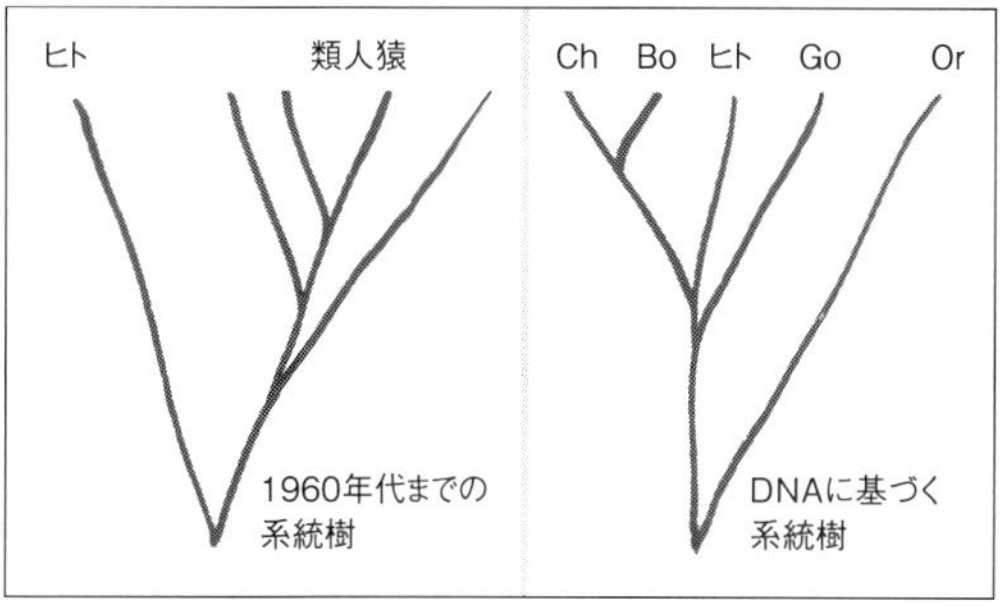

1960年代まで、ヒトは系統樹で類人猿とは異なる独自の枝を与えられていた（左）。だが、DNAに基づく系統樹（右）では、ヒトはゴリラ（Go）やオランウータン（Or）以上に、チンパンジー（Ch）やボノボ（Bo）に近い位置に配されている。

類から進化したと考えていた。

もし四手類の動物のある種、とくに最も完璧に近い種が、環境の影響やその他の原因により、木に登り、枝をつかむ習慣を失うことになれば……そしてもしその種の個体が何世代にも渡って、足を歩行のみに用い、手を足のように用いることを放棄せざるをえなかったとすれば……その四手類の動物はついには二手類の動物に変貌し、足の親指が他の指と大きく離れることはなくなるであろう。(2)

ラマルクはその大胆さゆえに高い代償を支払った。大勢の敵を作ったため、赤貧のうちに亡くなり、フランス科学アカデミーで読まれた彼への追悼の言葉(3)は、かつてないほど冷笑的で侮辱的なものになった。半世紀後、ヒトが類人猿の系統であることは、ダーウィンの進化論（遺伝形質に基づくもの）を擁護する二人の人物、イギリスのトマス・ヘンリー・ハクスリーとドイツのエルンスト・ヘッケルによって世に広まった。この二人は、私たちが類人猿の改訂版であることを人々に受け容れてもらおうと必死で闘い、少なくとも科学界は納得させたから、そこではもうこの点は議論の対象にならない。ただし、例外がある。二〇〇九年、オハイオ州のケント州立大学は、「ヒトは類人猿から進化したのではない」という衝撃的なタイトルの報道発表を行なった。

その真意を理解するには、この大学がアルディピテクス・ラミドゥスの発見にかかわっていたことを知っている必要がある。アルディピテクス・ラミドゥスは「アルディ」とも呼ばれる、エチオピアで発掘された化石だ。四四〇万年前までさかのぼるので、従来の化石より、ヒトと類人猿の永の別れに一〇〇万年近いことになる。アルディがまだかなり類人猿に近かったことを示す特徴には、他の指と向かい合わせにできる足の親指がある。アルディは木登りに長け、今も類人猿が捕食者を避けるために毎晩そうするように、樹上で眠ったに違いない。当然、特殊創造説〔聖書にあるとおりに神が万物を創造したという説〕やインテリジェント・デザイン〔知性を持つ存在によって生命や宇宙が設計されたという説〕の支持者は神の贈り物とばかりに、この誤解を招くような発表に飛びつき、その一方で報道機関は、これは類人猿が私たちの系統を引くことを間違いなく意味していると結論づけた。この混乱のもとは、アルディ発掘チームの科学者の一人が、オーウェン・ラヴジョイという、ボノボを髣髴《ほうふつ》させる名前〔「ラヴジョイ」は「ジョイ（喜び、至福）」を「ラヴする（愛する、おおいに好む）」ともとれる〕を授かっていたにもかかわらず、比較の対象としてチンパンジーしか想定できなかった点にある。彼は、アルディは体格が違いすぎるから、チンパンジーのような祖先の系統ではないとの結論に達した。だが、なぜ出発点を現生の類人猿にするのか？　今日生きている類人猿にも、私たちヒトとの分岐以来、変化する時間は私たちと同じだけあったのだ。類人猿は、私たちが進化する間、足踏み状態だったと思われがちだが、じつは遺伝子データに基づくと、チンパンジーのほうがヒトより多く変化しているらしい。私たちは、最後の共通祖先がどんな姿だったかまったく知らない。熱帯雨林は化石化を許さないのだ。すべては化石になる前に朽ち果ててしまうから、初期の類人猿の化石は見つからない。とはいえ、私たちの祖先が類人猿に共通の定義に当てはまることは請け合いだ。つまり体が大きく、尾がなくて、足で物がつかめる、胸の平たい霊長類だ。したがって、私たちが類人猿の系統を引くと言っても何の問題もないことに変わりはない。ただその系統は、どの現生類人猿にも由来していないのだ。

アルディは、口があまり突き出ておらず、歯が比較的小さくて丸みを帯びているので、チンパンジーとは明らかに異なる。チンパンジーのオスは長く鋭い犬歯を備えており、その「牙」は敵の顔や皮膚を切り裂く、きわめて危険なナイフになる。野生のチンパンジーはこの武器を使い、縄張り争いで相手に致命傷を与える。それに比べてアルディは、おそらくオスどうしの闘争が少なかったため、比較的温和な性格だったと考えられている。ラヴジョイは、アルディと同時代の仲間は一雌《いっし》一雄《いちゆう》で、それが暴力の抑制に役立ったのではないかとさえ言っている。だが、古生物学者が結婚指輪をはめたオスとメスの化石でも見つけ出さないかぎり、アルディが一雌一雄だったという考えはまったくの憶測の域を出ない。さらに、一雌一雄が温和な性格を育むという証拠はどこにもない。ちなみに、私たちの直近の系統で一雌一雄の唯一の霊長類（テナガザル）には、恐ろしい犬歯がある。

私たちが、猛々しいチンパンジーのような祖先ではなく、おとなしくて共感的なボノボのような類人猿に由来するとしたらどうだろう？　ボノボの体形（長い脚と狭い肩）は、比較的小さな犬歯とともに、アルディの特徴にぴったり合致するように思われる。なぜボノボは見過ごされたのか？　チンパンジーが祖先の原型ではなく、じつは比較的温和な系統の中の乱暴な変わり種だとしたらどうだろう？

アルディは私たちに何かを語りかけており、その何かに関してほとんど意見の一致は見られないにせよ、従来のあらゆる筋書きで聞こえていた戦いの太鼓の音がぴたりと止んだ気がして、私はすがすがしい思いだ。

祖先や近縁種の類型化には、政治的な含みが反映されていることがよくある。それが、アメリカのテレビ番組「ザ・コルベア・リポート」のコメディアン、スティーヴン・コルベアの手にかかれば、面白おかしいものになる。(4)出演者やその考えを茶化すことをおもな目的とする番組に出るというのは、なかなか得難い体験だ。コルベアは私に、チンパンジーとボノボはどう違うのかと尋ねた。私がボノボの行動を説明する間、彼は不愉快そうな表情をたえず浮かべていた。ボノボはあまりにも温和でセックスに執着し過ぎで、彼の好みに合わないのは明らかだった(「普通の、型通りの、神が意図したようなセックスはしないんですか」)。だが、チンパンジーの説明をすると、賛同してうなずいた。法と秩序を好む彼の性格に見事に合致したのだ。

世間はチンパンジー派とボノボ派に分かれるとはいえ、最後にスティーヴンが類人猿を真似てバナナの皮を剝いたときは、誰もがおおいに笑った。

ボノボ、リベラルと保守

こんな想像をしてほしい。あなたはライターで、差別や偏見のない霊長類を取り上げた現場レポートを読者に提供することに決めた。その霊長類は同性愛的関係を築き、メス優位であり、穏やかな生活様式を持つことで有名なので、リベラルにはアイドル的存在だ。お目当ての霊長類はチンパンジーの近縁種で、ボノボという。この愛くるしい類人猿が、自然の棲息地で遊び戯れる姿を見るために、あなたは旅に出て、コンゴ民主共和国（「民主」などという看板をよく掲げられるものだ）をはるばる訪ねる。新しくて胸躍るような記事を携えて帰りたいと願いながら。

ところが悲しいかな、ボノボなどほとんど見当たらない。あなたは、数頭のボノボが樹上で静かに座って木の実を食べているのを観察する。それでおしまい。以上が、イアン・パーカーの経験だ。それにもかかわらず、彼は「ニューヨーカー」誌の「遠隔地特派員」として一三ページにわたって巧みな文章を書き上げた。それによると、まとわりつくような熱い空気や、暴風雨、泥流、堅い果実が落ちて立てる音、そして現地でパーカーを受け容れたフィールドワーカーのことがわかる。彼はそのドイツ人をかなり冷たくて思いやりのない人物と評している。もちろん、フィールドワークは楽ではないという趣旨の記事を書くこともできたはずだが、彼はそのかわりに、ボノボは世間のイメージほど思いやりもなければ好色でもないと主張した。この類人猿のそれまでの評判は、同性愛嫌悪者にも、（人間は自然状態では闘争するものだと思っている）ホッブズ主義者にも悩みの種だったので、

ボノボのメスどうしの生殖器の擦り合い（GGラビング）は、ボンディング（絆を結ぶこと）や仲直りに役立つ。2頭のメスが互いに外陰部やクリトリスを押しつけ、左右に激しく擦り合う。その間、一方のメスがもう一方のメスにまるで赤ん坊のようにしがみついている。表情と大きな金切り声から、オルガスム状態にあることが窺われる。

パーカーの記事に保守派メディアは小躍りして喜んだ。ボノボ「神話」をついに葬り去り、自然の歯と鉤爪は朱に染まったままであり続けられるわけだ。保守派コメンテイターのディネシュ・デ・ソウザは、「リベラリスト」がボノボを自らのマスコットにして祭り上げていたことを非難し、民主党の本来のマスコットであるロバで満足するように促した。

これがただの政治的小競り合いだったら、笑って済ませられたかもしれない。だが、俎上に乗っているのは私たちの知っていることなのだ。ボノボに攻撃的な面があることには疑問の余地がない。ボノボがすさまじい集団攻撃をすることを私たちは知っている。メスがオスを襲う場合がほとんどだ。長年の間に動物園ではその手の事例が数多く記録されており、そのおかげでボノボの飼育方法が現に変わってきた。母親と息子を分離すると、親による保護の絆が絶たれてしまうので、しだいに動物園は親子をいっしょに飼育するようになっている。私が一九九七年の著書『ヒトに最も近い類人猿ボノボ』で警告したとおり、「すべての動物は生まれつき競争心を持っており、協力し合うのは特定の環境下に限られる」(5)のだ。

フィールドでのボノボの行動に関して新発見はほとんどない。コンゴ民主共和国は、推定五〇〇万の死者を出した凄惨な内戦から抜け出たばかりで、霊長類学研究など行なうどころではない、身の毛もよだつ状況が続いてきた。そのため、野生のボノボについての知識は一〇年以上の間、何の上積みもされていないに等しい。とはいえ、それ以前の優れたフィールドデータは存在している。最も重要な観察結果は、ここ三〇年間変わっていない。それは、ボノボの間で死者の出るような攻撃的行為をはっきり裏付ける報告が皆無であるというものだ。チンパンジーではこれと対照的に、大人のオスが他のオスや赤ん坊を殺したり、メスが赤ん坊を殺したりする事例などが多数見られる。これは野生の場合だ。飼育環境下では、オスのチンパンジーたちが政治的ライバルに、残酷にもひどい傷を負わせ、睾丸を抜き取り、それがもとで相手を死なせた事例を私自身が記録している。チンパンジーについては、そうした攻撃の記録にはまったく事欠かない。ボノボではそうした事例がゼロであることを考えると、非常に対照的だ。

リチャード・ランガムは『男の凶暴性はどこからきたか』でチンパンジーの暴力を見直したうえで、それと対比して次のようにボノボについて述べている。「……彼らは、平和へ向かう三つの道筋を持つチンパンジーと考えることができる。彼らは、異性との関係、オスどうしの関係、コミュニティどうしの関係で、暴力の水準を下げたのだ[6]」。これは、けっしてボノボがおとぎ話の中に生きているということではない。彼らが「平和のためのセックス」に勤《いそ》しむのは、争いがたっぷりあればこそだ。完璧に円満に暮らしているなら、仲直りにいったい何の意味があるというのだろう。そして、セックスによって争いを解消するのは、たいがいメス対メスの組み合わせだが、オス対オスでも、次のサンディエゴ動物園のような例がある。

ヴァーノンはよくカリンドを空堀の中へと追い込んだ。……そうした出来事のあと、これら二頭のオスは、通常より一〇倍近く多くの激しい接触をした。ヴァーノンが自分の陰嚢をカリンドの尻に擦りつけたり、カリンドがマスターベーションのために自分のペニスを出したりするのだ[7]。

チンパンジーとは驚くほど対照的だ。チンパンジーで観察された殺し合いは、ほとんどが縄張り争いで起こっているのに対して、ボノボは縄張りの境界ではセックスをする。近隣のボノボとはよそよそしくしていることもあるが、対峙が始まるとまもなく、メスが相手側の縄張りへ駆けていってオスと交尾したり、他のメスに背乗り《マウンティング》したりするのが観察されている。セックスと戦争を同時にするのは困難なので、あたりはたちまち社交の場と化す。締めくくりには、違う群れの大人どうしがグルーミングをし、子供たちがいっしょに遊ぶ。こうした報告は一九九〇年以来のもので、その大部分は、野生のボノボを最も長く研究している日本の科学者の加納隆至《かのうたかよし》によるものだ。私は『ヒトに最も近い類人猿ボノボ』を書いたとき、加納や、パーカーを迎えたゴットフリート・ホーマンのようなフィールドワーカーにインタビューをした。ホーマンに、彼が観察しているボノボは他の群れにどのように反応するのか尋ねると、「初めは強い緊張感があって、叫び声を上げ、追いかけ合うが、その後は落ち着いて、二つのコミュニティのメス対メスやオス対メスでセックスをする。グルーミングが始まることもあるが、相変わらず緊張感は残り、神経質なままだ」(8)ということだった。これはいわゆる「キラーエイプ（殺し屋の類人猿）」という発想と結びつく内容とは言い難い。もっとも、コミュニティどうしがいつも打ち解けて交わるとはかぎらず、違う群れのオスどうしはグルーミングをしないことを、ホーマンは付け加えているが。

コンゴ民主共和国の首都キンシャサ郊外にあるボノボのサンクチュアリ〔動物を集団飼育している施設〕で、別々に暮らしていた二つのボノボの群れを、多少活気づけるために合併させることが最近決まった。チンパンジーでそんなことをしようなどと思う者はいない。暴力につながるだけなのが目に見えているからだ。動物園ではよく知られているように、見ず知らずのチンパンジーたちは、知り合いになるまでは、なんとしてでも引き離しておく必要がある。さもなければ、血みどろの殺し合いを見ることになるだろう。それにひきかえ、サンクチュアリのボノボは、乱交パーティを繰り広げた。自由に交流し、仮想敵を仲間に変えた。

だめ押しに、チリの霊長類学者イザベル・ベーンケによる観察記録もある。ベーンケは、加納ら日本人科学者が数十年間研究してきたコンゴのワンバで、ボノボの遊び行動を研究している。違う群れの個体がいっしょに遊ぶのを見たときは、自分の目を疑った。彼女は、深い森で撮ったビデオを最近見せてくれた。そこでは、近隣の群れから来た幼いボノボたちが一頭のオスを取り囲んで、突いたり、体によじのぼったり、ぶら下がったりしていた。すべて戯れで、危険や敵意を感じさせるところは微塵もなかった。ベーンケは、一頭のオスと、別の群れから来たメスとの遊びの映像も見せてくれた。メスがオスのあとを追って睾丸をつかんだりしながら、木の周りをぐるぐると走り回っている様子が映っていた。このビデオでも、緊張感はいっさい見てとれなかった。ベーンケ自身もちゃめっ気のある人で、「相手の急所を握る」という表現はきっとここから来たんですよ、とおどけて言った。(9)

ボノボの攻撃性について混乱が起こっているのは、彼らの捕食行動が一因だ。チンパンジーの規模には及ばないが、ボノボの捕食行動はよく発達している。ボノボはダイカー（森林に棲息するアンテロープの仲間）やリス、子ザルといった小さな獲物を仕留め、ときには集団で狩りをする。問題は、これがほとんど攻撃性とは関係ないことだ。一九六〇年代にはすでにコンラート・ローレンツが、猫が他の猫に対してシューッと唸るのは、ネズミに忍び寄るのとは違うと警告している。前者は恐れと攻撃性が混ざった表現で、後者は空腹に動機付けられた行動だ。今では両者は神経回路網が別であることがわかっている。だから、ローレンツは攻撃性を種内行動として定義したのだし、草食動物は肉食動物に少しも劣らぬほど攻撃性が高いと考えられているのだ――オス馬の喧嘩を目撃した人なら誰もが断言するように。

捕食と攻撃は昔から混同されてきた。私たちの祖先が肉を食べた形跡に基づいて、人間が救い難い殺し屋と見なされていた時代が思い出される。この「キラーエイプ」の概念は大変な影響力を持つに至ったので、スタンリー・キューブリックの映画『2001年宇宙の旅』の冒頭シーンでは、ヒトの祖先が敵を動物の大腿骨で殴り、その後勝ち誇ったようにその武器の骨を空高くへと放り投げると、骨は軌道を回る宇宙船に変わるところが描かれている。感動的なシーンだが、その描写は、「タウン・チャイルド」として知られている祖先の幼児化石の頭蓋骨に空いた、たった一か所の傷穴に基づいている。タウン・チャイルドの発見者は、私たちの祖先は肉食性で共食いをしていたのは間違いないと結論づけた。その考えを、ジャーナリストのロバート・アードレイが著書の『アフリカ創世記』の中で、人間は堕ちた天使というより、むしろ進歩した類人猿だというふうに言い換えている。[10] とはいえ現在では、タウン・チャイルドはヒョウかワシの餌食になったにすぎないらしいと考えられている。

私たちは暴力を讃美するのとは対照的に、セックスについて遠慮がちなので、科学者はセックスを無視したり、あるいはそれに別のレッテルを貼ったりするようになっている。私たちが婉曲表現（たとえばトイレを「化粧室」、はからずも乳首が見えてしまう事態を「服装の不具合」と称すること）を好むのと同様に、科学の文献では常習的にボノボを「非常に愛情豊か」と表現するが、実際は、公的な場所で人間が行なったらただちに逮捕されてしまうような振る舞いを指している。二頭のメスのボノボが、膨らんだ生殖器を押しつけ合って左右に素早く擦り合わせる行動は「GGラビング」（ホカホカ）として知られているが、それを何度も見ているホーマンは疑問に思う。「とはいえ、その行動はセックスと何か関係あるのだろうか？　おそらくない。たしかにメスたちは生殖器を使うが、それはエロティックな行為なのだろうか、それとも性的な行為とはまったく無縁の挨拶の仕草なのだろうか？」[11]

幸いにも、アメリカの法廷はポーラ・ジョーンズがビル・クリントン元大統領を訴えたケースで、この記念碑的問題を解決した。「セックス」という用語には、生殖器や肛門、股間、胸、内股、尻への意図的な接触がすべて含まれることを明確にしたのだ。この定義には文句もつけられるが（誰かが意図的に私の上に座り、その人の尻が私に接触した場合、それは必ず性的行動になるのか？）、明らかにセックスが目的でできている生殖器に的を絞ってみよう。ボノボが、睾丸をつかんだり、クリトリスを指でいじったり、生殖器を擦り合わせたりして互いに刺激し、明らかにオルガスム状態にあることを叫び声その他によって示すときは、どんなセックス・セラピストでも「セックスしている」と言うだろう。ここで私が考えているのは、アメリカのセラピストのスーザン・ブロックだ。私たちヒトはさておき、ボノボほどセックスに熱心な動物は他にいないことを考えれば、彼女が教える「ボノボに倣い、快楽を通して平和を」というのは、適切なスローガンと思われる。[12]

ボノボとチンパンジーの劇的な違いは、協力行動に関する最近の実験によって浮き彫りにされた。ブライアン・ヘアと共同研究者たちは、協力すれば引き寄せられるような台をボノボとチンパンジーに提示した。台に食べ物を載せると、ボノボはチンパンジーよりも優れた行動をとった。食べ物があると、普通は競争が起こるが、ボノボは性的な接触を行ない、いっしょに遊び、仲良く並んで食べ物を分け合った。それとは対照的に、チンパンジーは競争心を克服するのが困難だった。この二つの種が、完全に同じ設定に対してこれほど違った反応を見せることから、気質の違いがあることはほとんど疑いようがない。

ヴァネッサ・ウッズが類人猿の孤児を比較検討した研究からも証拠が上がってきている。悲しいことにアフリカでは、チンパンジーもボノボも頻繁に食用目的の狩猟の犠牲になる。大人はたいてい食肉用として売られるが、幼児はサンクチュアリに行き着くことが多く、そこで十分育って独り立ちできるまで人間が手厚く世話をする。ウッズは二つの種をきめ細かく比較し、ボノボの幼児は、たとえば餌を与えられた場合のように興奮しているときに、性的に触れ合うが、チンパンジーの幼児はそうしないことに気づいた。このように、種による違いは、ごく小さいころからはっきり表れるのだ。

ようするに、私たちが広い意味でのセックスをあえて「セックス」と呼び、知られている（異種間ではなく）種内の暴力の水準だけを考えるかぎりは、ボノボは比較的平和な種で、性的行動が、挨拶や争いの解決や食糧分配などを含めた非生殖的機能を果たしているという主張を、強く支持できることに変わりない。ときおり度を越した表現が見られるが（たとえば、「チンパンジーは火星がふるさと、ボノボは金星がふるさとだ」〔英語では、火星はローマ神話の軍神マールス、金星は愛の女神ウェヌスに、それぞれ名称が由来する〕）、単に愛情豊かであるとだけ表現されていたなら、ボノボについては誰も聞き知ることはなかったはずだ。ボノボのフィールドワークのために研究者がアフリカへ戻り、今後何が発見されようとも、ボノボがホッブズ主義的な種に変貌することは当分ないだろう。この類人猿が、おとなしくてセックス好きの霊長類から、忌まわしい暴力的な霊長類になるとは、私にはまったく思えない。森の中でチンパンジーとボノボの両方を広く研究してきた唯一の科学者で、日本の霊長類学者の古市剛《ふるいちたけ》史《し》がそれを最もうまく言い表している。「ボノボに関してはすべてが平和だ。ボノボを目にすると、生活を楽しんでいるように見える[13]」

人間は堕天使だろうか？　ボスは「快楽の園」で、アダムとイヴがイエスのような人物に引き合わせられている様子を描いている。通例に反し、最初の人類は禁断の果実を食べてもいなければ、追放を言い渡されてもいない。堕罪を犯すことがなかったとしたら、肉欲の楽園が彼らを待ち受けていたのだろうか？

肉欲の楽園

私は学生のとき、「ピグミーチンパンジー」を飼育しているオランダの動物園（現在では廃園となっている）を訪ねたことがある。ピグミーチンパンジーとはボノボの旧称だ。この種を見たのはそのときが初めてだったが、行動や物腰、外見がチンパンジーと対照的なので驚いた。チンパンジーが筋骨たくましい肉体派であるのに対して、ボノボはむしろ知性派に見えた。細い首とピアニストのような手を持っているため、スポーツジムよりも図書館が似つかわしい気がした。当時はボノボについてほとんど何も知られていなかったので、なんとしてもこの状況を変えようと私はその場で決心した。それまで私は、ボノボは小型のチンパンジーだと思い込まされていたが、それは明らかに間違いだった。

その日私は、ボノボのオスとメスが段ボール箱を巡って些細な喧嘩をしているのを目撃した。二頭は走り回り、互いを拳で叩き合っていたのだが、急に喧嘩をやめてセックスを始めた！　これにはあっけにとられた。私はチンパンジーを見慣れていたが、彼らはこれほど簡単に怒りからセックスへ転じることはない。これは偶然の出来事か、あるいはこの心変わりのきっかけを私が見落としたのかと思ったが、このとき目撃したことは、古代インドの性愛経典『カーマ・スートラ』を地で行くこの霊長類にとっては、ごく当たり前の出来事だったのだ。もっとも、それをようやく知ったのは、ずっと後年、彼らを相手に研究を始めてからだった。

私は霊長類の性科学者になる気はさらさらなかったものの、そうなることは必然の成り行きだった。ボノボが人間の考えうるすべての体位、いや、ときには想像し難い体位（足でぶら下がりながら、上下逆さまという恰好）でさえセックスをするのを私は見てきた。ボノボのセックスで際立っているのは、それがひどく無造作に行なわれる点、そして社会生活とじつにうまく融合している点だ。私たち人間の多くは、性生活をそんなふうに見たりしない。なぜなら、コンプレックスや妄想、抑制でがんじがらめになっているからだ。明かりがついているとだめな人さえいる！　だから、私がボノボを研究していると言うと、みな特別な目つきをするのだ。まるで私が、ぞくぞくするようなこと、つまり禁断の喜びに浸っているに違いないとでも言うように。だが、ボノボを観察すればするほど、彼らのセックスとは、メールをチェックする、鼻をかむ、挨拶をするといった行為と同じように思えてくる。ただの日常行為なのだ。私たちは挨拶するのに手を使う（たとえば握手をしたり、背中を叩き合ったりする）のに対して、ボノボは「生殖器で握手する」。彼らのセックスはきわめて短く、分単位どころか秒単位だ。私たちはセックスを子作りや肉欲と結びつけるが、ボノボの場合、それはあらゆる種類の欲求を満たす。肉欲を満たすことがいつも目的であるわけではなく、子作りも機能の一つにすぎない。だからボノボは、ありとあらゆる組み合わせでセックスをするのだ。

セックスの多機能性について論じていると、これを嫌悪する人もいれば、好む人もいることに嫌でも気づく。嫌悪は、男性の階級制や縄張り意識、暴力が人類の進化の過程で果たしてきた役割について定着した見方と関係している。そして、そこにこそ人類学者がボノボを無視し続ける理由がある。このヒッピーまがいの霊長類には、ヒトの進化の歴史に入り込む余地はないというわけだ。もっとも、ボノボ礼讃者のほうが必ずしも理性的というわけでもない。彼らの考え方はしばしば、人類の祖先の理想化されたイメージに基づく憧れを反映している。ボノボについて講演をしたあとには、自分とボノボには多くの共通点があると思っているポリアモリスト（複数同時恋愛主義者）や、もっとボノボに倣うのが夢だと言う人々と出くわすことがある。また、人類はボノボ直系の子孫に違いないと推測し、私たちの社会も母権制にし、性的束縛から脱するべきだと暗に言う人たちまでいる。

私たちの祖先と自由恋愛とを結びつける考え方の根底には、聖書の記述がある。聖書は不特定多数との性行為を奨励しているわけではないが、堕罪を犯す以前の人間はそれしか知らなかったとしている。また、他の霊長類は、原始的な環境で、まるでエデンの園を思わせるような天衣無縫な生活を送っていると見なされることがある。彼らは性的な境界線を知らないと考えられているのだ。これに関しては、フランスの人類学者クロード・レヴィ＝ストロースによる公式の学説さえある。彼は、人類の文明は近親相姦をタブーとすることから始まったと主張した。もともと人間は、血のつながりがあろうとなかろうと気にせず、誰とでもセックスに及んでいたが、近親相姦がタブーとされたために新たな領域へと進むことを余儀なくされ、自然から文化へ移行したというのだ。なんと的外れな主張だろう！　「近親交配の回避」（生物学者はこの手のタブーをそう呼ぶ）は、ショウジョウバエや齧歯《げっし》類から霊長類まであらゆる種類の動物でよく発達しているというのに。有性生殖生物にとって、それは生物学上の絶対条件に等しい。ボノボの場合も、父親と娘のセックスは、娘が成熟期のころに近隣のコミュニティに移るため起こりえない。息子は母親のもとを離れず、しばしばいっしょに移動するにもかかわらず、両者の間でもセックスはまったく行なわれない。これは、ボノボの社会でセックスを伴わない唯一の組み合わせだ。しかも、こうした行動規範はすべてタブーなど抜きで守られている。

ルソーの「高潔な野蛮人」をはじめとして、先史時代は、明日に対する憂いなど微塵もなく幸福に暮らしていたという呑気な見方に基づいて再現されることが多い。アメリカの文化人類学者マーガレット・ミードはサモア人の性生活について書いたとき、この見方に惹きつけられていたようだったし、最近のBBCのドキュメンタリーでは、この西洋社会の偏見をアマゾン川流域に住む「西洋に毒されていない」部族に押しつけた。ペルーのマツィゲンカ族をよく知る二人の人類学者は、このドキュメンタリー全体がでっち上げだと主張している。番組は、撮影班が村に入るところから始まる。彼らは人が通い慣れた道からわざわざ離れたが、それはこの謎めいた人々を探すためにジャングルを掻き分けながら進む自分たちの姿を撮影するためだった。ドキュメンタリーはじつにひどい誤訳だらけで、悪意のない言葉が凶暴な発言に訳されている（「あなたがたはアメリカ人の住む遠い所から来た」が「私たちは闖入者を矢で射殺す」など）。また、年老いた村長が「私はいつかまたセックスをするだろう」と思い焦がれるように言った言葉が「私は毎日セックスをする」と訳されている。(14)

人類の起源についてひとたび考えだすと、私たちの想像はとどまるところを知らない。文化とは無縁で、言葉もなく技術もほとんど持たず、性的束縛も最小限だった祖先の姿を私たちは思い浮かべる。およそ信じられない話だが、ルソーより二世紀前、人々はこの人類の起源空想の分野にもう手をつけ始めていた。イギリスの人文主義者トマス・モアの小説『ユートピア』と、ボスの三連祭壇画「快楽の園」がほぼ時を同じくして世に現れたことからも、それは明らかだ。モアの世界では、福祉が行き届き、私有財産を持つことはなく、安楽死はあるが、恋愛の自由はない。それどころか、モアのユートピアでは婚前交渉をした者には生涯独身の罰が課せられた。対照的にボスは「快楽の園」の中央パネルで、食欲も性欲も満たして浮かれ騒ぐ、大勢の幸福な裸の男女を想像して見せた。この画家は私たちに何を語ろうとしたのだろう？　この三連祭壇画は、無垢からの堕落が右側のパネルに描かれた地獄の罰へと続くことを示している、というのが伝統的な解釈だ。これは、いかにもわかりやすい。セックスは罪であり、罪人は地獄に堕ちるというのだから。もしそれが本当なら、「快楽の園」の道徳観はユートピアのそれとさほど違わない。だが、自らが秘めた謎をボスの絵がそう簡単には明かさないことを私たちはもう知っている。レオナルド・ダ・ヴィンチの壁画「最後の晩餐」（これも同時期に描かれた）とともに、おそらくこの絵は最もよく文章で取り上げられてきた作品だろう。それはどの世代の人々の目にも、常に新鮮に映る。そして絵そのものについてよりも、その世代について、多くを明かしてくれる。

左側のパネルの楽園では、神がイヴの右手首を左手で優しくつかみ、右手でアダムとの結婚を祝福している。イヴを見つめるアダムは性的興奮状態にあると評されてきた。とはいえそれが真実なら、そしてここで霊長類学者として言わせてもらえるなら、勃起が描かれていてほしいところだ。それなのに、アダムの陰茎は眠っているネズミのように精気がない（グーグルアースのおかげで誰でもアダムのプライヴァシーを侵害できる）。むしろアダムの顔には、自分が女性に会うことなど誰からも知らされていなかったとでもいうような、驚きの表情が浮かんでいる。この人類初の夫婦は、架空の生き物や、描かれているような当時発見されたばかりの動物（キリン、ヤマアラシ）に囲まれた、およそありえない状況で出会っている。遠くに描かれた堅果《けんか》のなる木に、一匹のヘビが巻きついているのが見えるが、じつはそのヘビは木から降りるところで、アダムとイヴは果実を食べていない。実際のところ「快楽の園」には、堕落も追放もないエデンの園が描かれているのだ。

美術史家たちが二世紀かかってようやく気づいたのだが、中央パネルの地平線は左側のパネルの地平線とつながっており、したがって、無数の裸の男女がエロティックな快楽に耽《ふけ》っている中央パネルの風景もまた、楽園での出来事に違いないと考えられる。つまりこの絵は、もし楽園から追放されていなかったら、人類はこうなっていたかもしれないという光景が描かれたものなのか？　もし誘惑を退けていたら、性の解放で報われていたのだろうか？　ある美術評論家の言葉によると、池で女性たちが水浴びをし、その周りで大勢の男性がロバやラクダ、四本足の鳥に乗っているところは、「性に対するある種の思春期の好奇心」を表しているという(15)。これはまさに、私や他の研究者によるボノボの記述そのものだ。ボノボは未熟なチンパンジーのように見える。人間がいくつになっても未成熟な姿の霊長類と見なされるのと同じことだ。「ネオテニー（幼形成熟）」、つまり大人になっても幼児期の特性をとどめているのは、人間の際立った特徴と考えられている。それは、私たちがいつまでも遊び好きで、好奇心旺盛で、創造性が尽きない点や、想像力に富んだ性生活を送る点に認められる。「快楽の園」にはそれが余すところなく示されている。それに加えて、ありとあらゆる動物がたっぷり描かれているので、ボスがボノボを知っていれば、はしゃぎ回る動物群の中に何頭か迷わず描き込んだことは請け合いだ。ボノボはチンパンジーよりもはるかにうまく溶け込んだことだろう。

ボスの意図を、四世紀のラテン語訳聖書ウルガタと関係づける人もいる。ウルガタ聖書は「*paradisum voluptatis*（肉欲の楽園）」に言及している。ボスが聖ヒエロニムスの翻訳によるこの聖書を知っていたことは間違いない。自分の名の由来となったこの聖人を深く尊敬していたボスは、彼の絵を二度も描いているのだから。[16] 昔の神学者たちは、ウルガタ聖書が肉欲や快楽、喜びについて述べていることに当惑したが、互いに補い合う生殖器を持った二種類の人間を神が創造したことは否定できなかった。神の「産めよ、増えよ」という有名な命令は、セックスとそれに伴う満足感なくしては実行のしようがないのだ。

ボスは聖書の言葉をすべて文字どおりにとりつつ、意図的な挑発も盛り込んだのかもしれない。彼が異端派、いわゆる「聖母マリア兄弟会」という団体に属していたという説には人気がある。これは裸のままで過ごすことや不特定多数との性行為を行なうことも含む、人間本来の純粋さに回帰しようとする団体だ。堕罪を犯す前のアダムの無邪気さに到達しようとしたこの団体の所属者は、「アダム派（裸体主義者）」として知られていた。だが、ボスが実際にアダム派だったという確たる証拠はない。アダム派は彼が生まれたころまでには、すっかり姿を消していたからだ。むしろ彼は初期の人文主義の影響を受けていた可能性のほうが高い。人文主義は、教会の教えに比べてセックス嫌悪の傾向がはるかに弱かった。「人文主義の王者」と呼ばれるロッテルダムのエラスムスは、ラテン語を学ぶためにデン・ボスに滞在し、ボスの住まいと同じ通りの、ほんの数軒先の家に住んでいたことさえあった。この風刺精神旺盛な二人の道徳家には面識があったのではないかと想像してみたくなる。

エラスムスは、性欲に対して明確な考えを持っていた。

性的興奮は恥ずべきものだ、性的刺激は自然から発するのではなく罪から発する、などと言う人に私は我慢がならない。これほど真実からかけ離れたことはない。結婚はしょせん罪から逃れられないのだと言わんばかりだが、結婚の機能はこうした刺激がなければ果たされない。人間以外の生き物の場合、こうした興奮はどこからくるのか？　自然からか、それとも罪からか？(17)

これが一六世紀の発言とは驚きだ！　これはみな、北方ルネサンスのときに激しく戦わされていた道徳や宗教の議論の一部なのだ。ボスは自らの作品を通して鋭い解釈を示していた。彼は、懲罰を描く病的な画家というイメージを持たれているかもしれない（心理学者のカール・ユングはボスを「奇怪なものの巨匠……無意識の世界の発見者」と評した）が、「快楽の園」の右側のパネルで苦しむ人々のうちには、中央パネルの仲の良い恋人たちが誰一人描かれていないことに気づけば、安心できる。右側のパネルには肉欲とセックスに関する描写もあるが、描かれている悪徳の多くは賭け事、強欲、陰口、怠惰、大食、うぬぼれなどと関係づけられる。それはまるで、ボスがこう言っているかのようだ。そう、この世は苦悩と罪で満ちているし、罪は罰せられるだろうが、性愛を罪の源と見なしてはならない、と。

「快楽の園」の中央パネルは裸の人物や鳥、馬、想像上の動物に満ちている。人々は果実をたっぷり食べている。ここでは、ゴシキヒワが人々のためにブラックベリーを差し出している。彼らはオランダの子供の古い遊び「ケーキ食いゲーム」〔ロープに吊るされたケーキを目隠しをして手を使わずに食べる遊び〕を再現している。恋の戯れに耽ったり、うっとりと夢想したりしている人もいる。

姉妹愛は強い

サンディエゴ動物園には、ヴァーノンというオスのボノボがいて、小さな群れを支配しており、そこにはヴァーノンの交尾の相手で友達でもあるロレッタというメスと、二頭の幼い子供もいた。オスが支配するボノボの群れを見たのはそれが最初で最後だ。当時、私はオスの支配が当たり前だと思っていた。何と言おうと、たいていの哺乳類はオス優位が普通だし、ボノボのオスはメスより明らかに体が大きくてたくましい。だが、ロレッタは比較的若く、唯一のメスだった。新たなメスが加えられると、たちまち力関係は一変した。

ロレッタと新入りのメスが出会って最初にしたのはセックスだった。二頭は満面の笑みを浮かべ、大きな甲高い声を上げた（まず間違いなく類人猿は性的快感を知っているのだ)。メスどうしが睦《むつ》み合う回数が増えるにつれて、ヴァーノンの支配力は弱まっていった。数か月後には、餌やりの時間になると二頭のメスがセックスをしてから食べ物を分け合う光景がきまって見られるようになった。ヴァーノンが餌を分けてもらうには、手を差し出して乞い求めるほかなかった。健康なオスが例外なくメスを支配するチンパンジーの群れとは何と対照的だろう!

野生のボノボでもメスによる支配が一般的だ。古市の説明を引用しよう。

採餌場《さいじば》の好ましい場所で食事をしているオスたちにメスたちが近づくと、オスはあとから来たメスに自分の場所を明け渡した。それればかりか、オスはたいていメスが食べ終わるまで採餌場の周りで待っていた。あからさまな衝突が起こったときには、メスたちが徒党を組んでオスたちを追い回すことがあったが、メスを攻撃するためにオスが団結することはけっしてなかった。アルファオスでさえ、中位か下位のメスに接近されれば引き下がることがあった。(18)

この一風変わった社会について、このように進化したのは子供の安全を守るためだという説がある。チンパンジーのオスは自分の種の赤ん坊を殺すことがあるし、人間も大差はない。虐待や子殺しは家庭でも、もっと大きな規模でも起こりうる。ヘロデ王は「人を送り、……ベツレヘムとその周辺一帯にいた二歳以下の男の子を、一人残らず殺させた」(「マタイによる福音書」第二章一六節)ではないか。こうしたことは、ボノボの社会では、規模の大小を問わずいっさい起こらない。それは第一に、メス優位であることが、母親が子を守るうえで有利に働いているからだ。第二に、メスが不特定多数のオスと交尾をするので、大人のオスは群れのどの子の父親であってもおかしくないからだ。オスのボノボが父子関係という概念を知るわけはないが、血を分けたわが子を殺すのは最悪だ。そうした行為は確実に淘汰される。だから、不特定多数との交尾が行なわれる状況では、子供は守られる。これは、子を産んだばかりのボノボの母親の行動からも明らかだ。チンパンジーの母親は大勢が集まっている所を賢明にも避けるが、逆にボノボの母親は子供を産んだ直後に群れに復帰する。まるで恐れるものなど何もないとでもいうように振る舞う。

こうした背景を考えると、野生のボノボの間でこれまで唯一報告された激しい暴力にも納得がいく。ゴットフリート・ホーマンと妻のバーバラ・フルスは、コンゴのロマコの森で、ヴォルカーという若いオスを巡る陰惨な事件を目撃した。ヴォルカーにとっては幸運なことに、母親のカンバは彼が生まれたエイエンゴというコミュニティのアルファメスだった。ボノボのオスは母親の庇護を当てにして生きる。ヴォルカーが他のオスと揉め事を起こしたり、メスたちに追い回されたりするたび、カンバはすかさず割って入って息子に助け船を出していた。ヴォルカーは成長とともに着々とオスの中の順位を上げた。母親の威光を借りて出世の階段を上ったのだ。エイミーという特定のメスとも親密な関係を築いた。ところが、エイミーが最初の子を産んでまもなく、思いがけない事件が起こった。つやつや光る甘い果実をたわわにつけたガルシニアの木で、大勢のボノボが食べ物を漁っていたときのことだ。

ヴォルカーが、エイミーと赤ん坊がいる枝に飛び移った。一瞬、エイミーはバランスを失いかけたようだったが、しっかり枝をつかんで、逆にヴォルカーを枝から押しのけた。ヴォルカーは地面に飛び降り、エイミーも鋭い声を上げてあとに続いた。ヴォルカーとエイミーが木を降りたのをきっかけに、堰を切ったように他の大人のメスやオスが木から飛び降り、ものの数秒のうちに、森は戦場と化した。鬱蒼とした樹木に遮られて詳細は見えなかったものの、ボノボたちが鋭く叫びながら立てる恐ろしげな物音が、これが喧嘩の真似事ではなく激しい戦いであることを物語っていた。(19)

一五頭あるいはそれを上回る数のボノボが一致団結して、ひたすらヴォルカーに攻撃の矛先を向け、ついにヴォルカーは引きずり回される羽目になった。やがて彼は、地面に尻をつき、一本の木に両手両足で必死にしがみついている姿が確認された。その顔は恐怖に歪み、ひきつっていた。ボノボたちはみな興奮し、毛を逆立て、声を上げていた。そして、近寄るなと言うかのように警告の叫びを発し、人間の観察者たちを牽制した。ボノボたちの顔に浮かんだ表情は、ホーマンとフルスが初めて目にするものだった。何より驚きだったのは、かなり低位のエイミーが、このような大勢による襲撃の引き金になりえたことだった。一方、カンバはまったく関与しなかった。いつもなら彼女が真っ先に駆けつけて息子を庇《かば》っただろうが、この事件のあとでホーマンたちが捜しにいくと、カンバは木のはるか上のほうに隠れていた。

ホーマンたちは、ヴォルカーがエイミーの赤ん坊を危険な目に遭わせたのかもしれないと考えている。チンパンジーのオスがときどきするように、母親の手からひったくろうとしたのだろうか？　だとすれば、ヴォルカーはコミュニティが赤ん坊をどれだけ守ろうとしているか、わかっていなかったことになる。幼い子に危害を加えようとするオスは、厳罰に値するらしい。この突然の暴力事件は、ふだんは「愛と平和を旨とするヒッピー集団」の仮面を被っているボノボ社会の深層を垣間見させてくれる。そこには最弱者の利益を守る道徳規範のようなものが存在する。破られることがあれば、この掟は徹底的に執行されるため、アルファメスのように社会の最上層にある者もあえてこれに背こうとはしない。

　ボノボの社会の結束が固いのは、チンパンジーよりも強固な団結を許す棲息環境のおかげだ。チンパンジーは散在する食べ物を探すために、小集団に分かれたり、単独で長い距離を移動したりしなくてはならない。だが、ボノボは違う。彼らはいつもいっしょで、遅れた者を待ち、夜の寝床を木の高い場所に作りながら、みんなで「サンセット・コール（日没の呼び声）」を発して仲間を呼び集める。仲間といるのが大好きなのは明らかだ。いつも手の届く所に、果実をつけた大きな木々がそびえ、滋養に富む草が林床に生い茂っているおかげで、彼らの緊密な社会が支えられている。その社会の核が「第二の姉妹関係」だ。「第二の」と呼ぶのは、メスの絆が血縁によるものではないからだ。ボノボのメスは一定の年齢に達すると、生まれたコミュニティを離れて別のコミュニティに移るため、どのコミュニティ内でもメスにはたいてい血縁関係がない。

　赤ん坊に夢中になるのは、言うまでもなくすべての哺乳動物に共通する特性だ。だが、ボノボがどれほど赤ん坊に関心を抱いているかをよく伝える、驚くべき出会いの事例がある。私の同僚のエイミー・パリッシュは、ある動物園のメスのボノボ何頭かと知り合いになった。メスたちはエイミーを仲間として受け容れたが、私に対してそうすることはついになかった。類人猿は、人間の性別を厳密に区別するのだ。ロレッタが（膨れた生殖器をこちらに向けて、股の間から覗いて）堀の向こうから私を交尾に誘うことはあっても、私は「オス」なので、ボノボ社会の女権支配体制に入れてもらうことは絶対にありえなかった。ところがエイミーは、お腹をすかせているんでしょうと言わんばかりに美味しい餌を放ってもらったことさえある。数年後、エイミーは生まれたばかりの息子を見せようと、ボノボの友人たちに会いにいった。最年長のメスはガラス越しにエイミーの赤ん坊をちらっと見るが早いか、隣の部屋に駆け込んだ。そして一目散に戻ってきて自分の赤ん坊をガラスの所に掲げたので、赤ん坊たちは目と目を合わせることができた。

共感する脳

ボノボと人間の社会を比較すると、ボノボが喚起する甘い物語をそのまま人間社会に当てはめるには違いが多過ぎることがわかる。ボノボの自由恋愛が人間に必ずしも適しているとは思えない。一つには、進化は私たちに子供を守る独自の方法を与えたからで、それはボノボのやり方とは正反対だ。人間は、父子関係を稀薄にするかわりに、恋愛をして、多くの場合一人の相手（少なくとも一度に一人）とだけ性的関係を持つ。多くの社会は、婚姻と、道徳によって強いられる貞操によって、どの男性がどの子の父親かをはっきりさせようとする。浮気をする人は多いし、実の父子かどうかにはたっぷり疑問がつきまとうことを考えれば、はなはだ不完全な試みではあるけれど、それによって私たち人間はボノボとまったく違う方向へ舵を切った。一般に、人間の男性は、妻子と資源を分かち合い、子育てを手助けする。こんな話は、ボノボでもチンパンジーでも聞いたためしがない。何より重要なのは、男性パートナーが、他の男性たちから妻子を守る点だ。

人間と近縁の類人猿との共通点を考えるとき、何と言っても比較がいちばん簡単なのはチンパンジーのオスと人間の男性だ。チンパンジーのオスは集団で狩りをし、政治的ライバルに対抗して同盟を結び、団結して敵対関係にある近隣の群れから縄張りを守るが、同時に彼らは、地位やメスを巡って張り合う。この連帯と競争の緊張関係は、スポーツチームや企業に所属する人間の男性には非常になじみ深いものだ。男性は仲間内で激しく競争する一方、自分たちのチームが敗北しないためには互いが必要であることも知っている。言語学者デボラ・タネンの『わかりあえる理由《わけ》わかりあえない理由《わけ》』を読むと、男性が地位を巡る交渉をするときに争いを利用し、じつは友人とやり合うのを楽しんでいることがよくわかる。議論が過熱すると、男性は冗談を言ったり、謝ったりしてバランスをとる。たとえばビジネスマンは、会議では大声を出したりすごんだりするが、トイレ休憩の時間になればジョークと笑いですべてを水に流す。

争いと協力の曖昧な境界は、女性には必ずしも理解されない（女性にとって、友人と競争相手はまったく別物なのだ）が、男ばかりの六人兄弟の家庭で育った私にはおなじみのものだ。実際、チンパンジーが喧嘩のあと、どう仲直りするのかについて興味を持つようになったのは、攻撃性を本質的悪と捉えることを受け容れられなかったからでもある。私が駆け出しの研究者だったころは、攻撃性を悪とするのが主流だった。攻撃的行動は「反社会的」というレッテルを貼られてさえいた。これには納得がいかなかった。私は、小競り合いや喧嘩も交渉の一形態と見なし、抑制が利かなくなったり、あとから誰も修復を試みなかったりした場合にだけ、こうした行為を破壊的と呼んでいた。チンパンジーのオスはたいてい仲良くやっていて、最大の競争相手とも長時間グルーミングを行ない、緊張を和らげる。実際、この点にかけてはメスよりずっと長けている。根に持つことは男（オス）らしくないのだ。

だが私には、人間とボノボの共通点も見てとれる――とくに共感と、セックスが果たす社会的役割については。人間は、ボノボほど安易に公然とセックスを利用しないものの、家庭内ではセックスが社会的な接着剤として機能しており、これはセックスがボノボどうしの関係を円滑にしているのに似ている。私は、ボノボの共感能力は非常に高く、チンパンジーの能力を上回ると考えている。一頭がほんの些細なけがをしただけでも、たちまち仲間が取り囲んで傷を調べたり、舐めたり、あるいはグルーミングしてやったりする。ロバート・ヤーキーズは著書『ほとんど人間（*Almost Human*）』で、ボノボが重病の仲間をいたわる様子を記述し、その全容を紹介すれば、「類人猿を理想化している」と非難されるだろうと述べている。[20]

こうしたボノボの気遣いが脳にどう反映されているかが解明されたのは、まだ最近の話だ。糸口となったのは、「紡錘細胞」と呼ばれる特殊なタイプのニューロンだった。紡錘細胞は、自己認識、共感、ユーモアの感覚、自制心など人間の得意分野に関係していると考えられている。このニューロンは、当初は人間でしか知られていなかったが、科学ではお決まりのパターンをたどり、その後ボノボをはじめとする類人猿の脳でも発見された。[21] さらに、チンパンジーとボノボの脳の特定の領域を比較する研究が行なわれた。扁桃体や前島《ぜんとう》など、他者の苦しみの知覚にかかわる領域は、ボノボのほうが大きかった。またボノボの脳は、攻撃的衝動を制御する経路がよく発達していた。ジェイムズ・リリングらは、こうした神経学上の違いを報告して、ボノボには共感的な脳があると結論した。

私たちは、この神経系がボノボの発達した共感的感受性だけでなく、セックスや遊びのような行動の基盤にもなっていると考える。こうした行動は緊張を解消し、それによって向社会的行動がとれる水準まで苦しみや不安を抑制する。(22)

私がボノボと初めて出会ったとき、こうしたことはいっさい知られていなかったが、ボノボはチンパンジーとは違うという私の考えが正しかったことを裏付けている。フランス人はボノボを「左岸のチンパンジー」と呼ぶ。それは、彼らのライフスタイルが型にはまらぬもの［パリのセーヌ左岸《リブゴーシュ》に集う、自由を愛する画家や作家や哲学者たちの生活様式になぞらえている］だからであり、また、彼らの棲息地が東から西へと流れるコンゴ川の南側にあるからでもある。この大河によって、ボノボは北側に住むチンパンジーやゴリラから永久に切り離されている。とはいえボノボは、チンパンジーともゴリラとも共通の祖先から進化したのであり、チンパンジーと共通の祖先と分かれてからはまだ二〇〇万年もたっていない。この祖先はボノボに似ていたのか、チンパンジーに似ていたのか？　つまり、ボノボとチンパンジーのどちらが祖先に似ており、私たちの共通の祖先である類人猿に外見や行動が近いのか？　これは難問だ。当面のところ、最も無難な答えは、チンパンジーとボノボはどちらも同じぐらい私たちに近いというものだ。なぜなら、チンパンジーとボノボが分かれたのは、私たちが彼らと共通の祖先から分かれてからはるかあとだからだ。一般的な推定値によると、人間と彼らは、ＤＮＡの九八・八パーセントを共有している。もっとも、「たった」九五パーセントとしている計算もあるが。

近年発表されたボノボのゲノムに関する研究によって、私たち人間には、ボノボにあってチンパンジーにはない遺伝子と、チンパンジーにあってボノボにはない遺伝子があることが確認された。[23] さらに精密なＤＮＡの比較が待ち望まれるが、人間の進化の物語にとって大切なのはチンパンジーだけという主張には、もはや何の根拠もないのは明白だ。ボノボも大切さではまったく引けをとらない。私たちの種は、チンパンジーともボノボともさまざまな特徴を共有している。あるいは、かつて私が言ったように、人間は「双極性類人猿」なのだ。良いときはボノボのように親切になり、悪いときはチンパンジーのように横柄で暴力的になる。私たちの共通の祖先がどんな行動をとっていたのかは依然として不明だが、ボノボを通して本質的な洞察を行なうことができる。ボノボは、湿気の多い熱帯雨林をけっして離れなかった。一方、チンパンジーはそれより木のまばらな地域へ散らばり、私たちの祖先は完全に森をあとにした。つまり、ボノボは進化上の変化を迫られる機会が最も乏しく、そのため、元の形質をより多くとどめているかもしれない。アメリカの解剖学者ハロルド・クーリッジは一九三三年、死体解剖に基づき、ボノボは「現在生きているどのチンパンジーより、チンパンジーと人間の共通の祖先に」近いと結論した。[24]

第四章
IS GOD DEAD OR JUST IN A COMA?
神は死んだのか、それとも昏睡状態にあるだけなのか？

そもそも説得されて信じたわけではないことを、説得して信じなくさせようとしても無駄だ。
ジョナサン・スウィフト(1)

ある穏やかな日曜日の朝、ジョージア州ストーン・マウンテンにある自宅の私道をぶらぶら歩き、新聞を取りにいく。下まで来ると（わが家は斜面の上にある）、一台のキャデラックが通りをやってきて、私の目の前に止まる。スーツ姿の大柄な男性が降りてきて、片手を差し出す。それから力強く私と握手しながら、嬉しげにも聞こえそうな大声で言う。「迷える魂を探しているんです！」私はたぶん人を信頼し過ぎるうえに、やや呑み込みが悪いので、彼が何を言っているのかさっぱりわからなかった。もしかすると飼い犬が迷子になったのかもしれないと思いながら後ろを振り返り、それから考え直して、「あまり信心深くないもので」というようなことをぼそぼそと言った。

これはもちろん嘘だった。なにせ私は、信心などまったく持ち合わせていないのだから。その男性（牧師）は面食らったようだ。おそらく私の答えより、外国訛《なま》りのほうに。ヨーロッパ人を自分の信仰する宗教に改宗させるのは大変そうだと悟ったに違いなく、車に戻っていったが、万一私の気が変わったときのためにと、名刺を渡すのは忘れなかった。せっかく素晴らしい一日になりそうだったのに、今や私は地獄に真っ直ぐ堕ちていきそうな気分だった。

私はカトリック教徒として育てられた。それも妻のカトリーヌのような名ばかりのカトリック教徒ではなかった。妻が若いころすでに、フランスのカトリック教徒の多くは、洗礼、結婚、葬儀という三大行事以外では、めったに教会に行かなくなっていた。しかも自ら進んで教会に行くのは結婚のときだけだった。一方、「川の下側」として知られているオランダ南部では、私が若いころ、カトリック信仰は重要だった。南部人と言えばカトリックで、「川の上側」のプロテスタントとは一線を画していた。日曜日の朝は必ず正装で教会に行き、学校では教理教育を受ける。讃美歌を歌い、祈り、懺《ざん》悔《げ》し、公式の催しにはいつも司教代理か司教がいて聖水を振りかけた（私たちは子供のとき、家のトイレブラシで嬉々として真似をしたものだ）。私たちは根っからのカトリック教徒だった。

だが私は、もう違う。人とつき合うときには、相手に信仰があろうとなかろうと、今はその人がいったい何を信じているかではなく、どれだけ教条主義的なのかで明確に境界線を引く。教条主義的態度は宗教そのものよりはるかに危険だと私は考えている。宗教を捨てながらも、宗教に結びつけられることもある視野の狭さを持ち続ける人がいるのはなぜなのか、そこにとりわけ興味がある。なぜ今日の「ネオ無神論者」たちは神の不在にこれほど執着し、メディアで大騒ぎしたり、信仰を持たないことを宣言するTシャツを身につけたり、戦闘的な無神論を声高に求めたりするのだろう。(2) 無神論は何を提供できるというのか？　このために闘っているのだと言えるほど価値のあるものを持っているのだろうか？

　ある哲学者が言っているとおり、戦闘的な無神論者であるというのは「猛々しく眠る(3)」ようなものだ。

自分の宗教を失う

　私は非常に落ち着きのない子供で、ミサの最後までおとなしく座っていられなかった。ミサは嫌悪感を利用するセラピーに似ていた。何から何まで筋書きのわかった人形芝居のように思えた。唯一とても気に入っていたのは音楽だ。今でもミサ曲や受難曲、レクイエム、カンタータは大好きで、なんでまたヨハン・セバスチャン・バッハが明らかに凡庸な非宗教的カンタータを作曲したのか、よく理解できない。バッハやモーツァルト、ハイドンらの荘重な教会音楽を今も変わらず素晴らしいものだと思ってはいるが、そういった音楽の鑑賞力を伸ばしてくれたこと以外には、宗教に対して魅力を覚えたことはまったくないし、神に語りかけたり特別なつながりを感じたりしたことも一度もない。一七歳のとき家を離れて大学に入ると、残っていた信仰のかけらもあっという間に消えてなくなった。教会はもうたくさんだった。それは意識して決めたこととは言い難く、まして、もがき苦しむような思いをした記憶など断じてない。周りにも元カトリック教徒はいたが、ローマ教皇や司祭、礼拝行進などをだしにして笑う以外には、めったに宗教の話題を口にしなかった。北部の町に引っ越したとき初めて、宗教とこじれた関係を築いてしまう人がいるのに気がついた。

　戦後のオランダ文学の多くは、過酷な躾《しつけ》を受けたことに憤慨している元プロテスタントによって書かれた。「命令されていないことがあるとすれば、それはすべて禁止されている」というのが、改革派教会の決まり事だった。倹約や、黒ずくめの服装をする規定、肉欲の誘惑に対する不断の闘い、家族でしばしばテーブルを囲んでの聖書講読といったことの強制、そして懲罰的な神――そのすべてがオランダ文学に大きな影響を与えた。私はこういった書物を読もうとはしたが、いつも早々に挫折した。あまりにも気が滅入るのだ！　教会社会は常に万人に目を光らせ、なにかと非難した。罪人を待ち受けている懲罰についての説教を聞いた新郎新婦が涙を流しながら式場をあとにするという衝撃的な実話を、私はいくつも耳にした。葬儀のときにさえ、墓の中の故人に向けて地獄の責め苦が語られ、未亡人をはじめ参列者全員が故人の行き先をはっきり思い知らされることがあった。およそ救いのある話とは言い難い。

一方南部では、地元の司祭はわが家を訪ねてくれば葉巻とジェネーヴァ（ジンの一種）にありつけると思って間違いなかった。聖職者が良い暮らしを謳歌しているのは誰もが知っていた。宗教には当然制約がつきもので、なかでも生殖についてはうるさかったが（避妊は間違った行為とされた）、天国の話は出ても地獄についてはめったに語られなかった。南部の人は享楽的な人生が自慢で、少しぐらい楽しんでも何も悪くないと言いきる。北部の人からすると、ビールやセックス、ダンス、美味しい料理が人生に欠かせない私たちは、明らかに不道徳に見えたに違いない。北部出身でカルヴァン主義者のオランダ人女性と結婚したヒンドゥー教徒のインド人から以前聞かされた話にも納得がいくというものだ。女性の親はヒンドゥー教がどんなものかをまったく知らなかったが、娘の夫となった人が少なくともカトリック教徒でないのに安堵したそうだ。親にとっては多神信仰よりも、南隣に暮らす人々が信仰している宗教の、異端で罪深い生き方のほうが問題だったのだ。

南部の人の態度は、ピーテル・ブリューゲル[4]やボスの絵画にも見られ、そのなかには四旬節の始まりに行なわれるカーニバルを思い起こさせる絵もある。デン・ボスのカーニバルは大がかりで（期間中デン・ボスは架空の国「ウテルドンク」と呼ばれる）、お隣のカトリック教国ドイツでも、ケルンやアーヘンなどの都市でカーニバルが催される。アーヘンは、ボスの一族の出身地だ（ボスの父の名前は「ファン・アーケン」といい、アーヘンにちなんでいる）。ボスは、この狂乱のカーニバルの雰囲気と、自分の正体を隠せる仮面の力のおかげで階級の区別が一時的に棚上げにされる状況を知り尽くしていたに違いない。ニューオーリンズのマルディグラとまったく同じで、カーニバルは元来、立場の逆転や社会的自由を謳う一大パーティだ。「快楽の園」は裸の男女を描くことでそれを成し遂げている。放蕩を表したものと受け取る人もいるが、ボスは自由の証のつもりで描いたのだと私は確信している。

もしかしたら、人が宗教を捨て去り、無神論を受け容れると、その宗教がその人の無神論に影を落とすのかもしれない。宗教が人生にほとんど支配力を持たなければ、背教行為はたいした問題ではないし、影響が長引くこともめったにない。だから私の世代の元カトリック教徒は一般的に、宗教に無関心だ。なにしろ私たちは、人生のさまざまな快楽が認められて宗教の教義の影響力が弱まった文化の中で、親の世代がローマ教皇庁を批判するのを耳にしながら育ったのだ。文化は重要だ。事実、川の上側各地の孤立したパピスト（プロテスタントがカトリック教徒を軽蔑的に呼ぶ言い方）地域で育ったカトリック教徒は、周囲の改革派の家庭と同じぐらい厳しく躾《しつ》けられたと私に語っている。宗教と文化は互いに強く影響し合うので、フランス出身のカトリック教徒はオランダ南部出身のカトリック教徒とは違うし、オランダ南部出身のカトリック教徒もメキシコ出身のカトリック教徒と同じではない。膝から血を流しながら大聖堂の石段を膝立ちで上り、グアダルーペの聖母〔メキシコで最も敬愛されているカトリック教会のシンボル〕に許しを請うなど、私たちなら誰一人考えもしない。アメリカのカトリック教徒は、私にはまったくなじめないやり方で罪を強調するとも聞いている。したがって、オランダ南部の元カトリック教徒が自分の宗教的背景を回想するときに、北部の元プロテスタントの人ほど憤りを感じないのには、宗教的理由に劣らぬほどの文化的理由があるのだ。

エグベルト・リバリンクとディック・ハウトマンという二人のオランダ人社会学者は、それぞれ自分に、「〔神の非存在を〕あまりに強く信じているので、無神論者の枠に収まりきらない人間」「〔神の非存在を〕あまりに強く信じているので、無神論者と自称しようとさえ思わない人間」というレッテルを貼り、二種類の無神論者を区別している。後者は、自分の物の見方を探究したいとも思わず、擁護することにはなおさら興味がない。このタイプの無神論者たちは、信仰の有無を個人的な問題と考えている。各自の選択を尊重し、自分の選択で他人を煩わせる必要を感じていない。一方、前者は熱烈に宗教に異を唱え、宗教が社会で得ている特権に憤りを覚える人たちだ。無信仰は表明せずにおくべきではないと考えている。同性愛者の解放運動で使われる言葉を真似て「カミングアウト」を口にする。まるで、自分たちの非宗教性は禁じられた秘密だったが、これからは世間と分かち合いたい、とでも言っているようだ。これら二種類の無神論者の違いを煎じ詰めると、自分の物の見方に関するプライヴァシーの程度に行き着く。

私は、信仰を持っている人が何人で持っていない人が何人かを数えるだけで非宗教化の度合いを測るという通常のやり方よりも、この分析のほうが気に入っている。この分析は、積極的な無神論はトラウマを反映しているという私の持論を検証するのにいつか役立つかもしれない。宗教的背景が厳格であるほど、それに逆らって古い拠り所を新しいものに取り替えたいという要求は強くなる。

教条主義を渡り歩く

アメリカでは、宗教はゾウのように大きく目立つ存在で、宗教を持たないというのは、選挙に出馬する政治家が抱えうるおよそ最大のハンディキャップとなり、同性愛者や未婚者や三度目の結婚者や黒人であることよりも重大なほどだ。これはもちろん不穏な問題だし、無神論者が声を大にして自分の居場所を要求するようになったのもうなずける。無神論者はゾウを突いてみて、場所を少し空けさせられるかどうか確かめる。だが、ゾウは無神論者を定義づけるものでもある。なぜなら、そもそも宗教がなければ無神論はありえないからだ。

このちぐはぐな争いからの滑稽な息抜きシーンでも提供したいのか、アメリカのテレビは独自の「逆立ちしてもでっち上げようのない」かたちで、ときおりこの論争の要約版を放映する。フォックス・ニュースの報道番組「ザ・オライイリー・ファクター」は、アメリカ無神論者グループという組織の主宰デイヴィッド・シルヴァーマンを招き、宗教は「詐欺」だと宣言している広告板について意見を交わした。インタビューの間、シルヴァーマンは終始にこやかな表情を崩さず、憂慮する理由などまったくないと主張した。なぜなら、彼の広告板はみな真実を語っているだけだからという。「宗教が詐欺であることは誰もが知っている！」カトリック教徒で司会者のビル・オライリーは同意できないとして、なぜ宗教が詐欺でないのかをはっきりさせた。「潮はたゆむことなく満ちたり引いたりします。それは取り違えようもありません。それ〔潮の満ち干〕は〔神の御業と言う以外に〕説明のしようがないでしょう」。神の存在を証明するのに潮が使われるのを聞いたのはこのときが初めてだ。まるでコメディの寸劇のようだった。一人の俳優が微笑みながら、あなたたちはあまりにも愚かで宗教が詐欺なのに気づいていない、だが腹を立てるのは馬鹿げていると信仰者たちに告げ、もう一人の俳優が、海面の上がり下がりは人知を超えた力が働いている証拠だと述べる。まるで重力や地球の自転では潮の満ち干は起こせないかのように[5]。

このようなやりとりから得られる教訓はと言えば、信仰者は自分の信仰を守るためなら何でも言うし、無神論者のなかには持論を押しつけようとするようになった人もいるということぐらいだ。信仰者については今に始まったことではないが、無神論者の熱意には驚かされどおしだ。「猛々しく眠る」必要があるのは、寄せつけずにおくべき内なる悪魔がいるということではないか？　ときとして消防士が陰で放火をしていたり、同性愛嫌悪者が隠れ同性愛者だったりするのと同じように、無神論者のなかには宗教のもたらす絶対的な確信に内心憧れている人がいるのだろうか？　『神は偉大ならず（*God Is Not Great*）』を書いたイギリスの著述家、故クリストファー・ヒッチンスを例にとろう。ヒッチンスは宗教の教条主義に激しい憤りを感じていたが、彼自身はマルクス主義（彼はトロツキストだった）からギリシア正教会に、その後アメリカのネオコン（新保守主義）に鞍替えし、次にこの世の厄介事はすべて宗教のせいだとする「反有神論」の立場をとるようになった[6]。ヒッチンスはこのように、左派から右派へ、ヴェトナム戦争反対派からイラク戦争の応援団へ、神の支持者から反対派へと転向した。

けっきょく、マザー・テレサでなくディック・チェイニー前副大統領の賛同者に落ち着いた。

教義を渇望するがその中身を決めるのに苦労する人がいる。彼らは教条主義を渡り歩くことになる。ヒッチンスは、「まるで切断された手足のように、昔の信念を恋しく思うことがある」[7]と認め、懐疑と熟考を特徴とする人生の新しい段階に入ったことを示唆している。とはいえ、新たな教条主義の手足を生やしただけのように思える。

教条主義者には一つ強みがある。彼らは人の話にあまり耳を貸さないのだ。おかげで、違うタイプの教条主義者が集まるときまって話が活気づくのだが、それはオス鳥たちが「集団求愛場」に集まって、やってくるメスに色鮮やかな羽毛を誇示しようとするのに似ている。そうした集まりを目にした人は「議論好き説」をほとんど信じそうになる。この説によれば、人間の論理的思考力は、真実を追究するためではなく議論で秀でるために進化してきたという。各地の大学で、いかにも大衆受けしそうな、「信心深い大物知識人」対「反宗教的な大物知識人」の公開討論会が開かれている。二〇〇九年にメキシコのプエブラで開催された大規模なサイエンス・フェスティヴァルでも、その手の討論会が行なわれた。私自身は別のもっと科学的な催しに出席するために来ていたのだが、四〇〇〇人の聴衆に交じって座っていると、究極の舌戦に向けての雰囲気作りが行なわれた。神を信じるかという質問に、九割の人が肯定の手を挙げた。討論会自体、どう見ても理知的とは言えない趣向で準備されていた。ステージはボクシングリングをイメージして作られ（四本のポールの周りにロープが張られ、コーナーには赤いボクシング用グラブがぶら下がっていた）、参加者は好戦的な音楽に合わせて一人ずつ登場した。いつもの顔ぶれだ。ヒッチンスをはじめ、ディネシュ・デ・ソウザ、サム・ハリス、哲学者ダニエル・

デネット、そしてラビのシュムリー・ボテアックという面々だった。

もしこの公開討論を聞いて、聴衆の一人でも信仰者から無信仰者に、あるいはその逆に考えを変えた人がいたら驚きだ。宗教は諸悪の根源で、現実への案内役としては科学に劣るが、同時に、宗教がなければ道徳性も死を恐れる人々のための希望もなくなってしまう、ということを聴衆は教わった。神の存在なくしては、道徳軌範は「個人の好みを遠回しに言っているだけになってしまう」とラビのボテアックが叫び、ピザ生地を投げ上げて回すように頭上で両手を振った。他の人たちはユーモアのないほとんど威嚇的な口調で話し、彼らのメッセージを無視すると必ず面倒なことになるとでも言いたげだった。神は愉快なトピックではないのだ。

まるでサーカスのようなこの雰囲気の中で、私は持論を押しつける無神論者についてもともと抱いていた疑問を感じた。宗教がなぜ信者を獲得しようとするかはわかりきっている。宗教は金銭的な関心を持つ巨大組織で、信者が増えれば繁栄する。プエブラで私が訪れたような大聖堂や、二三・五カラットの金箔で飾られたロサリオ礼拝堂のような建物を建てる。あれほど眩《まばゆ》く華美な内装には初めてお目にかかった。おそらく貧しいメキシコの農民たちが何世代もかけてその代金を払い続けたのだろう。

だが、なぜ無神論者たちは自分の主義を絶対視するようになるのか？　そしてなぜ、宗教どうしを張り合わせて漁夫の利を得ようとするのか？　たとえばハリスは、イスラム教という手ごろな対象を腹立たしげに狙い撃ちして、西側諸国の大敵に祭り上げる。(8) イスラム教の女性が着用するブルカの写真を数枚持ち出し、陰門封鎖について言及したら、宗教に対する憎悪に反論できる者などいないだろう。私もやはり嫌悪感を覚えるが、ハリスが宗教は道徳性を向上させられないことを示したいのなら、なぜイスラム教の粗探しをするのか？　性器切除はアメリカでも広く行なわれているではないか。男の新生児は、本人の同意なしにごく普通に割礼されている。道徳的風景の中の谷間を探しに、わざわざアフガニスタンに行く必要などまったくない。

もし他の宗教より悪い宗教があるのなら、もっと良い宗教もあるはずだ。良い宗教の条件とは何か、あるいは、宗教が違えば支持される道徳性も違うのはなぜか、無神論者の見解をぜひとも聞きたい。ひょっとして、普遍的な道徳性などありえないほど、宗教と文化は互いに影響し合っているのだろうか？　聴衆はそのような問題に思いを巡らすこともないまま煽り立てられ、自分にはなじみのない慣習を嫌悪する。そんなことは、チェーンソー殺人の現場を見せて彼らを身悶《みもだ》えさせるのと同じぐらいたやすい。

ありとあらゆる点で科学は宗教を凌《しの》いでいるとか、科学にとってのプラスは宗教にとってのマイナス、宗教にとってのプラスは科学にとってのマイナスというゼロサム・ゲームが演じられているとかいう根強い神話もある。このアプローチは、判断を宗教に任せていたら、私たちは今でも地球は平らであると信じているだろう(9)と言い放ったことで有名な、一九世紀アメリカの論客たちにまでさかのぼる。だが、これは単なるプロパガンダだ。地球が丸いのではないかという推論はアリストテレスら古代ギリシア人に始まり、中世ヨーロッパのいわゆる暗黒時代にでさえ、主要な学者はみなそういう見方があることは百も承知だった。ダンテは『神曲』で地球を球体として描き、ボスは三連祭壇画「快楽の園」のパネルの裏側に、暗い宇宙に囲まれた透明な球の中に浮かぶ平らな大地を表現することで、中間の立場をとっている。進化論に関しても、宗教を純然たる敵と見なす一方で、ローマカトリック教会がダーウィンの進化論を正式に糾弾したり彼の著書を禁書目録に載せたりしたためしがないことについては、知らないふりをする傾向がある。ローマ教皇庁は、進化論をキリスト教の教義と矛盾しない正当な理論として是認している。たしかに是認したのは少々遅かったが、進化論反対派がアメリカ南部と中西部のプロテスタント福音派にほぼ限定されるのがわかるとほっとする。

科学と宗教のつながりは昔からずっと複雑で、両者は争ったり、互いに敬意を払ったり、教会が科学を後援したりしてきた。科学が拠り所とするようになった数々の本を最初に筆写したのは、ラビと修道士だったし、創生期の大学には大聖堂や修道士の学校から生まれたものもある。歴代のローマ教皇は、積極的に大学の創立や増設を奨励している。パリの、ある最初期の大学では、学生たちが教会への忠誠を示すためにトンスラ（修道士の髪型）を採用したし、オックスフォード大学が保管している最古の文書は、一二一四年に書かれたローマ教皇特使の裁定書だ。この絡み合った関係を考慮して、ほとんどの歴史学者は科学と宗教の対話に重点を置き、両者の融合さえ主張している。

だが、ネオ無神論者は科学と宗教を闘わせ続ける。ネオ無神論に耳を傾ける人は、例の平らな地球にまつわるデマが持ち出されると大喜びする。もっとも、宗教が提示する物語のほうがはるかにましだと言っているわけではない。こちらのほうも、事実をいいかげんにもてあそんでいる。プエブラのフェスティヴァルでは、死後の生が存在する科学的証拠として、デ・ソウザが臨死体験にスポットを当てた。死にかけた患者のなかには、自分の体を抜け出して宙に浮かんだとか、光のトンネルに入ったとか、蘇生後に報告する人がいる。これはたしかに不思議な話のようだが、デ・ソウザは、「側頭頭頂接合部（TPJ）」として知られている脳の小領域について最近の神経科学でわかったことには触れなかった。この領域は多くの感覚（視覚、触覚、聴覚）から情報を集め、自分の体と環境における自分の位置に関する単一のイメージを形成する。通常は、このイメージが全感覚にわたって見事に一貫しており、そのおかげで私たちは、自分が誰でどこにいるのかを知ることができる。だが身体イメージは、ＴＰＪが損傷したり電極で刺激を受けたりすると途端に乱れてしまう。科学者は被験者の脳に意図的な操作を行なって、自分の体の上に浮かんでいるとか自分を見下ろしているとか感じさせたり、自分の隣に自分の複製が影のように座っていると思わせたりできる（「私は今の自分より若くて元気そうに見えた。私の分身は親しげに笑いかけてきた」[10]）。麻酔薬が引き起こす幻覚作用と、脳の酸素欠乏の影響を考え合わせて、科学は近いうちに臨死体験を唯物論の立場から説明できそうだ。

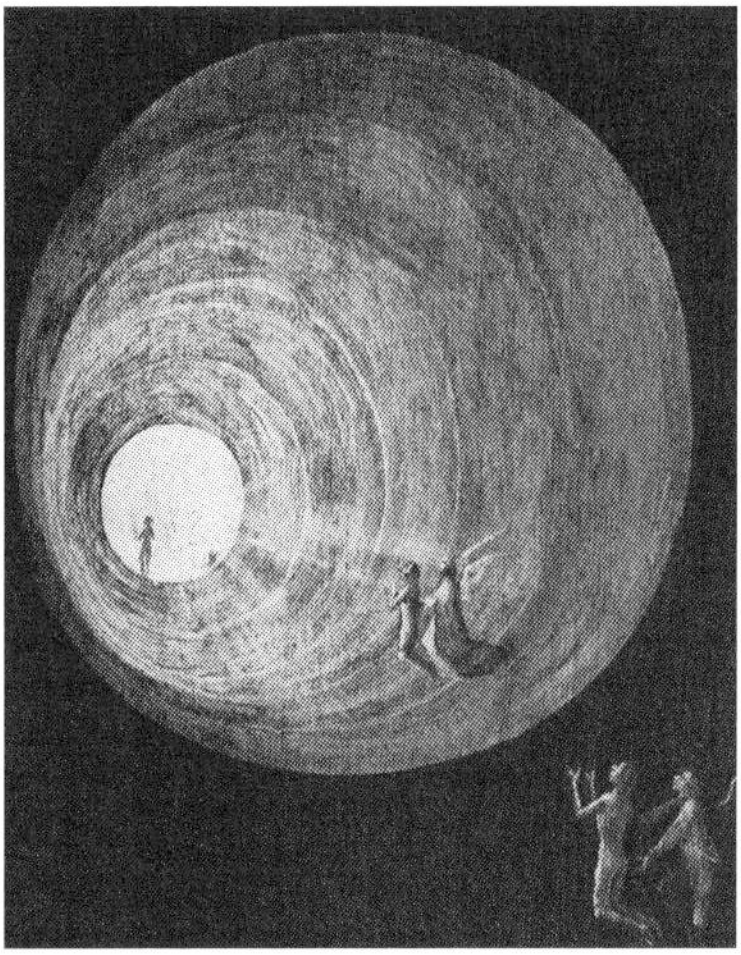
ボスの「祝福されし者の昇天」（「来世の幻想」の一部）は、臨死体験を連想させるような、光のトンネルを描いている。臨死体験は、人類の夜明け以来、神話と宗教のインスピレーションのもととなってきた。

ラビのボテアックも、疑わしい証拠に頼って宗教を擁護した。彼はこう説明した。人間の場合、多くの家族がダウン症候群の子供の面倒を見るが、これは明らかに宗教を抜きにしては考えられない行為だ、普通は「欠陥のある」子供は単に排除するだろうから、と。この主張の問題は、前章で触れたように、考古学上のデータがまったく別の筋書きを示している点にある。ヒトの系統は非常に強力な子育ての本能を備えているので、子供の状態が良くなくても、簡単には遺棄したり見捨てたりしない。そういうことが絶対にないとは言わないが、現代のどの宗教が出現するよりもはるか昔の時代に、ネアンデルタール人や初期の人類は障害者の面倒を見ていた。これは、私たちと近縁の霊長類にも当てはまる。例を挙げればきりがないから、私自身が直接体験した例を二つ紹介するにとどめておこう。

アカゲザルのアザレアは三染色体性だった。人間のダウン症候群と同じように、ある特定の染色体が三本あったのだ。(11) それに加えて、マカク〔アカゲザル、ニホンザルなどのマカク属のサル〕が通常妊娠する年齢を過ぎたメスを母親として生まれたという類似点があった。動物園の大きな群れの中で育ったアザレアには、運動能力の発達の面でも社会的な技能の面でも著しい遅れが見られた。彼女は、アルファオスを威嚇するといった、考えられないようなヘマをよくしでかした。アカゲザルは規則を破る者は誰であろうとただちに罰するが、アザレアは何をしてもたいてい許された。まるで他のサルには、自分たちが何をしようと、彼女の愚かしさをどうすることもできないとわかっているかのようだった。私たち観察者は、その愛すべき性格ゆえにアザレアのことが好きだったし、それは群れの他のサルたちにしても同じようだった。アザレアは三歳で自然死した。

次は、日本アルプスの地獄谷にいたニホンザルのモズだ。モズはほとんど歩くことができず、木に登るなど論外だった。彼女には生まれつき手首と足首から先がなかったのだ。この地域の冬は非常に厳しい。その冬の間、群れの仲間たちが枝から枝へ跳び移っていくときに、彼女は雪を押し分けて這い進まなくてはならなかった。だが、日本の自然ドキュメンタリー番組ではおなじみの人気者だったモズは、他のサルたちから完全に受け容れられており、長生きして子供を五匹も育てたほどだ。私がモズに出会ったのは山の奥深くで、見ていると、彼女はほとんどの時間を人間とは離れて仲間とともに過ごしていたから、観光客からときおり食べ物をもらっていたので生き延びられたという説明は当てはまらない。他のサルたちがせっせとモズを手助けしたという記録は残っていないとはいえ、霊長類の社会では、欠陥のある個体でもきちんと成長して子供を持てるということを、モズの話は証明している。同様に、宗教が登場する以前の人間の生活も、必ずしも食うか食われるかというものではなかった。普通はしないことを人間にさせるというよりも、生まれ持った特定の傾向を是認し促進することが、宗教のおもな貢献なのかもしれない。これは明らかに、ボテアックが考えていたよりもずっと控えめな貢献だ。

教条主義者たちはそれぞれ自分の主張を声高に唱えるので、互いに相手の言っていることが聞こえない。一方聴衆はというと、毎回同じ顔ぶれの敵対者が登場して、意表を衝かれたり「やったぞ」と快哉《かいさい》を上げたりするふりをしているだけの、つまらない巡回興行を見せられていることに気づいていない。プエブラで唯一の理性的な意見はダニエル・デネットのものだった。デネットは宗教を憎むべきものとしてではなく、人間社会、ひいては人間の本性

アザレアは人間のダウン症候群と似た、三染色体性のアカゲザルだった。彼女は他の子ザルに比べると、他者への依存の度合いが高かった。この図ではまるで赤ん坊のように姉に抱かれているが、この年齢では普通はこのようなことはない。知的障害があるにもかかわらず、アザレアは驚くほどしっかりと集団に溶け込み、受け容れられていた。

の一環を成す、検証を必要とする現象として語った。宗教は間違いなく人間が生み出したものだから、問題はそれが人間にとって何の役に立つかだ。私たちは生まれながらにして信仰を持つようにできているのだろうか？　もしそうなら、それはなぜか？　デネットはしばしばネオ無神論者たちとひとくくりにして扱われるが、彼らとは違い、宗教が不合理だとか、宗教がすみやかに絶滅すれば世の中が良くなるなどとは確信していない。「その点について、私は依然として懐疑的だ」と述べている。(12)

鳩時計の中の糞

私が初めて宗教に勧誘された経験は、作り話かというほど滑稽なものだった。当時私の部屋は、オランダ北東部のフローニンゲンにある大学の寮の四階にあった。ある朝、ノックの音にドアを開けると、そこに二人して立っていたのはジャケットにネクタイ姿の若いアメリカ人モルモン教徒だった。彼らの信仰について聞いてみたいと興味をそそられたので、中に招き入れた。二人は準備にとりかかり、イーゼルの上にボードを載せた。フェルトで作った人形と聖句の書かれた紙をボードに貼りつけ、それを使って、光の柱の中に神の姿を見たという平凡な名前のアメリカ人について説明した。のちに彼は天使によって、金の板に書かれた聖典へと導かれたという。

これはすべて、ほんの一〇〇年余り前に起こったことだった。私は彼らの信じられないような話に耳を傾け、そのジョセフ・スミスなる人物がどのようにして、その特別な出会いを他の人々にも信じ込ませたのかを尋ねようとした途端、突然邪魔が入った。私は窓を開けたままにして、ペットのニシコクマルガラスのティャンが出たり入ったりできるようにしていることが多かった。ティャンは自由に外を飛び回っていたが、いつも暗くなる前には餌をもらうために帰ってきて、夜の間は部屋の中にいた。二人の若者が根気良く、洞窟での神の顕現について詳しく説明しているときに、ティャンが窓からすーっと入ってきて着陸地点を探した。そして、最も高い場所に降りた。それはたまたま、ボードの前に立っていた二人のモルモン教徒のうち、一人の頭だった。彼は、自分の頭上に大きな黒い鳥が舞い降りてくるなどとは夢にも思っていなかったに違いない。恐怖の表情を浮かべたので、急いで彼を安心させようとして、これはティャンという名の鳥で、誰も傷つけたりはしないと請け合った。私はあれほどの速さで人が帰り支度をするのは見たことがない。二人はあっという間にドアから出て、エレベーターに向かって走っていった。彼らが荷物をまとめながら、「悪魔」と口にするのが聞こえた。

幼鳥だったころ、丸々と太ったミミズを掘り出してたらふく食べさせてやったため、ティャンはニシコクマルガラスにしては並外れて大きく育った。好奇心旺盛な賢い鳥で、公園を散歩する私の頭の上をよく飛んでいた。だがもちろんティャンは黒くて騒々しく、いかにもカラスらしい姿をしているので、モルモン教徒の二人は、魂を盗み取る悪魔を連想したのだ。その結果、彼らは私の質問に答えることができなかったどころか、「変形エジプト文字」が刻まれたひと揃いの金の板を、スミスが自分の帽子に入れた「覗き石」を使って翻訳したところを説明することもできなかった。スミスには彼のことを疑う人たちの言い分を理解できるぐらいの分別はあった。「もし自らあの経験をしていなかったら、私自身、信じることができなかっただろう(13)」

では、なぜ人々は彼を信じたのか？　スミスはさんざん嘲笑われ、敵意を向けられた（三八歳のときに、群衆によるリンチで殺された）が、末日《まつじつ》聖徒イエス・キリスト教会の信者は、現在一四〇〇万人を数える。信者たちが証拠を探し求めているのではないことは明らかだ。なぜなら、証拠として役立ったかもしれない唯一のもの、例の金の板ひと揃いは天使に返さなければならなかったからだ。人々はただ信じたいから信じるのだ。これはすべての宗教に当てはまる。特定の人物や物語、儀式や価値観の持つ魅力が、人を信仰へと駆り立てる。安心感や権威を必要とし、何かに帰属したいと願うといった情動的な欲求を、信仰は満たしてくれる。神学理論は二の次で、証拠はさらにその次だ。信者が信じるように求められる内容が、かなり不合理なこともありうるのは私も認めるが、聖典の信憑性を嘲笑ったり、彼らの神を「空飛ぶスパゲッティ・モンスター教」〔インテリジェント・デザインを公教育で教えることへの批判のためにアメリカで創立されたパロディ宗教〕の神と比べたりして信仰をやめさせようという無神論者たちの試みは、成功するはずがない。もし何よりも重要な目的が社会的・精神的な交わりの感覚だとすれば、信仰の具体的な内容はほとんど問題にならない。小説家エイミ・タンの本の題名を借りると、信仰を批判するのは、魚が溺れないように助けようとするようなものだ〔エイミ・タンには『魚が溺れないように助ける(*Saving Fish from Drowning*)』という作品がある〕。信仰を持つ人を湖から引き上げ、岸辺に横たえて何が最善かを説いても、その人たちがあたりをバタバタと跳ね回ってけっきょく死んでしまうのでは意味がない。彼らは理由があって湖の中にいたのだ。

人を信仰へと駆り立てるものが価値観と願望だと認めれば、科学との違いが際立つが、宗教と科学が共通の基盤を持っていることもまた明らかにできる。というのも、科学は広く考えられているほど事実主導ではないからだ。誤解しないでほしい。科学は素晴らしい成果をもたらす。物理的現実を理解することにかけては科学にかなうものはないが、宗教と同じように、科学もまた私たちが信じたいことに基づいている場合がよくある。科学者も人間であり、人間は、心理学者が「確証バイアス」（人は自分の見方を裏付ける証拠を重視する）と「反証バイアス」（人は自分の見方に反する証拠を軽視する）と呼ぶものに駆り立てられる。科学者たちが新しい発見に徹底して抵抗することは、すでに一九六一年に、「サイエンス」誌のページを飾った論文で取り上げられている。その論文には茶目っ気のある副題がついていた。「この抵抗の原因については、宗教的・観念的な原因に向けられるような精査が今後求められる」(14)

その好例として味覚嫌悪が挙げられる。私たちは自分が食中毒を起こした食べ物のことをよく覚えているので、その食べ物について考えただけで吐き気を催す。この反応には大きな生存価〔生存や繁殖を助ける機能〕があるが、行動主義の定説には反する。B・F・スキナーが打ち立てた徹底的行動主義によれば、あらゆる行動は賞罰によって形成され、行為とその結果の時間間隔が短いほど効果的だという。だからアメリカの心理学者ジョン・ガルシアが、ラットは一度でも不快な経験をすると、たとえ数時間たってからようやく吐き気が起こった場合でも有毒な食べ物を避けると報告したとき、誰も彼の言うことを信じなかった。第一線の科学者たちは、彼の研究が主要な科学雑誌のどれにも掲載されないように計らった。彼の論文は拒否され続け、彼の発見は鳩時計の中で鳥の糞を見つけるのと同じぐらいありそうもないとまで言われたことさえある。「ガルシア効果」は現在では完全に立証されているが、初期の反応は、科学者が予想外のことをどれほど嫌うかを雄弁に物語っている。

私自身も同じような目に遭っている。一九七〇年代なかば、私はチンパンジーが喧嘩のあとで、キスをしたり相手を抱き締めたりして仲直りすることを発見した。現在では和解行動は多くの霊長類で実証されているが、私の学生の一人が心理学者たちの委員会でこの行動の研究を擁護することになったとき、その学生は吊し上げを食った。その心理学者たちはラットのことしか知らないから、霊長類について何の意見も持っていないだろうと、私たちは高をくくっていたが、彼らは動物が和解するなど論外だと言って譲らなかった。私の発見は彼らの見解と合わなかったのだ。その見解からは、情動や社会的関係をはじめ、動物を興味深いものにしているもののいっさいが除外されていた。彼らの考えを変えさせるには、私の仕事場である動物園に彼らを招いて、チンパンジーが喧嘩のあとでどうするかを自分自身の目で見てもらえばいいと考えた。ところがこの提案は不可解千万とばかりに、こんな答えが返ってきた。「本物の動物を見たところで、何の役に立つのか？　そんな影響を受けないほうが、客観的な立場を維持しやすいだろう」

古代のサルディス〔小アジアの古代リュディア帝国の首都〕の王は、「耳は目よりも騙されにくいものだ」と、目の頼りなさを嘆いたと言われている。だがここではそれが逆になった。この科学者たちは、聞きたくないと思っていることを自分たちの目が告げるのではないかと恐れたのだ。他の人々と同様、科学者はデータに対して逃走／闘争反応を見せる。つまりなじみのあるものを好み、なじみのないものは避ける。神を否定することで、自分たちは神を信じる人たちよりも賢くなり、科学者のように合理的になるというネオ無神論者の主張を聞くたびに、私はこのことを思い起こさずにはいられない。ネオ無神論者は、情動に左右されることのない、「肝心なのは事実だけ」と考える種類の思想家と見なされたいのだ。「USAトゥデー」紙のコラムで、私と同じ生物学者で自称「ヌー無神論者」（そう、あの「ヌー」、別名「ウィルド・ビースト」で、これは「ワイルド・ビースト（野獣）」を意味するオランダ語から来ている）〔英語では「ヌー（ウシカモシカ）」の発音は「ニュー（新しい）」の発音と同じなので、「ヌー無神論者」は「ネオ無神論者」のもじり〕のジェリー・コインは、信仰と科学は、「不合理性と合理性が相容れないのとまったく同じ理由から」完全に相容れないとしている。彼はさらに、科学者の頭の周りに小さな後光を描いてみせた。

科学は証拠と理性を用いることで機能する。疑問が尊ばれ、権威は退けられる。他者によって再現・立証されなければ、どんな発見も「真実」とは見なされない——それは常に暫定的な概念なのだ。私たち科学者はたえずこう自問している。「自分が間違っていないかどうか、どうすれば見定められるのだろうか？」[15]

コインのような研究仲間がいればどんなにいいだろう。これまでの人生をずっと学者たちの間で過ごしてきたから言えることだが、自分の間違いを指摘されるのは、彼らの優先順位リストでは、飲んでいるコーヒーにゴキブリが入っているのを発見することに匹敵するほど下位に来る。典型的な科学者というのは、研究生活の早い時期に興味深い発見をし、そのあとは自分の貢献が誰からも讃えられ、誰からも疑問を差し挟まれないように、死ぬまで力を尽くす。それをやりおおせずに年老いていく科学者ほど始末に悪い者はいない。学者というのはあさましいほど嫉妬深く、自分の見解がすっかり時代遅れになっていてもずっとそれにしがみつき、予見できなかったものが新たに現れるたびに機嫌を損ねる。独創的な考えは嘲笑を招くか、見識不足として拒絶されるかだ。神経科学のパイオニア、マイケル・ガザニガが、最近のインタビューでこうこぼしている。

> 新しい考え方に対しては、自分が「一番乗り」したと思っている人たちや彼らの考え方からの強い抑制作用が働く。彼らは、新しい観察結果をなんとか認めてもらおうと、底辺で格闘している人がいるのに、自分たちの考えをただ繰り返すばかりだ。人間の知識は葬式のたびに進歩するという昔の一節は、まさにそのとおりのようだ。[16]

これこそ私の知る科学者像に近い。権威のほうが証拠よりも重要なのだ。少なくとも権威が存続するかぎりは。歴史を振り返れば、この手の例は山ほどある。光の波動説、パストゥールの発酵についての発見、大陸移動説、レントゲンによるX線の発表などに対する抵抗がそうだ（当初、X線はでっち上げだと決めつけられた）。また科学が、たとえばロールシャッハのインクブロットテストのような、立証されていないパラダイムにしがみつき続けたり、正反対の証拠があるにもかかわらず生物の利己主義説をしつこく主張したりするときにも、変化に対する抵抗が見てとれる。科学者は学説の「妥当性」と「美しさ」を讃え、物事がどのように機能する、あるいは機能するはずと自分が考えているかに基づいて価値判断をするものだ。実際、科学の世界では価値観があまりにも幅を利かせているので、アルベルト・アインシュタインは、私たちはただ観察と測定をしているだけであるという考えを否定した。私たちが存在していると思っているものは、観察の産物である場合もあるが、それにほぼ匹敵するほど、学説の産物であることが多いのだという。学説が変化すれば、それに倣って観察結果も変化

するものだ。(17)

もし信仰の力によって人がそれほど疑問を持たずに神話と価値観をひっくるめてまるごと受け容れるというのなら、科学者はそれよりほんの少しましなだけだ。私たち科学者も、根底にある前提を一つ残らず批判的に考察することもなく特定の見解を受け容れるし、それと合致しない証拠には耳を貸さないことがよくある。委員会で私の学生を非難した心理学者たちのように、私たちは啓発される機会を故意に退けてしまうことすらある。とはいえ、たとえ科学者が信仰者と同様、合理的とは言い難く、また合理性は感情に左右されないという考えがそもそもとんでもない誤解（私たちは情動抜きには考えることすらできない）に基づいているとしても、科学と宗教には大きな違いが一つある。その違いは個々の学者の内部に存在するのではなく、彼らの文化の中に存在する。科学とは、たとえ足を引っ張る人がいても全体が進歩するのを可能にする行動基準を持った、集団的な事業なのだ。

ダーウィン原理主義者はダーウィン賞に値する

科学が最も得意とするのは、考え方を競わせることだ。科学は一種の自然淘汰を引き起こすので、最も有望な考え方だけが生き残り、繁殖する。一例として、こんな想像をしてみよう。私はホムンクルス（精子の中にいる小人）を通して生命が受け継がれていくと信じている。あなたはそれとは対照的に、両親の遺伝的な形質が混ざり合って生命が受け継がれていくと信じている。そこにエンドウマメを愛するモラヴィア出身の無名の修道士が登場する。その修道士はエンドウマメを人工授粉させることにより、遺伝形質が両親から子供に伝わり、しかもその形質が完全に独立したまま残ることを証明する。

遺伝形質には優性、劣性、ホモ接合体、ヘテロ接合体などの種類がある。馬鹿らしいほど複雑な話ではないか！

ホムンクルスという考え方はよくできていて単純だが、なぜ子供が母親に似ることも多いか説明できなかった。形質が混ざり合うというのも素晴らしい考えに思えたが、これでは人間全体がしだいに均質化していくから、必然的に多様性がまったくなくなってしまう。修道士の研究は、最初は批判され、その後無視された挙句、忘れられた。科学のほうが準備ができていなかったのだ。幸いにも彼の研究は数十年を経て再発見された。科学界がさまざまな考え方を比較検討し、証拠を調べ、主張に耳を傾けた結果、修道士の解釈に賛成し始めた。彼の実験は見事に再現され、グレゴール・メンデルは現在では遺伝学の祖として讃えられている。

これに比べると、宗教はほとんど変わらない。変化する社会とともにたしかに変わってはいくが、証拠が見つかったからといって変わることはめったにない。これが、進化を巡る終わりなき対立といった、科学との潜在的な軋轢《あつれき》を生む。とはいえ、この進化の問題における真の論点は、少なくとも生物学者にとってはさほど重要ではない。人間と自然界の人間以外のものとの関係は、進化論の核心とはかけ離れているが、進化論を誹謗する信仰者にとっては大きな障壁となっている。植物やバクテリアや昆虫や他の動物の進化に対する反論を聞くことはめったにない。肝心なのは、私たち人間という貴重な種だ。もし人間が神の手によって地球上に登場したのでなければ、私たちには目的がないことになるというのだ。人間の起源についてのこのこだわりを理解するには、ユダヤ教とキリスト教に共通の伝統は、他の霊長類をほとんど、あるいはまったく意識せずに生まれたことを踏まえておかなくてはいけない。砂漠の遊牧民は、レイヨウ、ヘビ、ラクダ、ヤギぐらいしか知らなかった。彼らが人間と動物の間に大きな隔たりを感じて、魂は人間だけのものだと考えたのも不思議はない。だから一八三五年にロンドン動物園で、初めて生きた類人猿が披露されると、砂漠の遊牧民の子孫たちは愕然とした。人々は気分を害し、嫌悪感を隠すことができなかった。ヴィクトリア女王は類人猿のことをこう思った。「痛ましいまでに、そして不快なまでに人間に似ている」(18)

人間は特別だという例外論者は、社会科学や人文科学では依然として健在だ。彼らは人間を他の動物と比較することに非常に抵抗があるので、「他の」という言葉さえ嫌がる。それとは対照的に、自然科学は宗教の悪影響をそれほど被《こうむ》ってこなかったので、人間と動物の連続性をますます確固たるものにする方向へ厳然と歩を進めている。分類学の父カール・リンネは、ホモ・サピエンスを霊長類の中にしっかりと含め、分子生物学は人間と類人猿のＤＮＡがほぼ同じであることを明らかにし、神経科学は人間の脳内に、サルの脳には相当するところがない領域をいまだに一つとして見つけていない。この連続性こそが論争の的なのだ。もし私たち生物学者がまったく人間に言及せずにただ進化を論じることができたなら、この問題が気になって夜も眠れない者など誰もいないだろう。人間抜きに進化を論じるのは、生物学者が葉緑素の働きについて、あるいはカモノハシが哺乳類かどうかについて議論するのと同じようなものだ。そんなことを誰が気にするだろうか。

私はもともと進化論に対する懐疑主義というものをほとんど知らなかったが、アメリカに来て初めてそれに出くわし、すぐにその懐疑主義を、銃を好んだりサッカーを蔑視したりするといった、他の理解し難い国民気質と同じ部類に入るものと捉えるようになった。進化論の否定は、アップルパイのようにいかにもアメリカらしいものだということが、二〇一一年のミスUSA・コンテストの際にも明らかになった。出場者五一名のうち四九名が、「進化論は学校で教えるべきか」という質問に対して、どちらともとれるような答え方をしたのだ。進化論についての審判はまだ下されていないし、宗教的な見方や科学的な学説がこれほど多く存在するのだから、すべての考えを教えるほうがいいと彼女らは言った。ミス・アラバマにいたっては、進化論は断じて教えるべきではないとさえ感じていた。だが公正なる神の采配か、「熱烈な科学オタク」と称して進化論を明確に支持したミス・カリフォルニアが優勝した。

アメリカ人の三割までもが、聖書を神が実際に語った言葉として読んでいる。とはいえこの割合は、聖書とは霊感を受けて書かれた文章で、文字どおりに受け取るものではないと考えている人や、伝説や道徳的教訓についての書物と考えている人の半分でしかない。(19) これは、進化論のメッセージを伝えようとしている人たちにとって朗報だ。大多数が聖書の直解主義者ではないのであり、進化論者にとって彼らこそメッセージのターゲットだ(あるいは、ターゲットとするべきだ)。なぜなら、耳を傾けてくれる可能性が最も高いから。ただしそれは、もちろん議論のきっかけが侮辱でない場合に限ってのことだ。残念ながら、科学と宗教が相容れないという主張がしきりに語られるために、深刻な結果が否応なくもたらされる。そうした主張は、こう告げているからだ——信仰の篤い人たちはどれほど偏見がなく、教条主義的でなくても、科学にはふさわしくない、彼らはまず、この上なく大切にしている宗教上の信条をすべて捨てなければならない、と。ネオ無神論者がここまで純粋さに固執するところは、私には奇妙に宗教的に思える。欠けているのは、無信仰者という「合理的エリート」の仲間入りをする前に、信仰者が公の場で懺悔する洗礼式のような場だけだ。だが、仮にそんな場があったにせよ、逆立ちしても懺悔の資格を得られないのは、皮肉にも、修道院の庭園でエンドウマメを育てていた例の聖アウグスティノ会修道士だっただろう。

アメリカがこれまでに生んだ最も偉大な進化論擁護者は、スティーヴン・ジェイ・グールドだ。全盛期の彼は評判がとみに高く、科学雑誌「ナチュラル・ヒストリー」を一手に担っていた（彼の死後、同誌は見る影もなくなってしまった）。グールドの文章はいつも読むのが楽しく、とくに、科学史について、目を見張らせるような洞察を披露してくれる。科学史に関して、彼が知らぬことなどないかのように思えた。グールドが進化論の顔であり主要な擁護者であると認めるのには、彼の見解のすべてに賛成する必要はないし、彼が主張した事実を残らず受け容れることもない（私は断じてそうはしていない）。彼の文章からは熱意がひしひしと伝わってくるので、それに心を動かされた何千というアメリカの若者が科学の世界に進んだ。

グールドは、進化論を擁護する際には、かつて進化論に結びつけられていた人種差別主義や遺伝子決定論に対してたびたび警鐘を鳴らした。また、人間の個々の行動はすべて進化論の観点から説明されるべきであるという考え方には猛烈に反対した。彼はそれを、非難を込めて「ダーウィン原理主義」と呼んだ。ダーウィン原理主義によれば、私たちの行動はすべて遺伝子に制御されており、自分の遺伝子を伝播させる役割を担っていることになる。ダーウィン自身は自然淘汰がそのような圧倒的な役割を果たしているという見方は信じていなかったとグールドは述べているし、いまだに説明がつかないままになっている多様な利他行動については私もすでに触れている。そのような行動を「間違い」

として片づけても、ろくに解決には結びつかない。それに、進化論の立場からはほとんど意味のない行動は他にもある。喫煙やマスターベーション、バンジージャンプ、大量の飲酒、打ち上げ花火、ロッククライミングを考えてほしい。現に、適応性を欠く行動は私たち人間にはあまりにありふれているので、物笑いの種にされているほどだ。「うっかり自分自身を始末することで、自らの種の進化に貢献した人」を讃えるために創られた、ダーウィン賞なるものまである。

　私はなにも、人間の行動を進化論の立場で捉えようとしてはならないと言っているのではない。そうするより他に方法はないのだ。実際、こう予言しておこう。五〇年後にはダーウィンの肖像画がどの心理学科の壁にも飾られているだろう、と。とはいえ、心理学の分野は今なお、男性の禿《はげ》は知恵があることを異性に対して示すシグナルとしての役割を果たすという話（かつらをつけている男性全員に知らせなければならない）から、ずばり『人はなぜレイプするのか——進化生物学が解き明かす』（原題は『レイプの発達史（*A Natural History of Rape*）』）というタイトルの、進化心理学にこれ以上の害を与えたものは他にないほどの本まで、まともには受け取り難い、根拠のない物語であふれている。禿頭《とくとう》もそうだが、もし何かが遺伝的なものだったら当の個体にとって有利なはずだと思い込むのは、もちろん大きな間違いだ。アルツハイマー病や嚢胞性線維症《のうほうせいせんいしょう》、乳癌はどれも遺伝的基盤を持つが、それらが適応度を高めるなどとは誰も主張したがらないだろう。

　ところがレイプの場合、研究対象とするべき遺伝的基盤さえない。性的暴力が遺伝性のものだという証拠はいっさいないのだ。それでもなお、ランディ・ソーンヒルとクレイグ・パーマーは、レイプの進化上の利点について想像を巡らせるのを思いとどまらなかった。この二人の著者は、ハエの生殖行動から単純に推測して、男性は自分の遺伝子を広めるためにレイプをするという説を唱えた。さらに悪いことには、この遺伝的特性が確立されるうえで最も重要な力は先史時代に働いたはずだからと、実際のデータを出すこともなかった。先史時代のことはわかるわけがないので、あとは著者たちのやりたい放題だった。もしレイプが子孫を残すためだけのものなら、なぜ犠牲者の三分の一は生殖と無関係の子供や高齢者なのかという疑問に、著者たちは最後まで答えていない[20]。

ありとあらゆる人間の行動についていちいち進化論の立場から当て推量しても得るものはほとんどないという点で、私はグールドと同意見だ。とはいえ、グールドはその懐疑的な考えを表明したため、多くの敵を作った。一九九七年に「ニューヨーク・レヴュー・オヴ・ブックス」の誌上で、彼と進化論の主流派との間に小競り合いが起こったこともあった。度を越したエゴの塊たちがやり合うさまは見物だった。彼らは、当てこすりや、噂による批判、中傷（ある人は、別の人の「腰巾着」だと揶揄《やゆ》された）でおとしめ合い、あるいは、まるで相手のことなど聞いたこともないかのように振る舞った。言うまでもなく、辛辣な言葉の応酬は、彼らが結束を固める手助けにならなかった。これに対して特殊創造説の支持者は、待っていましたとばかりにこのいざこざを自分たちの目的のために利用した。ミスUSA・コンテストのような意外な場所で聞かれた、進化論教育を巡る意見の不一致ついての発言にも、それが反映されている。グールドと誌上で争ったそのダーウィン原理主義者たちこそ、ダーウィン賞にノミネートされるべきだった。

とはいえ、この衝突でさえ、グールドの別の主張への反応とは比べものにならない。グールド自身は無神論者だったが、ネオ無神論者が科学と宗教は相容れないと決めつけるよりもはるかに前、両者は共存できると断言した。そのためグールドは、二〇〇二年に早すぎる死を迎えたあと、不寛容でなかったことが災いして、非難の集中砲火を浴びる羽目になった。

「何か」イズム

グールドは、進化論主流派との前述の騒ぎがあったのと同じ年に発表した有名な小論の中で、ヴァチカンで昼食をとっている司祭たちのグループと遭遇したときのことを回想した。彼らは、「インテリジェント・デザイン」として知られる、新たに出現した創造説に憂慮を示していた。彼らはグールドに、いったいなぜ進化論は今なお非難を浴びているのかと尋ねた。グールドは小論の中で、痛烈な皮肉に触れている。元ユダヤ教徒の彼が、進化論は実際は順風満帆であり、反対派はアメリカ人のほんのひと握りに限られていると言って、カトリックの司祭たちを安心させなければならなかったのだから、まさに皮肉なものだ。

この話は、科学と宗教の間で起こっているとされる戦争が誇張されたものであることをほのめかす、グールド一流のやり方だった。「宗教」に関して包括的な発言をすることがそもそも問題なのだ。「宗教」という言葉は、一神教から多神教まで、また、厳密な信念体系から霊性まで、いっさいを網羅するからだ。たとえば、仏教はじつは、進化する生物という考え方を歓迎している。すべての生命は相互につながっていて流動的だという仏教の見解に完全に合致しているからだ[21]。とはいえ、キリスト教やイスラム教のような宗教の内部でさえ文化的多様性が大きいために、ある地域では嫌われる慣習や考え方が別の地域では支持されていることがよくある。インドネシアのスンニ派とイランのシーア派では、スウェーデンのルター派とアメリカ南部のバプテスト派ほどの大きな違いがある。これらの問題を人並み以上に理解していたグールドは、カトリック教会の文書から「教導権（教義を教えることができる権利）」という言葉を借り、科学と宗教はそれぞれ知識の別の領域を占めると主張した。科学と宗教は、同じ問題には触れない。「重複することなき教導権」というこの考え方を、グールドは英語の綴り（nonoverlapping magisteria）に基づいて「ＮＯＭＡ」と略称した。

私たちは、二つの別個の疑問に直面している。一つは物理的現実にまつわるもの、もう一つは人間の存在にまつわるものだ。二つ目の疑問に科学がほとんど答えていないことから、フランスの生物学者マチウ・リカールは、科学界における前途有望なキャリアに背を向けて仏教の僧侶になった。私はマチウに数回会ったことがある。彼の中に、ほとんどの人にはない内なる平穏を見出すのは難しくない。彼は瞑想中に脳のｆＭＲＩ（機能的磁気共鳴画像法）のスキャンを受け、その結果に基づいて、「世界一幸福な人」と呼ばれている（そう呼ばれると、本人はフランス人らしく肩をすくめる〔私には関係ないというジェスチャー〕）。神経科学者の測定によって、彼の左前頭前皮質（好ましい情動と結びついている領域）で前例のないほどの活性化が確認された。マチウは相変わらず科学者らしい厳密な物言いをするけれど、科学からはとうの昔に身を引いた。科学がもたらすものとは「些細な必要に対する多大な貢献」だけだというのだ[22]。人生において何をするべきかというような、人生の意味について科学者に質問するといつも、「私が尋ねなかった問題に関する、無数の正確な答えが返ってきた[23]」という、レフ・トルストイの不満が思い出される。

だが、マチウのあとに続く科学者はほとんどいない。私たちの大部分は宗教に転向することはなく、不可知論者か無神論者だ。だからといって、科学は意義や目的についての疑問に答えてくれるというふうに受け取ってもらっては困る。最近「神の粒子（ヒッグス粒子）」の存在を確認した科学者でさえ、その成果は、私たちが地上に存在する理由を確証するにはほど遠いこと、まして、神の存在あるいは不在を裏付けるものではけっしてないことを承知していた。いや、科学者にとって大きな違いといえば、知識欲それ自体、つまり科学者という知的職業の活力源が、他のほとんどの人たちにとっては宗教が占めている精神的空白を満たす点だ。宝探しをする人にとっては、探すという行為が宝自体とほとんど同じだけ重要な意味を持つように、私たちは無知のヴェールを突き破ろうとする行為に強い目的意識を感じる。そしてこのような努力をしているうちに一体感が生まれ、世界的ネットワークの一部になる。これは、気の合う人たちのコミュニティという、宗教の持つ一面を私たちも楽しんでいることを意味している。引退したある天文学者は、最近のワークショップで、宇宙における人類の立場を論じているうちに涙があふれてきた。そして話を二分間中断したため、聴衆はそわそわしだした。それからようやく、彼は子供のころからずっとこの疑問を追求してきたのだと説明した。何億光年という彼方から届く光を捉えた画像を見ると、今なお圧倒され、私たちがどんなに宇宙とつながっているかをしみじみと感じられると言う。彼はこれを宗教的体験とは呼ばないだろうが、それとそっくりに聞こえた。

　芸術家や音楽家のような他の創造的な専門的職業に就いている人と同様に、多くの科学者はこの超越的感覚を経験する。私も日々経験している。たとえば、類人猿の目をじっと見つめているときには、そこに自分自身の姿を重ね見ずにはいられない。前向きに目がついている動物は他にもいるが、類人猿の目を見たときほどの衝撃を私たちに与えるものはない。それほど、私たちとの類似性を思い知らされる。こちらを見つめ返しているのは、動物というよりもむしろ、私たち自身に劣らず強固な意志を持った堅牢な人格なのだ。これは類人猿の専門家の間ではおなじみのテーマで、初めて目を合わせたとき、研究対象に対する見方だけでなく、この世界における自分自身の立場の捉え方まで根底から覆ったということを専門家はよく口にする。ヴィクトリア女王はまさにそれに衝撃を受け、動揺したのだ。この類人猿という、自分をありのままに映す鏡を覗き込んだ女王は、自らの足下で形而上学的な地殻の大変動を感じたのだった。ダーウィンは、同じ動物園で同じオランウータンとチンパンジーを目にしながら、まったく異なる結論にたどり着き、人間の優位性を確信している人なら誰であれ見にいくよう勧めた。ダーウィンは、女王が脅威を覚えたものに対してつながりを感じたのだ。

壮大な風景や海に沈む夕日を眺めていると、私たちのほとんどが、自分は宇宙の取るに足りないほど小さな一部であるような気分を味わう。顕微鏡や望遠鏡で観察したり、クジラの鳴き声を分析したり、恐竜の骨を発掘したり、森でチンパンジーを追いかけたりしているときに、科学者はそれと同じように感じる。下草に飛び込むチンパンジーを、二足歩行する親戚たちは大きなナタで茂みを切り分けながら懸命に追い、叫び声の一つひとつに聞き耳を立て、社会的なやりとりを細大《さいだい》漏らさず記録する。最近亡くなった友人で、タンザニアにおけるフィールドワークで知られた日本の霊長類学者の西田利貞に同行したとき、野生のチンパンジーが食べるのを目にした葉や果物を、自分も一つ残らず噛んでみるという彼の徹底ぶりに深い感銘を受けた。どんな味がするのかを知りたいと彼は言うのだが、私から見れば、近縁種との一体感を得る究極の行為だった。同様の同一化は、イギリスの若手霊長類学者フィオナ・スチュワートにも見られた。彼女は、誰もしたためしのないことをやってのけた。チンパンジーが作った樹上の寝床で眠ったのだ。チンパンジーの寝床は、それまではいつも地上から双眼鏡を使って研究していたのだが、スチュワートはその寝床の中で一夜を過ごした。彼女は、深く眠れたり虫さされが少なかったりするなど、地上で眠るよりも優《まさ》る点を発見した。スピードボートでイルカを追跡する科学者たちもいる。彼らは一頭一頭に名前をつけて、ひれで見分けている。あるいは、超軽量飛行機で飛んで、巣立ったばかりのアメリカシロヅルを空に向かって先導する科学者もいる。これはどれも、自然界に（多くの場合、幼いころから）魅了されているためにすることだ。ごく狭い分野についての専門知識によって、私たちは自然界の壮大さや複雑さに結びつけられている。そうした壮大さや複雑さは四方八方へ、あらゆる規模にわたって、永遠の時間の中を拡がっていく。私たちは自らが解明しようとする謎に畏敬の念を抱く。なぜならその謎は、未知の層を一枚剝がすたびに深まるばかりなのだから。

そのために私は、著名な細胞生物学者のアーシュラ・グッドイナフが『自然の聖なる深奥《しんおう》（*The Sacred Depths of Nature*）』という題名の本を書けたことも、アインシュタインがスピノザの神を信じられたことも、完全に理解できる。バールーフ・スピノザはアムステルダム出身の一七世紀の哲学者で、ボスやエラスムスの時代からオランダで見られる懐疑的な思想の系譜を受け継ぎ、それを非人格的な神にまとめ上げた。スピノザの神は、天上にある伝統的な全知の父親的存在ではなく、自然に結びつけられた抽象的で超自然的な力だ。こうして彼は、聖書は神の言葉ではなく、単に人間の意見を表しているという合理主義的世界観の基礎を築いた。スピノザのメッセージは、およそ歓迎されず、彼はセファルディ〔離散したユダヤ人のうち、スペインあるいはポルトガルに居住した人々やその子孫〕のユダヤ人コミュニティから除名された。

アインシュタインは、スピノザの神を支持したものの、宗教に敵意を抱いていたわけではなく、宗教が普及している現状について、信仰は「超越的な人生観がまったくないよりは望ましい」[24]ようだと述べた。グールドの場合と同じく、寛容さがカギだ。聖書直解主義者の科学に対する無理解にせよ、一部の無神論者の独善にせよ、教条主義は人の心を閉ざしてしまう。最近の例を挙げると、世界的に有名な「ヒューマニスト・マニフェスト」〔反宗教的ヒューマニズムを擁護する宣言〕を起草し、CSIという探究センター〔超常現象や疑似科学に対して科学的な調査や批判を行なう団体。旧称CSICOP《サイコップ》〕の創始者であるポール・カーツに対するクーデターがある。当時八五歳の伝説的人物は、「冒瀆《ぼうとく》の日」など宗教を嘲る馬鹿げた行事に賛同しなかったため、自分自身の組織にとって受け容れ難い人間となった。その状況をカーツ自身は以下のように説明している。

> 彼らは宗教に対して辛くあたりたがった。言っておくが、私は神を好まない。神は作り事だと考えている。存在する証拠があるとは思わない。だがその一方で、多くの人が宗教を信じている。私は彼らを批判することを信条としているが、彼らを憎んでいるのではない。彼らに悪意を向けているのではない。つまり宗教にどう対応するかに違いがあるということだ。同輩の多く〔私は彼らを、「元侍者《じしゃ》」と呼ぶ〔侍者はミサで司祭を手伝う少年〕〕は、宗教を憎むあまり、その憎しみを表現せずにはいられなかったのだ。[25]

カーツが使った「元侍者」という表現は、すでに触れた教条主義を渡り歩く行為を暗に指している。それは、単に不寛容の境界線を引き直すことにすぎない。だが、何かに異を唱える活動は、いずれドードーと同じ道をたどるだろう。ただし、その活動を行なう人たちが、嫌っているものを、それよりましなものに置き換えられれば話は別だ。つまり、実現可能な対案を考え出す必要があるのだ。非宗教的な活動はどれ一つとして、トルストイが投げかけた疑問を避けることはできない。ますます非宗教的になっているオランダ人は、その対案を表す新語を造りさえした。「ietsism（イーツィズム）」という語だ。「ism」は英語と同じ「〜イズム」という意味で、「iets（イーツ）」は「something（何か）」という意味だ。「何か」イズムの典型的な信奉者は、人格化された神は信じないし、どの伝統的宗教にも従わないものの、天と地の間には目に見えるもの以外のものが存在するはずだと考えている。何かが存在するはずだ、と。

科学の敵は宗教ではない。宗教は際限のないほど多様な形態で現れるし、信心深くても偏見のない人はいくらでもいる。彼らは、自分の宗教の特定部分だけを選別し、科学に対しては何の異議も唱えない。真の敵は、思考や熟慮や好奇心を捨てて教条主義的な説を採用する行為だ。プエブラでの神についての討論は、どちらの立場の者も不誠実で、殊勝ぶっていた。人は、私がこれまでの人生で経験したことのないほどの強い信念をどこで得るのだろう？　それを可能にするのはどんな秘密なのか？

信念は、証拠や論理から直に生まれてくるものではけっしてない。確信は、人間の解釈というプリズムを通して私たちに届く。あるフランスの哲学者が見事に要約しているように、「厳密に言えば、確かなものは存在しない。確信している者がいるだけだ[26]」

というわけで、アメリカの小説家ジョン・スタインベックの言葉の引用でこの章を終わらせたい。彼の言葉はもう一方の側面、すなわち、探究し、疑問を抱き、熟考する人間の持つ、ありとあらゆる影響に開かれた、偏見のない心を鮮やかに描き出しているからだ。人間の頭は硬直しがちなのにもかかわらず、昔から私たちを前進させ続けてきたのが、この偏見のない心だ。スタインベックは科学と宗教を、総合的な知識の同等の形態として描く。おそらく彼は、グールドの言う二つの教導権を隔てている薄膜は「半透過性だ[27]」というグッドイナフの考えに賛同しただろう。私たちの体内にある多くの薄膜のように、化学物質を両方向に浸透させる。なにしろ科学には、環境に対する認識を促進したり、女性に性的な自由を与えるピルを発明したりというように、社会的・道徳的な物の見方に影響を与える可能性があるのだ。逆に、患者の治療において人道的配慮と医学的配慮のどちらを優先させるべきかを議論するときのように、実存にまつわる疑問は科学に題材を提供する。「すべての人をできるかぎり長く生かしておくべきだろうか」という疑問には、科学は答えられない。さまざまな分野で、私たちの世界観がどこで終わって科学が始まるかや、その逆に科学がどこで終わって私たちの世界観が始まるかを見極めるのは難しい。両者の単純な二分法を超えて進み、人間の知識全体について考える必要がある。スタインベックは、太平洋沿岸の科学研究旅行について書いた航海日誌『コルテスの海』の以下の一節でそれに挑戦した。

そして不思議なことに、私たちが宗教的と呼ぶ感情、つまり人類がとりわけ大切にし、用い、望む反応の一つである神秘的な叫びは、そのほとんどがじつは、人はすべてのものとかかわりがあり、既知のものも不可知のものも含め、すべての実在と分かちがたくつながっているのを理解することであり、それを口に出そうと試みることなのだ。これは言うのは簡単だが、それを深く感じたからこそ、イエス・キリストや聖アウグスティヌス、聖フランチェスコ、ロジャー・ベーコン、チャールズ・ダーウィン、アインシュタインのような人物が現れたのだ。彼らはそれぞれ独自のテンポで、独自の声を使い、すべてのものが一つのもの、一つのものがすべてのものという知識を驚愕のうちに発見し、再確認した。海にきらめく燐光のごときプランクトンも、回転する惑星も、膨張する宇宙もすべて、時間という伸縮自在のひもで結びついている。潮だまりから星々に目をやり、それから潮だまりに視線を戻すのが賢明だ。(28)

第五章
THE PARABLE OF THE GOOD SIMIAN

善きサルの寓話

人の痛みを目にしただけで私も現に痛みを覚えるし、他人の感覚を勝手に自分のものにしてしまうことはよくある。誰かが絶え間なく咳をしていると、私の胸や喉もむずむずし始める。

モンテーニュ(1)

ゾウは過小評価されやすい。道具の使用に関しては、申し訳ないが私もたしかにゾウを見くびっていた。棒を拾って尻を掻くところしか見たことがなかった。いや、土を投げつけるのも見たことがある。私が研究をしていた動物園では、ニシコクマルガラスがゾウの放飼場《ほうしじょう》の柵に止まって春の歌を歌おうとするたびに土を投げつけていた。このカラスたちはラ・フォンテーヌの寓話に出てくるワタリガラスに似ている。ニシコクマルガラスも自分では歌えると思っているのかもしれない（なにしろカラス科は鳴き鳥に属している）が、その歌声を美しいと思うかどうかは好みの問題だ。ゾウは鼻にたっぷり吸い込んだ土を投げつけては、騒々しいニシコクマルガラスを追い払っていた。

ゾウにはせいぜいその程度のことしかできないと私は思っていた。従来の実験ではそれ以上の能力がほとんど示されていなかったからだ。科学者は、ゾウが食べ物を引き寄せるのに棒を使うかどうか試すために、届かない所に食べ物を置いて長い棒を与えた。この実験は霊長類だとうまくいくが、ゾウは棒には見向きもしない。ゾウは問題を理解できないというのが、その実験の結論だった。私たち研究者のほうがゾウを理解していないことに思いが至る人は、誰もいなかったのだ。

ゾウが物をつかむ器官は、霊長類の手とは異なり、匂いを嗅ぐ器官でもある。ゾウは鼻を使って食べ物を取るだけではなく、その匂いを嗅いだり、それに触れたりする。彼らの鼻、それもとくに敏感な先端には、たくさんの神経終末がある。その比類ない嗅覚で、ゾウは取ろうとしている物が何なのかを正確に知る。視覚は二の次だ。だが、ゾウが棒を拾い上げたとたん、鼻孔はふさがれてしまう。たとえその棒を食べ物に近づけられたとしても、棒が触覚や嗅覚の邪魔になることに変わりはない。人間で考えれば、目隠しして何かを手に取るように言われるようなものだろう。パーティでのゲーム以外では誰もそんなことをしたがらないのは当然だ。

最近ワシントンの国立動物園を訪れたときに、プレストン・フォーダーとダイアナ・ライスが、カンデュラという若いオスのゾウにその問題を別のやり方で提示した場合、何ができるのかを示してくれた。彼らはゾウの放飼場の上の、カンデュラにはわずかに届かない所に果実のついた木の枝をぶら下げた。カンデュラには何本かの棒、四角い箱、分厚いまな板数枚など、道具として使える物をいくつか与えた。カンデュラは棒には目もくれなかったが、しばらくすると足先で箱を蹴り始めた。箱を何度も蹴って木の枝の真下まで一直線にやってくると、箱に前脚を載せて踏み台にし、鼻で果実を取った。

カンデュラが手に入れた果実をむしゃむしゃと食べている間に、プレストンとダイアナは、道具を別の場所に移して課題をもっと難しくしたときのことを説明してくれた。二人は箱を放飼場の中の、カンデュラから見えない場所に移動し、カンデュラが美味しそうな果実を見上げたときに、問題解決法を思い出して、目的物から離れて道具を探しにいかなければならないようにした。こんなことができる動物はそれほど多くはないが、カンデュラは躊躇なくやってのけた。かなり離れた場所から箱を取ってきたのだ。そして箱を完全に取り上げられてしまうと、今度はまな板をとってきて重ね、果物に届くようにした。

カンデュラは、因果関係を理解したこと（「ひらめきの瞬間」としても知られている）を示す様子をすべて見せた。これは高い知性の表れだと考えられている。ゾウには土を投げつけることしかできないなどと言う前に、私たちはまずゾウの観点から世界を見ようとするべきなのは明らかだ。たとえ鼻にホースをぶら下げた自分たちを想像せざるをえなかったとしても。

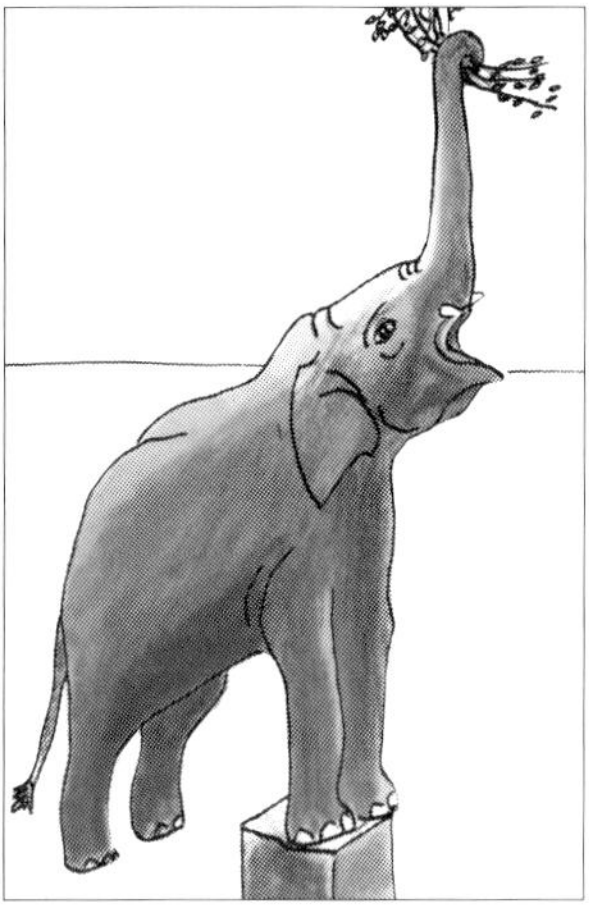

頭上高くぶら下がる、青葉の陰に果実のついた枝に届くには、箱を見つけ、運んできて、その上に乗らなければならなかった。カンデュラはそれをやり遂げた。

他者の福利

この話で思い出したのだが、ダイアナと私は以前、ゾウが鏡に映った自分を認識するかどうか共同研究したことがある。私たちは、当時私の学生だったジョシュア・プロトニックといっしょにニューヨークのブロンクス動物園で研究を行なった。それまでゾウは鏡に何が映っているのかわかっている様子はいっさい示したことがなかった。サルは鏡に映った自分を他のサルだと思う。ゾウも鏡の中の自分を他のゾウだと思ったのだろうか？　自分の姿が映っていることを認識するのが知られていたのは人間と類人猿とイルカだけだった。

もっとも、従来の実験は、陸上動物のうちで最大のゾウに、自分よりはるかに小さい鏡を与えて行なわれた。鏡は屋内ケージの外の、床の上に置かれた。ゾウが目にしたのは、鏡のせいで二重に見える柵の向こうの四本の脚だけだったのかもしれない。実験は期待外れの結果に終わり、ゾウは自分自身を認識できないと解釈されてしまった。だが私たちは、もっと良い実験方法があるのではないかと考えた。そこで、縦横約二・五メートルもある高価な耐ゾウ仕様の鏡を屋外の放飼場の中に置き、ゾウが鏡に映った自分の姿を点検する前に、触ったり匂いを嗅いだり裏を覗いてみたりできるようにした。チンパンジーや小さな子供同様、ゾウにとっても探究は不可欠な最初の一歩だ。すると、どうだろう。ハッピーという名のアジアゾウが自分のことを認識したのだ。鏡の前に立ち、私たちが額につけておいた白いバツ印を何度も擦った。鏡に映った姿が自分自身の体だと気づかなければ、この白いバツ印のことはわからなかったはずだ。人間の子供の自己認識能力も、この方法で試す。普通、子供は二歳になる前にこの能力を示す。ゾウにとって、自意識を持つエリート動物の仲間入りは大変な出世だった。メディアはさっそく「彼女の名はハッピー、だからハッピーだってわかっている」という子供の歌を大見出しに使った。

ゾウはそれまで考えられていたよりも賢いことがわかったが、何より大事なのは、この発見によって否定的証拠の限界が立証されたことだ。ある特定の種に道具の使用や自己認識の表れを見つけられないからといって、それだけでは実際のところはわからない。その動物にはその課題をこなす能力がないのかもしれないが、私たちがその動物への対処法を心得ていないということも十分ありうる。その動物に見当違いの道具を与えているのかもしれないし、不適切な鏡を掲げているのかもしれない。この洞察は、「証拠の不在は不在の証拠にあらず」という実験心理学の有名な金言に反映されている。

大事なことなので繰り返して言っておく。ここジョージアの森の中を歩いていて、カンムリキツツキの姿を見かけず、鳴き声も聞かなかったとしたら、その鳥がいないと断定していいだろうか？　もちろんそれは許されない。ただ見逃したり聞き逃したりしただけかもしれないのだ。この華麗なキツツキが木の幹から幹へ軽々と移動して人の目をくらますことは誰でも知っている。カラスと同じぐらいの大きさの彼らが林の中を滑空する姿は、まるで幻のようだ。だから昔、樵《きこり》たちは彼らのことを「ゴード・オールマイティ（全能の神）」と呼んだ。たが彼らはたいてい用心深く、けたたましい鳴き声や木の幹を連打する音が聞けるのは特定の時期だけだ。森の中を何度も散策してもなおまだ彼らを見かけなかった場合、証拠をつかめなかったとしか言えない。もしかしたらゴード・オールマイティはそのあたりにいないのかもしれないが、絶対にいないとは言えない。

したがって、霊長類の認知能力を研究する分野が、森をほんの数回散策した経験だけに基づいて、さまざまな能力が欠けていると昔から断言してきたのはじつに不可思議だ。ごく最近の例として、類人猿は向社会的でないという見解が挙げられる。類人猿は多くの点で私たち人間に似ているが、哀れなことに、スリと同じぐらい利己的で、自分のことしか考えないというのだ。向社会的選択テスト（このあとすぐ説明する）によって、チンパンジーは他者の利益に対して鈍感であるという判定が出た。食べ物を分け合う、危険を冒して友達を守る、群れの仲間がかかった密猟者の罠を嚙み切る、血のつながりのない孤児を育てるといった自発的な援助を、あれほど多く示すことなどおかまいなしだった。そのうえ、必要な道具を取る手助けをしたり、仲間が食べ物を取れるようにドアを開けたりする行為も顧みられなかった。

どれも素晴らしいが、思いやりを試す決定的な試験に落第するかぎりは、類人猿の気前の良さなど信じられないと、学界は言った。したがって、チンパンジーは「自分の利益だけ」に基づいて社会的な選択をするとか[2]、人間の協力行動は動物界で「大いなる例外」であるとか[3]、人類の祖先が類人猿から枝分かれしたあと、「人類由来の特性」として向社会性が進化したとかいったことが[4]、繰り返し主張されてきたのだ。

類人猿に対するこの否定的な見方は、私のチームがチンパンジーをテストするまで一〇年ほど続いた。私は今まさに、そのチンパンジーを観察中だ。私はアトランタ郊外にあるヤーキーズ国立霊長類研究センターの、フィールド・ステーションを見下ろすオフィスの机の前に座っている。チンパンジーたちは文字どおり私の窓の下で暮らしている。二〇年以上もこのオフィスを使っているので、二〇代のチンパンジーなら全員子供のときから知っている。そのなかには現在アルファオスのソッコとアルファメスのジョージアがいる。二頭とも小さかったときに私はよくくすぐってやった。二頭はしわがれ声で笑いながら、もっとくすぐってほしいとねだった。（かってこの群れには、ピオニーという先代のアルファメスもいた。彼女は晩年、仲間に助けられていた。他のチンパンジーが飲み水を運んできたり、ジャングルジムに登るのを手伝ってくれたりしたのだ〔第一章参照〕これらのチンパンジーが、私とタワー内のオフィスを自分たちの縄張りの一部と見なしていたのも無理はない。私が訪問者を連れてきても何の問題もないのだが、私を伴わずにやってきた訪問者は、いつも歓迎されるとはかぎらなかった。あるとき、雨が降り続いたあとに戻ってくると放飼場はひどいぬかるみに変わっていて、私のオフィスの窓一面に乾いた泥の塊がこびりついていた。初めはわけがわからなかったものの、オフィスに清掃員がやってきてしばらくいたのが、チンパンジーたちには気に食わなかったのだと説明されて納得した。

運動場で何をするかに基づいて子供の心的能力を判断しようとする人などいないのと同じで、チンパンジーの知能もただ観察するだけでは理解できない。フィールドワークにもそれなりの役割と価値があるが、類人猿の認知能力を調べるには、彼らに具体的な課題を与える必要がある。私たちはそうした実験を二つの方針に従ってたくさん行なう。一つは、チンパンジーにできないことではなく、できることに焦点を絞るという方針だ。否定的証拠には問題があるので、その手の証拠にはこだわらないようにしている。もう一つは、実験を単純で直感的なものにするという方針だ。そうした実験では、私が机から顔を上げたときに日々目にするような自発的な行動に接する経験が役に立つ。私たちはチンパンジーが興味を持ち、簡単にこなせる課題を考案する。たとえば、人間の真似をしたがるかをテストする代わりに、彼らが互いに何をし合っているのかに注目する。チンパンジーは、私たちが願っているほど人間には興味を持っていないが、お互いに対してはおおいに注意を払い合う。顔を相手に近づけて、どんな動きも真似をし、相手の口の匂いを嗅ぎ、課題をこなしている相手にはその手に自分の手を重ねることさえし、そうやって運動感覚のフィードバックを得ている。類人猿は人間の真似は特別上手ではないが、類人猿の真似をするのが大好きなのはわかった。そこが肝心な点だ。

私たちが採用したチンパンジー向きの取り組みは、新しい向社会的選択テストを開発する際に役立った。チンパンジーが何度も落第したテストでは、ペアの一方あるいは両方に食べ物を与える装置が使われていた。チンパンジーは、自分だけが食べ物を得られるレバーを引くことも、自分と相棒の両方が食べ物を得られる別のレバーを引くこともできた。自分が犠牲を払うことなく相手に利益を与えられるわけだ。ところが、チンパンジーはそんなことを気にするそぶりも見せずに、両方のレバーを同じように引いた。

だが明らかに、すべてはチンパンジーがどれだけその装置を理解しているかにかかっている。彼らは自分が選ぶ結果が相棒にどう影響するのかわかっていたのだろうか？　私たちはそうは思わなかった。私たちは研究計画を立てるとき、朝のコーヒーを飲みながら相談することが多い。私は、大学院生、ポスドク（博士号取得後）の科学者、実験助手から成る十数人の小さなチームを率いている。チームの一人が自分の実験を説明し、他の人がみなそれに対して批判を浴びせ、うまくいかない理由を説明し、代替案を示し、別の研究を引き合いに出す、という具合だ。チンパンジーにとって適切な水準であると思われる計画ができるまで、ときには何か月もかけて何度も話し合う。向社会性プロジェクトのときも同じだった。私たちはまず、それまでの研究の詳細を調べた。そして、たとえば、二頭のチンパンジーがしばしば複数のガラスを挟んで、何メートルも隔てられていることに気づいた。自分自身が食べ物を得られることは十分わかっていたに違いないが、相棒が何をもらえるのかわかっていただろうか？　また、私たちは装置の写真を見て、その複雑さに驚いた。私たちでさえその仕組みを理解できないとしたら、チンパンジーも扱いに困るのではないだろうか？　私たちはそうした問題をすべて解消しにかかった。

フィールドと屋内の両方での経験からチンパンジーを知り尽くしている科学者ヴィクトリア・ホーナーは、以前サルで行なわれた実験方法を部分修正し、装置をまったく使わないようにした。チンパンジー二頭を、金網一枚隔てただけの近距離に並べ、報酬のバナナの小片をパラフィン紙に包んだ。これで、音を立てずにバナナを食べるのが難しくなった。クラシックのコンサートで誰にも気づかれずにボンボンの包みを開けようとするようなものだ。私たちは、相手が食べているのをチンパンジーが確実にわかるようにしたかったのだ。最終計画を決めた日のことは、今も覚えている。私たちは自ら実験台になって試してみた。チンパンジーになったつもりで、ひととおりやるところを想像した。実験手順に満足がいったので、いよいよ実行に移すことにした。

チンパンジーは、木製ジャングルジムがある草の生えた広い放飼場で暮らしている。私たちは彼らの名前を呼んで建物の中に入れ、計画に従って彼らを別々の部屋に分けた。すべて無理強いせず、自主性に任せるのだが、食べ物がもらえるので、彼らはやりたがる。とはいえ私たちは、人間を対象とする心理学者ならけっして出合わない問題に直面する。たとえば、性皮が膨らんだメスは性的に魅力があるので、建物の中に入らせまいとしてオスが入口をふさぐ。あるいは、メスに入らせてオスは外にとどまるものの、実験の間じゅう金属製のドアを叩き続ける。性的に興奮したオスが立てる音は恐ろしいほどで、メスが集中する邪魔になるのは明らかだ。また、母親から離れるのを嫌がって、子供がついてくることもある。すると、母親だけで実験することができない。それから、風邪、病気、喧嘩、悪天候などさまざまな障害がある。疑問の余地のない結論を出すまでに複数のチンパンジーで何回も実験する必要があるので、このような研究は優に一年かかりうる。

だが、努力は報われた。私たちは、チンパンジーが互いの福利を気遣うことを、誰よりも先に実証したからだ。ヴィッキーの粘り強さや、新しい実験計画、チンパンジーたちとの親密さがすべて合わさり、良い結果につながった。最初の実験はピオニーとリタで行なった。二頭は血のつながりのないメスだ。彼女たちが別々の部屋に落ち着くと、私たちは色のついたトークンをたくさんバケツに入れた。このときのトークンは小さなプラスティックのパイプで、形も大きさもすべて同じだが、半数は緑で残りは赤だった。ピオニーに、一度に一つのトークンを取って私たちに渡すよう求めた。彼女は緑を取ろうが赤を取ろうが、いつでも報酬をもらえた。唯一の違いはリタが報酬を受け取れるかどうかだった。赤のトークンは「利己的」で、ピオニーだけが報酬をもらえ、緑のトークンは「向社会的」で、ピオニーとリタのどちらも報酬をもらえた。連続して何回も選んだあと、ピオニーは三回に二回の割合で緑のトークンを選び始めた。他のチンパンジーでは一〇回に九回の割合で向社会的な選択をするペアも少しいたが、平均すると、相棒に利益を与える傾向はピオニーの場合と同じだった。あまり多くはないが、ランダムでもない。一方、チンパンジーを一頭だけ部屋に入れて同じ実験をすると、二色を区別せずにトークンを取った。つまり、向社会的傾向には相棒が必要ということだ[5]。

明らかに、相棒は何が起こっているかわかっていて、選択者を脅して影響を与えようとした。二頭の間にある金網を叩いたり、水を吐き出したり、フーティング〔フーフーと威嚇の声を上げること〕したり、開いた手を差し出してねだったりした。そういうことをするのは、たいてい相棒が利己的な選択をしたあとだった。もっとも、そのようなプレッシャーは逆効果で、向社会的選択をしてもらえる割合が減った。選択者が相棒に、行儀良くしないと何も得られないと言っているかのようだった。二一組のチンパンジーで実験をした結果、向社会的傾向を示す原因として「恐れ」を排除できた。上位の、怖がる必要のないチンパンジーのほうが向社会的だったからだ。ピオニーもジョージアも気前良く振舞った。

待っている相棒の目の前で、選択者であるチンパンジー(右)は2色のプラスティックのトークンが入ったバケツに手を入れる。選択者がトークンを選んだあと、私たちはそれをテーブルの上の、紙に包んだ2つの報酬の間に置く。そして、「利己的な」色を選んだ場合は選択者だけに、「向社会的な」色を選んだ場合は両方のチンパンジーに報酬を与える。すると、チンパンジーは向社会的な選択を好むようになる。

ピオニーが気前良いのは少しも意外ではなかった。彼女は生涯を通じて、とても思いやりがあって、いつでもみんなを助け、安心させてきた。晩年、ピオニーがみんなから愛と尊敬を集めたこともそれで説明できる。だが、ジョージアの場合、話は別だ。彼女はよく弱い者いじめをしたり問題を起こしたりすることで知られている。性的に成熟したときには、みんなの目前で下位のオスと交尾をしては、オスの間に喧嘩の種をまいたし、他のメスの子供を叩いて、コミュニティの半分を巻き込む騒動を引き起こしもした。したがって、私はジョージアに気前の良さを感じたことはなかったのだが、私たちの実験を通して彼女の気前の良さがわかった。彼女は恩恵を施すのが得意で、私たちがそれに気づかなかっただけなのだろうか？　彼女が上位になったのは「鞭」だけでなく、「アメ」のおかげでもあるのか？　そのような戦略は、脅しも親切心もすべて大げさに示すオスと違って、メスの間ではわかりにくい。

チンパンジーの専門家のほとんどは、私たちの研究結果に安堵した。それまで彼らは、否定的なデータが勝ちを収めそうな形勢を、信じられない思いで見守ってきた。チンパンジーが協力するのは血縁関係があるからだけではないことを証明するためにDNAを採取しようと、野生のチンパンジーの糞と毛のサンプルを集めることさえした者もいる。じつは、血縁のない者が助け合うのはごく一般的なのだ。ところが、私たちの発見は専門家を喜ばせたものの、不満も招いた。ある経済学者は、チンパンジーは自らの行動に対して何の代償も払う必要がなかったので、実際には利他行動と見なせないと不平を述べた。チンパンジーはいつでも向社会的なわけではないと指摘した者もいる。相棒の利益を三回に一回は無視したので、とくに親切だとは言えない、むしろ「狭量だ」とその人は言った。(6)

ここで思い出してほしい。人間は無比の存在だと、まる一〇年にわたって考えられてきた。チンパンジーは、代償を払わなくていいときでさえ助け合わないからだそうだ。私たちが実験手法を改善し、装置を取り除くとどうだろう。チンパンジーは現に助け合うではないか。それなのに、私たちの実験結果は物の数に入らないなどと今さら言うのは、いささか馬鹿げている。もっと研究する必要があるのは明らかだが、今では従来の主張は疑問視されている。同じ向社会的選択テストを受けた人間の子供たちも、完全に向社会的だとは言えない。ある研究では、彼らが助け合う割合は七八パーセントだった。したがって、チンパンジーとの違いは程度の問題なのだ。

人間が特別な存在であるという主張が危うくなった途端、魔法のように都合良く条件が変わってしまうとは。だが、人間以外の動物に向社会性があるのを否定することは難しくなった。その原因として、前述の研究に加え、ビデオカメラをいたるところに設置できる時代の到来という新しい要因が挙げられる。以前はフィールドからの報告に頼るしかなかった。たとえば、歳をとり過ぎて弱ったために果樹に登れなくなったマダム・ビーに関する、グドールによる報告がある。その老チンパンジーは、自分の娘が果物を持って降りてくるのをじっと待っている。娘はその一つをマダム・ビーの横に置き、それから二頭は満足そうにいっしょに食べる。私たちはそれ以上の証拠がなくてもそのような報告を信じたが、今や、インターネット上には目を見張るようなビデオがたくさんある。何百万もの人がユーチューブで「クルーガーの戦い（Battle at Kruger）」を見た。バッファローの群れが、子供のバッファローをライオンから救うビデオだ。「ヒーロー犬（Hero Dog）」というビデオもある。その犬は、チリのサンティアゴで、瀕死の仲間を交通量の多い高速道路から命がけで路肩へ引きずっていった。最近日本で起こった津波のあと、けがをした仲間のそばを離れようとしなかった犬や、ぬかるみにはまった子ゾウを引っ張り上げたアフリカゾウたち、凍るように冷たい水槽の底で呼吸が止まった女性ダイバーを助けた中国の動物園のベルーガクジラもいる。一頭のベルーガが、犬が子犬を持ち上げるように、そのダイバーをそっと口にくわえ、もう一頭とともに水面に押し上げた。

人間だけが他者の福利を気遣うという考え方は、正反対の証拠がみんなのコンピューターの画面に鮮明に映し出されるなか、急速に勢いを失っている。

ジョージアの感謝の念

ただし、ユーチューブで見られるものをすべて信用することはできない。金魚がシンクロナイズドスイミングをしているビデオがある。ジェット戦闘機の編隊のように四匹がいっしょに動く。それぞれの間隔を正確に保ちながら、浅い水槽を泳ぎ、隅まで来ると同時に向きを変える。金魚の上方にかざされているマジシャンの手で指揮されているように見える。金魚が小さな鉄の粒を食べさせられていることが疑われると、そのビデオを見た人々から強い抗議の声が上がった。誰かが水槽の下で磁石を使って金魚を動かしていたのかもしれない。それで、水槽が浅いことも説明できる。そのマジシャンは非難を否定せずに、自分の金魚は幸せで元気だと主張した。

そもそも、そのパフォーマンスそのものがありえそうにない。金魚はただ寄り集まるだけで、統制のとれた群れを作るなどという話はまったく聞かれないからだ。普段あまり集団行動をしない動物を訓練して協調させるのはほぼ不可能だ。人間が二頭のイルカを訓練して、同時に水面からジャンプさせることが可能なのは、イルカがそうしたことをもともと自発的にするからにほかならない。メスのイルカは自分の子供に合わせて泳ぎ、いっしょに水面に浮き上がったり、深く潜ったりする。オスのイルカは連携し、完全に同期して泳ぐことで絆の強さを示してライバルを脅かす。だが、飼い猫二匹を、いっしょにジャンプして輪をくぐるように訓練しようとしても、きっとうまくいかないだろう。猫は孤独なハンターなのだ。

協力行動に関する私たちの研究では、特別な訓練はいっさいしない。動物がどれだけ協力の概念を理解しているかを知りたいからだ。共通の目標を持っているだろうか？　相棒の努力がわかるのだろうか？　私の指導している学生の一人、マリーニ・サチャックは、チンパンジーが協力せざるをえないような設定の実験をしている。従来のやり方を踏襲してペアで実験するのではなく、屋外でコロニー全員がいる所でプロジェクトを実施する。このため私たちのチンパンジーは、サル狩りをしようとする野生のチンパンジーのように、相棒を勧誘しなければならない。動いている標的は三次元の空間では捕まえにくい。だから、単独ではなく二頭や三頭で組んで狩りをするほうがうまくいく。私は、彼らが樹上高くまでサルを追い上げ、ついに捕まえ、興奮して一斉に叫ぶところを目撃したことがある。狩りや肉の分配は彼らの社会性の根幹であり、また、人間の進化を引き起こしたとも考えられている。私たちの祖先は大きな獲物を狙っていたので、より強固な協力を必要とした。

マリーニの装置は屋外のフェンスに取りつけられている。今では、チンパンジーは独力ではそこから何のご馳走も得られないことを知っている。だから、こんなことがあった。リタは装置のそばに座って、母親のボリーを見上げる。ボリーは高いジャングルジムのてっぺんに作った寝床で寝ている。リタはわざわざ登っていってボリーの脇腹を突いて起こし、二頭はいっしょに降りてくる。リタは装置の方に向かう。その間ずっと母親がついてきていることを肩越しに確認していた。他にも、私たちの気づかないうちにチンパンジーが合意に達したのではないかという印象を受けるときがある。彼らのうちの二頭が、夜間用飼育舎から出てきていっしょに装置の方へ真っ直ぐに向かう。まるで、自分たちが何をするつもりか、はっきり承知しているかのように。

チンパンジーは、微妙な視線と姿勢の変化によるコミュニケーションに恐ろしく長けている。言葉は持っていないし、目立つ仕草もしないことが多いのに、次にどうするのかをはっきり伝える。ボディランゲージを拠り所にしているので、人間のシグナルを読み取るのがとてもうまい。それどころか、あまりに上手なので、私自身よりも私の気分や意図がよくわかるらしい。私たちの心を見抜いているかのようだ。私はまた、敵意に満ちたボディランゲージをする人（たとえば偏見を持っている来園者）に対して彼らがとても敏感であることにもたびたび気づいた。もちろん、そういう人たちは私たちの前では、来園者がときどきするように（叫んだり、大げさに体を掻いたりして）、チンパンジーを馬鹿にすることはなくても、チンパンジーは敵を目にしたかのような反応をする。ジョージアはこっそり立ち去って蛇口から水を口いっぱいに含み、他のチンパンジーに紛れる。だから、彼女が水しぶきを浴びせようとしているとは誰も思わない。一方、彼らは人間が抱いている尊敬の念にも気づく。私が経験豊富なフィールドワーカーの西田利貞を案内していたとき、チンパンジーは何の反応も示さなかった。彼は私の隣に立ち、少し体を横に傾け、森で見せた挙動そのままに、急な動きをせずに静かに歩いていた。だから、チンパンジーは、この人物はまったく問題ないと思ったようだ。

ジョージアはかつて、一年半にわたって群れから引き離されていた。グループ内が政治的に不安定化したせいだ。オスもメスも喧嘩していて、それがあまりにもひどかったので、私たちは子供たちの命を心配した。下位の母親たちは自分の子供を、上位のチンパンジーの後ろ盾を得た若い誘拐犯から取り返すのに苦労していた。チンパンジーの赤ん坊は生まれてから四年間母乳を飲むので、無理やり母親から引き離されると厄介なことになる。群れに落ち着きを取り戻させるために、何頭かが群れから隔離された。それっきりになった者もいたが、ほとんどは徐々に群れに戻された。ジョージアは最後だった。彼女の評判は良くなかったが、私は彼女を戻すことを主張し続けた。ジョージアはこの群れで生まれ、大多数と良い関係を持っていたし、いつか角《かど》が取れて模範的な住民になるかもしれなかった。私の楽観主義が信じられないという人々の表情を今も覚えている。だが、かなり揉めたものの、けっきょく彼女は戻ることが許された。

多くの動物では、こういうことは勧められない。たとえば、アカゲザルは長い間不在にしていた仲間が戻ってきても歓迎しない。そのサルが占めていた地位が埋まってしまっているかのようなのだ。アカゲザルには厳密な序列があるので、第一〇位のサルが群れから離れ、その後戻った場合、それがたとえ二、三か月後であっても、第一〇位の地位には別のサルが収まっており、残りの地位も埋まっている。戻ったサルに向けられる敵意は見知らぬ相手に対するものに劣らず激しい。ところが、チンパンジーの場合には問題ない。序列が緩く、彼らはいわゆる分裂・融合社会に暮らしていて、小集団がひっきりなしに出会い、融合し、別れる。野生のチンパンジーは自分が属するコミュニティの他のメンバーに何か月も会わないこともある。

ジョージアの帰還は大成功だった。みんなが興奮し、彼女はときどき押されたり突かれたりしたものの、ほんの数日留守にしただけだったかのように自分の地位を守った。相手にその気があれば、誰とでも抱き合い、グルーミングし合ったし、彼女の面前でオスたちは彼女の隣に座るために争った。ジョージアの母と妹は彼女の四歳の娘ライザを抱いて歩き、守ったし、ジョージア自身もあっという間にまた群れに溶け込んだので、その週の終わりには、彼女が群れを離れていたとは思い難いほどだった。彼女は以前に自分より格下だったメスたちには上位者として振る舞い、あらゆる面で自信満々だった。

私がジョージアとライザをよく見ようと近寄ったとき、今でも忘れられないことが起こった。ジョージアが幼くて遊び好きだったときは、私たちの関係は良好だったが、彼女は大人になると私を無視し始めた。その後の私たちの間柄はおおむね当たり障りのないものだった。ところがこのときは、彼女は私に歩み寄り、真っ直ぐに目を覗き込んできた。そのまなざしははっきり友好的だった。彼女はこちらへ手を差し出した。私がその手を取ると、私に向かって速いリズムでハアハアと喘《あえ》いだ。それはチンパンジーにしてみれば精一杯優しい声だ。彼女がそんな声を出したのは、後にも先にもそのときだけだった。ただの挨拶ではなかった。それまでに何回かジョージアを訪ねたときには、そんな行動は見せなかったからだ。これは彼女が群れに再び加わった直後のことだから、それと関係があったに違いない。彼女が戻ったことを私がどれだけ喜んでいたか気づいたのかもしれない。いや、それだけではなく、自分の運命を巡って緊迫した対立があり、彼女の復帰を私が擁護したことがわかっていたのかもしれない。先ほど述べたように、チンパンジーは、体の動きと声の調子を驚くほど鋭く読みとる。真偽のほどは永遠にわからないだろうが、彼女が仲間のもとに戻してもらえたことを私に感謝しているという気がした。

私はジョージアの振る舞いを感謝の念の表れだと考えている。そうした表現は数多くある。一例として、私が哺乳瓶でミルクを与えることを教えた別のチンパンジーの話を紹介しよう。彼女は母乳の出が悪かったために自分の子供を何頭も亡くしており、養子を欲しがっていた。子供を亡くすたびに重い鬱《うつ》状態に陥り、その間は独りで過ごし、これという理由もなく叫んでいた。哺乳瓶での授乳の仕方を身に着けたおかげで、養子にしていた幼いチンパンジーだけでなく、その後生まれた自分の子供たちも育てることができた。道具を使う動物にとって、哺乳瓶を扱うのはそれほど難しいことではない。その後ずっと、このメスは私に会うと（二、三年に一度だけだったが）、いつも狂喜した。まるで、私が久しく会わなかった家族であるかのように。それは、子供を育てられるように私が手助けしたことに関係があるようだった。感謝の念の表れには、さらにこんな例もある。類人猿による道具の使用に関する研究の先駆者である、ドイツのヴォルフガング・ケーラーの逸話だ。嵐の最中、二頭のチンパンジーがシェルターから閉め出されていたときにたまたまケーラーが通りかかり、彼らが雨の中でずぶ濡れになって震えているのを見つけた。そこでドアを開けてやった。ところが、二頭とも、彼の脇を通って濡れない場所へと急がずに、まず、喜びに我を忘れてケーラーに抱きついた。

感謝の念があれば、他者を公平に扱いやすくなる。親切な行為が円滑に続くようになるので、互恵関係に基づく社会には、感謝の念は欠かせない。トマス・アクィナスはそれを高く評価し、正義という第一の徳に結びついた第二の徳と呼んだ。感謝の念によって、受けた利益に対する温かい感情が湧き、お返しをする気になる。他にどんな理由でお返しなどするだろうか？　義務からか？　あらかじめ記憶によって恩人に優しくしやすくなっていたほうが、ずっと簡単だ。それなら、私たちはいちいちお返しだとは感じないだろう。だからこそ、互恵的利他主義理論を考案したロバート・トリヴァースが、感謝は必須の要素だと言いきったのだ。

とはいえ私たちは、前述のような逸話に頼らずに、実際に恩恵のやりとりを観察した。一年を通して多くの日に、午前中のチンパンジーどうしのグルーミングを記録してから、午後に食べ物の分配が行なわれるようにした。フィールド・ステーションの周りの森で葉のついた枝を切り取り（チンパンジーは若いブラックベリーの新芽とモミジバフウの樹液が大好きだ）、スイカズラの蔓《つる》でひとまとめにしておく。そういう小枝の大きな束を二つ、放飼場の中に投げ込む。どの地位のどの大人でも、最初に見つければ、その束を自分のものにできる。チンパンジーは所有権を尊重するからだ。幸運な所有者の周りには、たちまち仲間が群がり、手を差し延べ、鼻を鳴らして哀れっぽく鳴きながら物乞いする。最上位のオスでさえも欲しがるのが見られたことがあった。フィールドでチンパンジーがサルの死骸を囲んだときに報告された様子と同じだった。最終的に、所有者から直接もらうか家族や友人経由で間接的にもらうかして、みんなが餌にありつくことになる。食べ物の分配を七〇〇〇回近く記録してみると、そのデータから、食べ物をもらえる可能性とその前にあったグルーミングとの関連が明らかになった。たとえば、ソッコがメイをグルーミングした日にメイから枝を分けてもらえる率は、グルーミングをしなかった日と比べてはっきり高まった。これは、チンパンジーが以前受けた恩恵を覚えており、それに感謝していることを強く示している。

トリヴァースが予測したように、互恵性は負の面でも働く。トリヴァースは「道徳主義的攻撃性」の役割を見出した。私たち人間は、喜んで恩恵を受けるだけでろくに報いない人に対して、激しい怒りを覚える。チンパンジーも同様に、他のチンパンジーとの争いで支援してくれない味方には敵意を見せることがある。傍観している親友に手を差し出し、呼び寄せていっしょに敵に立ち向かおうとしたのに、その友達が争いに巻き込まれないよう逃げてしまったとしよう。見捨てられたチンパンジーは喧嘩をやめて、声を限りに叫びながら、友達だと思っていた者を追いかけて襲おうとするかもしれない。無秩序な大騒ぎになる（チンパンジーの大がかりな喧嘩ほど混沌として神経に障るものはない）が、そのような反応は互恵性がうまく機能するのに役立つのだ。チンパンジーは仕返しもする。数頭の連合との喧嘩に負けると、機を見て仕返しをしようとすることもある。その連合のうちの一頭が単独でいるのに出くわしたら、喧嘩が始まる。私は、とても計画的なオスたちを知っている。四頭を相手に回して負けたとしたら、その後数日間にじっくり時間をかけて、彼らと一頭ずつ個別に対決する。だが、連合に負かされたチンパンジーが、自分をひどい目に遭わせた連合の一頭が他のチンパンジーと争って負けそうになるまで待つことのほうが多い。そのときこそ、戦いに加わって相手の敗北をさらに惨めなものにする絶好の機会なのだ。(7)

チンパンジー社会はしっぺ返しを中心に営まれているのだという印象を、私はいつも受ける。彼らは、食べ物からセックス、グルーミングから喧嘩の加勢まで、さまざまな恩恵と不利益を通貨とした、社会的関係に基づく経済を作り上げている。貸借対照表をつけていて、期待をし、ことによると恩義さえ感じ、そのため、信頼が打ち砕かれるとネガティブな反応を示すように見える。私は人間の近縁種でこうしたことが起こるのを見慣れているので、高度に社会化された別の動物がそうした反応を示さないのには驚かされた。それは、タイのゾウ保護センターで、以前の鏡の研究も行なったジョシュア・プロトニックとともに、ゾウの協力行動についての実験をしているときのことだった。今回は、とても重いので共同作業をせざるをえなくする実験装置を使うという、いつもの方法は採用できなかった。ゾウが相手では、トレーラートラックほどの大きさの装置が必要だっただろう！　そのかわりに、日本の研究者から工夫に富む手法を拝借した。一本のロープが装置の周囲に巻きつけられていて、そのロープの両端に向かうかたちで二頭のゾウを配置する。ロープの片端だけを引っ張ると、ロープが抜けて外れてしまい、役に立たない。両端をきっかり同時に引いたときだけ、装置を引き寄せることができる。重さは問題にならないが、タイミングを合わせることが不可欠だ。

やらせてみると、ゾウはこの課題を楽々こなした。二頭がロープの両端まで並んで歩いていき、それぞれロープの端を持ち上げて、引っ張る。そこまでは問題なかった。だが、それから、ゾウが相棒の必要性をどれだけ理解しているかを見るために、実験を複雑にした。二頭のうちの一頭を放すのを遅らせて、もう一頭に待つだけの分別があるかどうかを確かめた。ゾウは感心するほどの忍耐強さを示し、最長で四五秒も待った。ロープの片端を取り除いて、一頭が引っ張れないようにするとどうだろう？　その場合、もう一頭は試そうともしないことがわかった。引いても無駄なのがわかっているようだった。

私たちが考えもしなかった「違法な」やり方を編み出したゾウもいた。たとえば、一頭の若いメスは、ロープまで歩いていって大きな足をロープの上にでんと乗せ、もう一頭が来るのを待った。こうすれば、自分で引かないで済む。ロープの片端を足でしっかりと押さえている間に、相棒が仕事をすべてしてくれたのだ。もっとも彼女は、仕事が終わると、バケツから餌を取るのは忘れなかった。

これは知性の表れだけでなく、ズルをしている証拠でもあると私たちは考えた。奇妙なことに、もう一頭のゾウは抗議もしなければ、引くのをやめもしなかった。チンパンジーだったら、この手が使えたかどうか怪しい。マリーニと私が協力行動の研究で突き止めたいと思っているのが、まさにそれだ。類人猿とゾウで異なる結果が出るのは、ゾウには他者による貢献という観念がないからだろうか、それとも必要とされる努力がとても小さいからだろうか？　ゾウが得た報酬は、それぞれトウモロコシ二本（ゾウのような大きな動物にとっては、取るに足りない量）で、しかも、ロープを引くだけでよかったのだ。努力も報酬も彼らにとって、ただ乗りを気にするほどのものではなかったのかもしれない。

それなら私たちにとっては、かえって好都合だった。ゾウと作業することの危険性を考えると、彼らをいらだたせるのは御免こうむりたかったから。

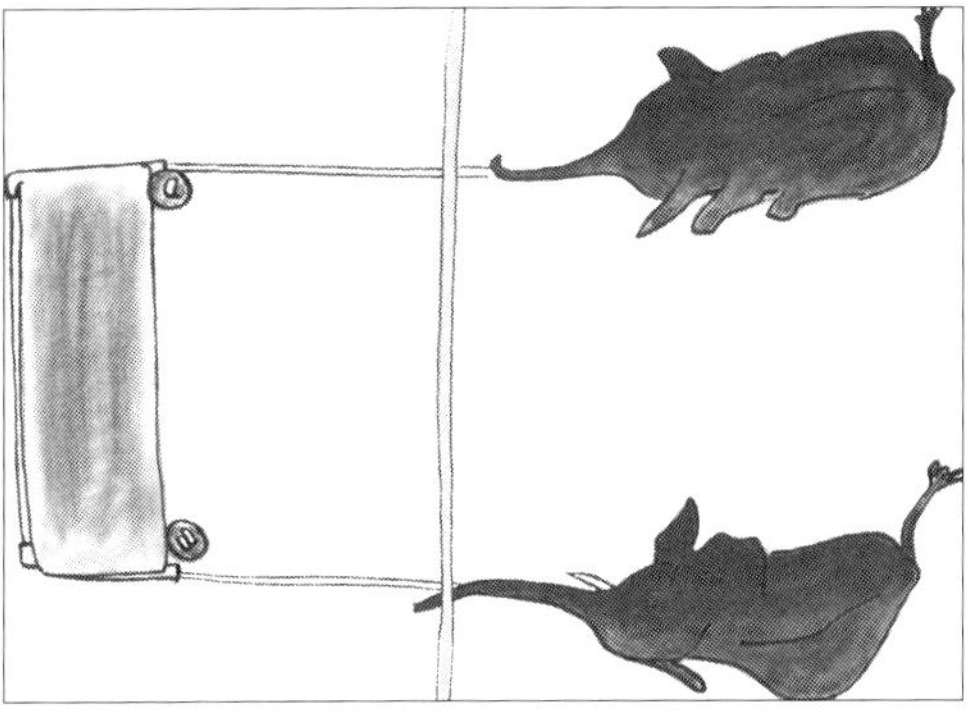

協力行動を上から見た図。2頭のゾウはロープを引っ張って、餌のバケツが取りつけられたスライド式のトレイを引き寄せる。2頭はきっかり同時に引っ張らなければならない。そうしないとロープが外れて、何も得られない。

体から体へと伝わる共感

マイケル・ジャクソンが生後九か月の息子をホテル四階のバルコニーの手摺りの外側に突き出し、地面のはるか上でもがいている赤ん坊をぎこちなく片腕で抱えていたとき、下にいたファンの多くは喝采したが、悲鳴を上げる人もいた。マイケルが赤ん坊を落としはしないかと、はらはらしたのだ。赤ん坊は頭にタオルをかぶせられていたから、なおさら異様な場面だった。ヒップホップ歌手でラッパーのエミネムにパロディ化され、児童虐待の専門家に批判された。

だが、なぜ私たちは心配したのだろうか？　自分の赤ん坊ではなかったのに。私たちのこうした反応は、最近まで科学がほとんど取り上げなかった能力、すなわち「共感」

によるものだ。そしてここで言う共感とは、他者を援助するように私たちを駆り立てる「同情」の意味ではなく、私たちが他者とどのようにかかわるかという、中立的で根本的な意味におけるものだ。一六世紀のフランスの哲学者モンテーニュは、誰かが咳をするのを聞くやいなや自分の喉がむずむずすると述べて、共感という言葉が使われるようになる数世紀前に共感の本質を示してくれた。共感は体と体を結びつける。マイケルの仕打ちについて新聞で読んだだけならば、赤ん坊の扱い方が下手だと思う程度で片づけたかもしれないが、私たちは実際にそれをテレビで目にした。バルコニーの高さが見てとれたし、マイケルがしっかりと抱いていなくて、赤ん坊が身をよじらせているのに気がついた。そして、同一化の過程によってその場面に引きずり込まれ、まるで自分もその子を抱えていて、その子がもがくのを感じているかのような気になった。私たちは体のレベルでその状況を経験し、それによって、文字で書かれたどんな記事を読むよりもずっと落ち着かない思いをした。

体の重ね合わせ《ボディマッピング》は自動的に起こる。たとえば、映画『英国王のスピーチ』は、他者と同一化する能力が欠けていたならば、恐ろしく退屈だろう。ある言葉が話されるのが速くても遅くても、あるいは話されなくても、かまわないではないか。王と一体になって感じることで、私たちは初めて王の吃音障害がわがことのように思えてくるのだ。私たちはそわそわとして、王に代わってその言葉を言いたくなる。ちょうど親が、赤ん坊にスプーンで食べ物を与えているときに自らも嚙むような口の動きをしたり、学芸会でわが子が言うことになっている台詞のとおりに口を動かしたりするのと同じように、王がうまく話すことを望むのだ。私たちは他者の体に入り込むという、この素晴らしい能力を持っている。

それを神経科学の言葉で言い表すと、他者がするのを知覚したり、他者に期待したりするのと同じ運動作用の神経表象を自身の脳内で活性化する、ということになる。これが無意識に行なわれることは、コンピューター画面に表示された顔の表情を見る実験によって立証されている。顔が映し出される時間が短すぎて意識的に知覚できない（被験者は風景を見ていると思っている）としても、やはり被験者の顔の筋肉が動き、目にした表情に気分が影響を受ける。しかめ面を見ると悲しくなり、笑顔を見ると幸せな気分になる。この実験を行なったスウェーデンの心理学者オエルフ・ディンベルグから聞いたのだが、一九九〇年代初期にこの発見を公表しようとしても当初は抵抗があって難しかったという。数多くの確証が出た今から振り返ってみると、これは馬鹿げた話に思える。だが当時は、共感は大脳で制御される複雑な技能だと思われていた。つまり、自分が相手の立場だったらどのように感じるかという脳内での周到なシミュレーションに基づいて、私たちは共感しようと決めるという考え方が受け容れられていた。共感は認知的技能だと見なされていたのだ。現在では、その過程はもっと単純で自動化されたものであることがわかっている。といっても、私たちは何一つ制御できないというわけではない（呼吸もまた自動化されたものだが、それでも私たちの支配下にある）。だが、科学者は共感に対してまったく間違った見方をしていた。実際には共感は、顔や声や情動がかかわる無意識の身体的つながりから生じる。人間は自分で決めて共感するのではない。自然に共感するようにできているのだ。

たしかに私たちは、身体的きっかけが何もないときでさえ、誰か他の人の立場に身を置いて考えることができるが（小説を読んでいて登場人物の立場になるときのように）、だからといってこれが共感の本質ということにはならない。その本質を理解するためには、共感がどのように始まるかを考えるといい。

幼児は、友達が転んで泣くと自分も泣きだしたり、子供にはとうてい理解できないきわどいジョークで笑っている大人でいっぱいの部屋にいると大笑いしたりするではないか。共感の源は、身体的同調と気分の伝播だ。ここから想像と投影に基づいた複雑な形態が生じるが、それは二次的なものにすぎない。

ディンベルグの画期的な研究とほぼ時を同じくして、イタリアのパルマの科学者たちがミラーニューロンを発見した。このニューロンは、自分がカップに手を伸ばすといった動作をするときばかりでなく、他者がカップに手を伸ばすのを目にしたときにも、同じように活性化する。ミラーニューロンは、本人の動作と他者の動作を区別しないので、自他の境界を消し去る。ミラーニューロンの発見が心理学にとって、生物学におけるＤＮＡの発見に匹敵する重要性があると評価されているのは驚くにあたらない。このニューロンは、体のレベルで人々を結びつける。だからこそ私たちは、マイケルが赤ん坊を宙に突き出すのを見ると不安になったり、『英国王のスピーチ』を見ているときに自分の口から言葉が出てきたりするのだ。

この発見は、人間の共感について最初期になされていた説明にうまく合致する。それは美的な認識に関するものだ。たとえば、なぜ私たちはバレエを観るのか？　ゴムタイヤがバレエと同じ振り付けでステージ上を跳ね回るのを見たとしても、同じように美しいと感じるだろうか？　オペラは、もし登場人物が歌わずに、バンジョーかアコーディオンで恋人に愛の歌を奏でたり、嫉妬心を伝えたりしても、同じような感動を引き起こすだろうか？　私はそうは思わない。バレエを観ている間、私たちはダンサーの体に入り込み、ダンサーといっしょに一つ残らずステップを踏み、爪先で旋回する。ダンサーが別のダンサーをさらに別のダンサーの腕の中へ放り投げると、私たちも一瞬、宙に浮く。観客はその場面の中にいるので、ジャンプが失敗すると、それに対する反応は即座に起こる。共感が完全に認知的なものならば、ここで間《ま》があってしかるべきだ（その間に観客は、「まさかこんなことが！」あるいは「けがはなかったか？」と思う）が、私たちは、ダンサーが体を床に叩きつけられる前に、「おぉー！」「あーっ！」といった声を上げる。

オペラは同じような身体的つながりを、人間の声によって創り出す。私たちは生まれたときから（いや、生まれる前からでさえ）、声が快楽や痛みや憤激などの伝達手段であることを知っている。声は中枢神経系に直接伝わり、私たちの内部にまで届く。楽器ではとてもこうはいかない。私たちはソプラノ歌手の苦悩を推測するだけではない。実際にその苦悩を感じて鳥肌が立つ。オペラ愛好家の私は、見事な上演が終わるころには毎回情動を使い果たして、へとへとになる。

視覚芸術も同じような身体的つながりを利用している。ミケランジェロ作の奴隷像では、等身大の人が大理石の塊から自由になろうともがいている。それを見る人は誰でも、自分が力を振り絞っているように感じる。カラヴァッジョの「聖トマスの懐疑」と呼ばれる絵では、イエスが、自分の復活を疑う弟子が人差し指を胸の傷跡に差し入れているところをじっと見ている。その絵の前に立つと、イエスが味わったに違いない痛みを感じて身がすくむ。ボスの絵にも人間の体がたっぷり出てきて、共感や哀れみや戦慄を引き起こす。ボス自身は人間嫌いだと評されているものの、彼の作品は見る者の共感なしには成り立たないだろう。ナイフで刺されたり、半死の状態で木の枝に串刺しにされたり、腹をすかせた犬に食べられたり、ハープの弦に磔《はりつけ》にされたり、肛門にフルートを突っ込まれたり、奴隷として働かせられたり、フライパンで焼かれたりする罪人たちとともに、私たちは苦しむ。皮肉なことに、責め苦もまた共感を必要とする。何が痛みをもたらすかを理解せずに、故意に痛みを与えることなどできるはずがない。ボスがこれほど多くの情動を掻き立てるのは、描かれた場面に私たちが否応なく入り込んでしまうからだ。彼は私たちに、自分もあのような責め苦を受けかねないと信じさせたがっている。そして、私たちは束の間、現にその責め苦を味わう。

身体的な共感は、抽象美術にさえ当てはまる。ミラーニューロンの共同発見者であるイタリアのヴィットリオ・ガレーゼと、アメリカの美術史家デイヴィッド・フリードバーグによる論文は、画家のキャンパス上の動きを私たちが無意識になぞることを明らかにしている。ピアニストがピアノのコンサートを聴くときには必ず、指の動きを司る脳の運動野が活性化するのと同じで、ジャクソン・ポロックの絵画を観る人は、「絵の作者の創造的活動が残した（刷毛の跡や絵の具のしたたりという）物理的な足跡によって暗示される動きと、身体的にかかわっているという感覚[8]」を経験する。

こうしたプロセスは、けっして私たちの種に限ったものではない。ミラーニューロンが学者たちの間でもてはやされているなかで忘れられがちではあるが、このニューロンは当初人間ではなくマカクで発見されたのだ。そして今もなお、人間の脳のミラーニューロンについてよりも、マカクの「サル真似」ニューロンについてのほうが、詳細で確かなデータが証拠として挙がっている。人間を対象とした研究のほとんどは、脳の特定の領域にこうしたニューロンがあると想定しているにすぎない。というのも、ミラーニューロンの存在を確かめるためには電極を挿入しなければならず、人間でこれが行なわれるのは稀だからだ[9]。だがサルでは、多くの直接的な証拠が得られている。ミラーニューロンは、霊長類が他者を模倣するのを助けるのだろう。たとえば、訓練された仲間がするのを真似て同じように箱を開けるときや、野生では母親がするのを見て同じように果物の種を取り除いたりするようなときだ。霊長類はみな、よく順応する。模倣するだけではなく、模倣されるのも好きだ。ある実験では、オマキザルにプラスティックのボールを与えて遊ばせ、二人の実験者がそのサルの相手をした。一人はサルがボールを使ってした動きを一つ残らず真似し、もう一人は真似なかった。実験が終わるころには、サルは自分たちを真似た実験者のほうを好んだ。同様に、人間の一〇代の若者も、グラスを手に取ったりテーブルに肘をついたりといった相手の動きをいちいち真似るように指示された人とデートに出かけた人は、真似をしない相手とデートをした人よりも、相手に好意を持ったと報告する。

ボスの「最後の審判」では、2人の年老いた魔女が、人間を串焼きにしたりフライパンで調理したりしている。罪人の試練を視覚化すれば、どんな言葉で説明するよりもはるかに効果的だ。私たちは潜在意識のレベルで人間の体とつながりを持ち、この場面の熱さを文字どおり感じる。

身体的つながりが共感を助けることは、たやすく理解できる。私たちは悲しんでいる人と話していると、悲しい表情になり、うなだれる。相手といっしょに泣くことさえある。

反対に、快活でよく笑う人と話していると、そのうちに自分も笑いだし、その結果、楽しくなる。同じ伝染作用は動物でも起こる。もっとも、このテーマは研究が不足している。残念なことに、動物の情動について論じるのが科学の世界ではタブー視されていたためだ。B・F・スキナーは情動、とりわけ動物の情動を過小評価して、「『情動』とは私たちが行動の原因に勝手に祭り上げたものの好例だ」[10]と述べた。スキナーの学派は宗教のようで、彼の影響力は計り知れないものだったが、ありがたいことに消えてなくなりかけている。動物の情動に関する懐疑的な見方は長く続いていたが、脳研究がその難問を見事に解決してくれたのだ。たとえば、ボスの地獄の場面に描かれているような、開いた傷口や暴力などの残虐な画像を見ると、人間の脳の扁桃体は活性化する。ラットは脳のこの扁桃体に電気刺激を受けると、逃げていって、脱糞し、隅にうずくまる。ここから、次のような結論を出さざるをえない。ラットも人間も、脳の同じ部分に、同じ情動の状態を持つ。それは「恐れ」だ。現代の神経科学はこの論理を愛情や喜び、怒りなどに適用して、動物の情動的な活動を思う存分探究している。

動物は刺激に反応するだけの機械だという見方に、私は魅力を感じたことがない。この見解はあまりにもお粗末なので、こき下ろすにしても、どこから手をつけていいのかさえわからない。自閉症の動物学者テンプル・グランディンが語っているように、スキナー自身でさえのちに意見を変えた。グランディンは一八歳の学生のときに、スキナーと話す機会を得た。それは、私の脚に触らないでほしいとスキナー教授に注意しなければならなかったことも含めて、かなり気まずいものだったと彼女は述べている。彼女はスキナーに、脳のことがもっとよくわかったら素晴らしいのではないかと尋ねた。

スキナーは、「脳について学ぶ必要などありませんよ。オペラント条件付けがありますからね」と答えた。まったくもって呆れてしまう。何についてであれ、その知識を不要だとする科学者などいるだろうか？　知識は良いものに決まっているのではないだろうか？　むろん、持論を脅かされるようなことがなければ、だ！　多くの科学者同様、スキナーにも反証バイアスがあったのだろうか？　グランディンは、自身の自閉症の問題が脳機能に深く関連していることを考え合わせて、丁重に反対意見を述べた。もっとも、スキナーは晩年になって条件付けがすべてではないと身をもって学んだときに、ようやくそれを受け容れたと彼女は述べている。脳についての知識は有用ではないかという同様の質問に、「自分が脳卒中になって以来、そうだと考えている」[11]と彼は答えたそうだ。

神経科学は共感について、二つの基本的なメッセージを与えてくれる。一つは、人間と動物の共感には、はっきりとした境界がないということ。二つ目は、共感は体から体へと伝わるということ。ある女性の腕に針を刺すと、彼女の夫はそれを見るだけで脳の痛覚中枢が活性化する。夫の脳は、あたかも針が自分の腕に刺さったかのように反応するのだ。ミラーニューロン、模倣、情動伝染についての知見を踏まえると、共感の「身体的な伝達経路」はおそらく霊長類の歴史と同じほど古いことになるのだろうが、私は、もっとはるか昔までさかのぼるのではないかと思う。共感の起源については、前作の『共感の時代へ』をまるまる一冊使って立証しているので、ここではほんの少し例証するにとどめておく。

私は研究仲間のマシュー・キャンベルと、底に小さな穴を空けたプラスティック容器を使って実験をした。私たちのチンパンジーはその穴に片目を押し当て、容器の反対側に掲げられたｉＰｏｄでビデオを見ることを習得した。こうすると、誰が見ているのかが正確にわかるし、他のチンパンジーにそのビデオを見せないようにできる。この「覗き見ショー」の目的は、共感に関連する特有の現象である、あくびの伝染を測定することにほかならない。たとえば、最もあくびが伝染しやすい人間は、最も共感しやすくもある。そして、自閉症児のような共感能力の低い子供は、あくびがまったく伝染しない。私たちのチンパンジーは、あくびをするチンパンジーのビデオを見ると異常なほどあくびをするが、それはビデオに映ったチンパンジーを直に知っている場合だけだ。知らないチンパンジーのビデオでは効果がない。つまり、これは口が開いたり閉じたりするのを目にするだけの話ではないことがわかる。ビデオに映った個体と同一化することも必要なのだ。ところで、親密さが果たす役割は、共感についての研究では、チンパンジーではなく人間を対象にしたときにも他の動物を対象にしたときにも、例外なく知られている。私たちが他者と多くを共有し、相手への親密さを感じるほど、共感的な反応は強まる。人間を対象としたフィールドワーク（レストランや待合室などで、こっそり行なわれたもの）では、あくびの伝染は、ただの知人や見知らぬ人の間よりも、身内や近しい友人の間でのほうが、速かったし起こりやすかった。(12)

愉快な余談（ダライ・ラマとのやりとりを考えると、とりわけ面白い）として、最近のイグ・ノーベル賞に触れておく必要がある。このノーベル賞のパロディは、「まず人々を笑わせ、それから考えさせる」研究を讃えて贈られるもので、二〇一一年には、カメにおけるあくびの伝染の発見を試みた研究が受賞した。ウィーン大学の研究者たちは、口を開けたり閉じたりするよう訓練したアカアシガメを、同じ種類のカメたちに見せた。何の反応も観察されなかったので、研究者たちは、あくびの伝染は単純な反射行動ではなく、模倣と共感による動作であると結論した。カメには模倣や共感する能力が欠けているのだ。

霊長類の共感的模倣は実験の場でしか見られないと思う人がいるかもしれないが、自然発生的な実例も数多くある。私はずっと以前にこんな例を目にした。アーネムの動物園で、けがをしたオスのチンパンジーが、地面に拳を突く代わりに曲げた手首を突いて体を支え、ぎこちなく歩き回っていた。まもなく、コロニーの幼いチンパンジーはみな、この不運なオスのあとに一列に並んで、同じように手首を曲げて突いて歩きだした。また、ここヤーキーズ研究センターのフィールド・ステーションで出産を目撃したこともあり、そのときには一頭のメスと別のメスの身体的同一化が起こった。

私が観察用の窓から眺めていると、メイという名のチンパンジーの周りに、他のチンパンジーがまるで秘密の合図に引き寄せられるかのように、素早く静かに集まってきた。メイは少し脚を開いて中腰になり、赤ん坊が飛び出してきたら受け止められるように、片手を杯状にして股に差し入れた。年上のアトランタというメスが、同じような姿勢で隣に立ち、そっくりな仕草で手を自分の脚の間に差し入れた。それでは何の役にも立たないというのに。一〇分ほどして赤ん坊（健康な男の子）が出てくると、集まっていたチンパンジーたちが騒ぎだした。一頭が金切り声を上げ、抱き合う者もおり、この一件にどれだけ心を奪われていたかが窺われた。アトランタは何頭も子供を産んでいたので、メイと同一化したのだろう。彼女はメイと親しかったから、その後何週間もほとんどひっきりなしにメイにグルーミングしてやっていた。(13)

また、ウガンダにあるブドンゴの森の、障害を持つチンパンジーに関する報告もある。キャサリン・ホベイターは、両手がひどく変形し、手首が麻痺した五〇歳近いオスのティンカについて述べている。ティンカは慢性の皮膚病にもかかっており、そのためひどい不快感に悩まされていた。なにより、委縮した手では自分の体を掻くことができないのがつらかった。だがティンカは、蔓で擦るというテクニックを編み出した。これは私たちが手でタオルの両端を持って背中を拭くやり方に似ていた。ティンカはぶら下がっている蔓を足で押さえてピンと張り、頭と体を横向きに擦りつけた。奇妙なやり方だったが、しょっちゅうやっていたところを見ると、明らかに効果があったようだ。身体的に健全なチンパンジーが同じことをする理由は何もなかったが、何頭かの幼いチンパンジーがティンカを見習って同じことをするのが見られた。彼らはいつも、引っ張って伸ばした蔓に同じ目的で体を擦りつけた。他のチンパンジーの個体群ではまったく見られないので、この興味深い習慣の拡がりもまた、ミラーニューロンのなせる業《わざ》のようだ。

共感の身体的な伝達経路は意識されていないため、過小評価される傾向にある。私は政治評論家たちが、共感を社会で大きな役割を果たすだけの価値もない「はかない花」にたとえるのを聞いたことさえある。そういう人々は明らかに、何かしら狙いがあるからそんな発言をし、同時にエイブラハム・リンカーンがアメリカは同情の絆によって団結している国だと考えたことを忘れるのだ。たとえば、奴隷制度と闘うというリンカーンの決意は、他者の苦悩に対する情動的反応に負うところが大きい。鉄の鎖で数珠つなぎにされた奴隷たちの記憶は「今でも私を苦しめる」と、彼は南部の友人に書き送っている。(14) もし重大な政治的決断の動機の、少なくとも一部が共感に帰せられるのなら、その重要性を軽視していい道理はない。私は個人的には、共感と結束のない社会は住むに値しないと思っている。

もっとも、人間の共感は種の中だけにとどまらない。私たちの保護下にある動物に関する政策にまで干渉する。その一例として、ブタの去勢を巡る議論を取り上げてみよう。多くの国々で、これは麻酔なしで現在も行なわれているか、あるいは過去に行なわれていた。この問題を検討する委員会では、その慣行に反対する人たちは科学者と獣医師たちの猛烈な抵抗に遭った。痛みについて何がわかっているのか、いったいそんなものがどうしたら計測できるのか、というのだ。「ブタがどう感じているのかなど、私たちにはわからない」という、陳腐な理屈だった。次の会合に、反対派はビデオを一本持ってきた。彼らは、議論は手順に関するものなのだから現状を見るのがいちばんだと言っただけで、とくに意見は述べなかった。それから、意識のあるブタが去勢される場面を映し出した。ブタは大暴れし、何分間もキーキー鳴きわめき続けたので、しまいには部屋じゅうの男たちが真っ青になり、両手を股間にしっかりあてがって座っていた。どんな筋の立った主張にもまして、このビデオは麻酔に関する意見の流れを変えた。

これが身体的共感の威力というものだ。

ラットに助けられる

「私の隣人とは誰ですか?」と尋ねたのは、「隣人を自分のように愛しなさい」というイエス・キリストの勧めに困惑した律法の専門家だった。とても愛せそうにない人もいるので、彼はもう少し範囲を狭めてもらいたかったのだ。イエスは善きサマリア人の寓話でそれに答えた。

道の傍らに放置された瀕死の旅人は、まず祭司に無視され、次にレビ人《びと》〔祭司の下で神殿に奉仕する役目を世襲で司っていた人々〕に無視された。どちらも倫理の細部まで熟知している信仰者だった。それなのに、彼らは行程に差し支えるのを嫌い、さっさと道の向こう側を通っていった。三番目に通りかかったサマリア人だけが立ち止まり、傷に包帯をし、自分のロバに乗せて安全な所まで連れていった。そのサマリア人は、ユダヤ人（寓話は彼らに向けられたものだった）に「不浄な」者たちとして蔑《さげす》まれる階級に属していたが、それにもかかわらず、ただ一人、思いやりの心を見せた。彼は傷ついた男の苦境に心底から同情した。聖書が伝えるメッセージは、杓子定規の倫理には用心しろというものだ。そうした倫理はたいてい、他人の苦境を無視するための言い訳も提供するからだ。

ただし、この寓話に込められた教訓はまだある。その一つは、たとえ自分に似ていない人であっても、誰もが隣人であるということだ。人間と動物の共感の範囲がいかに狭いかを考えると、このメッセージは実行に移すのがさらに難しい。あくびの伝染のような単純な基準でも、見知らぬ他者との同一化は実践しづらい。チンパンジーも人間も、知らない相手よりよく知っている相手のあくびにつられやすい。たとえば他者の苦しみに対する神経の反応を計測したチューリヒ大学の研究で明らかになったように、共感には絶望的なほどのバイアスがある。被験者たちは、自分の応援するサッカークラブのサポーターと、敵対するクラブのサポーターのどちらかが、手につけた電極で痛みを与えられるのを見ていた。言うまでもなく、スイス人はサッカーとなれば真剣だ。共感は自分と同じクラブのサポーターに対してだけ引き起こされた。それどころか、敵対するクラブのファンが電気ショックを受けるのを見ると、快楽にかかわる脳領域が活性化した。(15) 隣人愛など、その程度のものなのだ。

この内集団バイアスが共感そのものと同じぐらい古くから存在することは、齧歯類の研究で明らかになった。二匹の実験用マウスを、お互いの姿を見ることができるように別々の透明なガラス管に入れ、水で薄めた酢酸を一匹に注入した（酢酸は、研究者の言葉を借りれば、軽い腹痛を起こす）。マウスは不快感を覚えたらしく、体を伸ばす動きを見せた。するとそれを見ていたほうのマウスは、まるでもう一匹の痛みを自分が受けたかのように、以前より痛みに敏感になった。ただし、憐れみに関するこの実験は、いっしょに飼われているマウスどうしでしか有効ではなかった。知らないマウスが痛みを受けても彼らは平気だった。[16]

マウスたちは「情動伝染」を見せたが、これは人間にもよく見られる。喜びや悲しみが拡がることや、自分たちが周りの人々の気分におおいに影響されることは、誰もが知っている。幸せになる最善の道は幸せな人々の間に身を置くこと、という言葉がある。普通の人は人前でスピーチするのを死ぬほど怖がるものだと言われているが、この恐れを利用して情動伝染の研究が行なわれたことがある。だしぬけに、人前で話をするよう被験者に求める。話のあと、被験者と聴衆の両方にコップに唾を吐くよう指示する。実験者たちは、その唾液から不安と結びついたホルモンであるコルチゾールを抽出することができた。その結果、話し手のストレスが聴き手に伝染することがわかった。聴き手は一語一語に耳を傾け、話し手が自信たっぷりだと自分もリラックスした気持ちになるが、話し手が自信なさそうにそわそわしていると落ち着かなくなる。前に映画『英国王のスピーチ』を例に出して論じたのと同じ身体的な伝達経路により、話し手と聴き手のホルモン・レベルが同じ傾向を見せたのだ。[17]

齧歯類の研究にはラットを使ったものもある。悪評の高い動物ではあるが、私はこの実験の結果は難なく受け容れられる。なにせ、学生時代はペットとして飼っていたのだから。それで女の子にモテるようになったわけではないが、ラットが清潔で利口で愛情深い生き物だということはよくわかった。この実験はシカゴ大学で行なわれたもので、一匹のラットが囲いの中に入れられ、そこで、もう一匹のラットが入った透明な容器に出くわす。こちらのラットは閉じ込められ、逃げ出そうともがいていた。最初のラットは二番目のラットを解放するために小さな扉の開け方を発見した。だが、それだけではない。その動機が驚くべきものだった。チョコレートのかけらが入った容器と仲間が閉じ込められた容器の、どちらかを選ばなければならない場合、ラットはしばしば、まず仲間を救出した。一方、空《から》の容器かチョコレートの入った容器かという選択の場合は、必ずチョコレートの入ったほうを先に開けた。この発見は、条件付けを絶対視するスキナー学派の考え方とはおよそかけ離れたものであり、動物の情動の力を証明している。実験者たちはラットの行動を、共感を基盤とする利他行動であると解釈し、「閉じ込められた仲間の救出は、チョコレートのかけらを手に入れることと同等の価値があった」と結論づけた(18)。

この牢破り実験は、同情として知られる、より複雑なタイプの共感にかかわるものだった。共感が援助や慰めの行動にどうつながっていくのか正確にはわからないが、少なくとも、同情には他者への志向性を必要とする。共感はただの感受性を反映していてまったく受動的な場合があるのに対して、同情は外向的だ。同情は相手の状況を改善したいという衝動と結びついた他者への気遣いの表れだ。善きサマリア人の寓話が言わんとしていることは、まさにそれに尽きる。よほどの冷血漢でもないかぎり、道端でうめき苦しんでいる人を見れば、誰にでも必ず共感は生じる。ところが、神に仕える二人の者たちは、この感覚を同情に変えるかわりに捨て去ろうとした。彼らは意識的にその源から遠ざかった。自己防衛はありふれた行為で、映画館の観客が陰惨な場面を見まいとして目を手でふさぐのもそれだ。その結果、大きな岩に腕を挟まれた男が自分の腕をポケットナイフで切断する『127時間』という映画の最も重要な場面は、実際に見た観客はほとんどいないと言われている。これとは反対に、サマリア人は他人の苦しみを直視しただけでなく、同情も示した。時間をとられたり、衣服が汚れたり、追いはぎの計略にはまったりすることを心配せず、助けを必要とする他者を優先した。

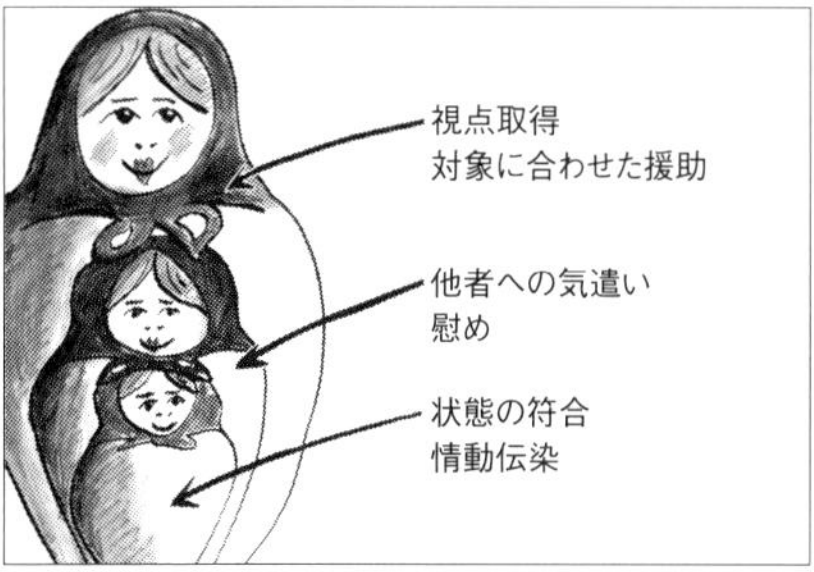

共感はロシアの入れ子細工の人形のように、多くの層から成り、その核にあるのは、他者の情動の状態とぴったり符合するという能力だ。進化によってこの核の周りに、たとえば他者への気遣いを感じたり、他者の視点を取得したりといった、より精巧な能力が加わっていった。すべての層を示す種は少ないが、核となる能力は哺乳類の発生と同じぐらい古い起源を持つ。

人間が行動しないために思いつく数多くの言い訳をテストした独創的な実験がある。実験者たちは学生たちに、キャンパス内のある建物から隣の建物に急いで行くよう指示し、途中で「遭難者」がくずおれている脇を通るよう仕組んでおいた。「遭難者」にどうしたのかと問いかけた者は、四〇パーセントにすぎなかった。あらかじめ急ぐように言われていた学生は、時間に余裕のある学生よりも助ける率がはるかに低かった。うめき声を上げる「遭難者」をまたぎ越える者さえいた。そんなことをするとは、なんと皮肉なことだろう。彼らが講義で検討するように求められていたテーマは「善きサマリア人」だったのだから。(19)

もっとも、助けるという決定の拠り所は、理性による判断だけではない。なぜなら、そうした決定の原動力はほぼ例外なく情動的だからだ。共感や同情の気持ちがなかったら、他者に援助の手を差し伸べる気になどならないだろう。純粋に理性的な熟慮にだけ基づいて、他人を助けるために川に飛び込む者などいるだろうか？　たとえば、スイスのサッカーファンの研究では、被験者は脳内で共感が活性化すればするほど、一生懸命他者の痛みを軽減しようとした。とはいえ、情動だけでも十分ではない。情動は損得勘定と結びついて、行動するかしないかを決める。そういうわけで、善きサマリア人の実験では、すべての学生が救いの手を差し伸べるというわけにはいかなかった。人間による援助は情動という駆動体と認知能力というフィルターの組み合わせによって生み出される。同じ組み合わせが他の動物でも働いている。

共感の役割を知る一つの方法は、苦しみに対する反応の観察だ。チンパンジーとボノボでは、慰めという行為が見られる状況は予測がつく。つい先ほど、攻撃を受けて命からがら逃げ出さなければならなかった一頭が、今はぽつんと座って、不機嫌そうに口を尖らせ、傷を舐めたり、気落ちした様子を見せたりしているとする。そこへ傍観していた一頭がやってきて、ハグしたり、グルーミングしたり、傷をじっくり調べたりしてくれると、元気を取り戻す。慰めは情動に満ちたものになりうる。二頭のチンパンジーが抱き合って叫び声を上げることすらあるのだ。四〇〇〇例近い観察データを丹念に調べた結果わかったのだが、慰め手はおもに友達や血縁者で、オスよりメスが多かった[20]。性差は人間にも当てはまり、人間の場合、慰めは同情的な気遣いの一形態と考えられている。それを研究する典型的な手法として、家で家族の誰かに、どこかが痛いふりか悲しいふりをして、子供がどう反応するか見てもらうという実験がある。ごく幼いときは、子供たちは類人猿と同じように、触れたり、抱き締めたりして慰める行動をとる。そして男の子より女の子の方が頻繁にそういう動作をする。

私は類人猿が人間に似ているという考え方に反対する人たちにどれだけ勧められても、人間と類人猿のこのような反応に違う専門用語を使うつもりはない。「動物は人間ではない」と声高に主張する人々（たしかにそれは真実だ）は、人間は動物だということもそれと同じく真実であることを忘れがちだ。動物の行動の複雑さを過小評価して、人間の行動にはそうしないのは、人為的に壁を作る行為だ。私自身はそうはせず、節減の法則を固守することにしている。その法則に従えば、もし二つの近縁種が類似した状況下で同じ行動をしたならば、その行動の背後にある心的プロセスも同じである可能性が高いということになる。それに代わるものとしては、二つの種が分岐してからのわずかな期間に、両方の種が同じ行動を生じさせる別々の方法を進化させたという仮定も可能だが、進化の観点に立つと、これは物事をいたずらに複雑にしているように見える。もし類人猿が仲間を慰めていたら、その動機は人間が同じことをするときとは違うことが証明できないかぎり、私は両方の種が同じ衝動に駆られているという、もっとすっきりした仮定のほうを選ぶ。

他者の視点

さらに複雑な共感の表れは「対象に合わせた援助」で、この場合の目標は、他者の苦しみへの反応ではなく、彼らの状況の理解だ。目の見えない人が道路を横断するのを手助けするときのように、私たちは他者が何を必要としているかを認識する。盲目が何を意味するのか想像し、この特定の状態に合わせた援助をすることができる。人間の実生活の場では山ほど例があるし、それはイルカやゾウ、類人猿のような、大きな脳を持つ他の種でも同じことだ。ガラス壁にぶつかって気絶した鳥をボノボが助けた話や、自然の中での生活経験がない仲間を引きずってまで毒ヘビから遠ざけたチンパンジーの話を、私はよく語ったものだ。類人猿が他者の視点に立っているように思える話はいくらでもあるが、ここで紹介するのはやめておこう。対象に合わせた援助は、ついに実験で検証されたのだから。実験は日本の京都大学霊長類研究所で実施され、チンパンジーどうしが相手のためになることを進んで行なうかどうかに関する私たちの研究を申し分なく裏付けている。

京都大学の霊長類研究所には何度か行ったことがある。チンパンジーたちは、緑豊かな低木が生い茂り、高いジャングルジムのある、広い屋外施設で暮らしている。私たちがヤーキーズでやっているのと同じように、チンパンジーたちは屋内に呼び込まれ、気が向けば実験に参加する。ただしここではチンパンジーたちは、いくつかのトンネルでできた手の込んだ構造を通り抜けなければ部屋にたどり着けない。その部屋では彼らが主役で、人間は脇役だ。チンパンジーはガラスで囲われた一室に収まり、実験をする人間たちは精巧な器具を持って周囲を歩き回る。もっとも、この実験では、器具はおよそ高度なものではなかった。山本真也は、オレンジジュースを手に入れるための二つの選択肢をチンパンジーに与えた。ステッキで容器を引き寄せられる場合と、ストローでジュースを吸える場合だ。問題は、利用できる道具が手元にないことだった。隣の隔離された場所には別のチンパンジーがいて、そこにはさまざまな道具があった。このチンパンジーは、仲間が抱える問題をひと目で見てとると、ジュースを飲むという課題をこなすのにふさわしい道具を選び出し、小さな窓から渡してやった。ところが、道具を持っているチンパンジーに隣のチンパンジーの状況が見えていない場合、彼はでために道具を選んだ。これは、相手が何を必要としているのかわからないことを示している。こうして、チンパンジーが進んで助け合うだけでなく、相手が何を必要としているかも考慮に入れていることが、この実験で実証された[21]。

類人猿は自然環境ではまったく道具を分け合わないだろうと考える人がいるといけないから言っておくと、山本の研究は、セネガルのフォンゴリから素晴らしい確証を得ている。フォンゴリでは、アメリカの霊長類学者ジル・プルエがサバンナに棲むチンパンジーの研究をしている。森林に棲むチンパンジーと違い、このコミュニティは食べ物を見つけるために厖大な距離を移動しなければならない。チンパンジーが肉を分け合うことはよく知られているが、フォンゴリのチンパンジーは、たとえばバオバブの実のような植物系の食べ物も分け合う。また、道具の分け合いが最初に報告されたのも、このコミュニティだ。たとえば、ある若いメスが枝でシロアリを捕っているとき、上位のオスが隣に座り、用意した道具を口にくわえていた。チンパンジーは木の枝を折り取り、小枝を取り払って、シロアリを釣る道具を作る。メスは使っていた道具が役に立たなくなると、オスがくわえていた道具をあっさり取り上げた。するとオスはもう一本作ってメスの隣で待機した。この枝もメスがシロアリ釣りをするためにオスの口から取った。メスが立ち去ったあと、オスはもう道具を作らず、自分でシロアリを釣ることもなかった[22]。

私たちは類人猿の能力について、飼育環境下でも自然環境下でも、いまだにほとんど知らないが、ここ数年でずいぶんわかってきた。明らかに彼らは、これまで考えられてきたほど利己的ではないし、思いやりのある行動という点では、実際のところ、並の祭司やレビ人より上かもしれないのだ。

第六章
TEN COMMANDMENTS TOO MANY

十戒、黄金律、最大幸福原理の限界

頻繁に、そしてじっくり考えれば考えるほど、常に新鮮でいっそう大きな感嘆と畏敬の念で心を満たすものが二つある。仰ぎ見る満天の星空と、内なる道徳律だ。

イマヌエル・カント(1)

火に焼き焦がされたときに、痛みを感じずにいられようか？　友に同情せずにいられようか？　これらの現象は主観的経験の範疇に入るからといって、その必要性や、結果に与える影響力が少しでも劣るだろうか？

エドワード・ウェスターマーク(2)

東京の多摩動物公園で、私は驚くべき「儀式」を目撃した。屋外にいる一五頭のチンパンジーに、建物の屋上から飼育係がマカダミアナッツを手にいっぱいつかんでは投げ与えていた。店頭で手に入るナッツのうち、唯一メスのチンパンジーが歯で割れないのがマカダミアナッツだ。このコロニーには大人のオスがいなかった（アルファオスとして長年君臨してきたジョーは数週間前に亡くなった。私は小さな献花台に花を手向けてきた）。大人のオスは顎が頑丈なので、この硬いナッツでさえ嚙み砕ける。この動物公園のチンパンジーたちは駆け回って、できるだけ多くのナッツを拾い集めて口に含んだり手足でつかんだりし、ナッツ割りの台座がある場所に向くかたちで、全員が放飼場の中の別々の場所に腰を下ろし、傍らにナッツをまとめて置いた。

それから一頭のメスが台座の所に行った。台座は大きな石で、棒状の金属製ハンマーが鎖でつないである。彼女はナッツを石の上に載せ、金属のハンマーを持ち上げては打ち下ろすと、とうとう殻が割れ、中の食べられる部分が出てきた。このメスは幼い子供を連れており、自分の骨折りの成果の一部を与えた。ナッツを割り終えると、彼女は場所を空け、次のチンパンジーがやってきて、足元にナッツを置き、同じ手順に取りかかった。飼育係によると、これは毎日の儀式で、ナッツを全部砕き終えるまで、同じ整然としたやり方で行なわれるそうだ。

この平和な光景には感動したが、見た目に欺《あざむ》かれることはなかった。規律正しい社会を目にしたときには、その裏には社会的序列がある場合が多いと思っていい。誰が最初に食べたり交尾したりできるかを決めるこの序列は、突き詰めると、暴力に根差している。もし低位のメスとその子供が、自分の番が来る前に割り場を使おうとしたら、目を覆いたくなるような展開になっていただろう。これらの類人猿は、自分の地位を心得ていただけではなく、規則を破ったらどうなるかも承知していたのだ。社会的序列は強力な抑制システムであり、それが、やはりそのようなシステムである人間の道徳性への道をつけたことには疑問の余地がない。

衝動の制御がカギなのだ。

捉え所のない「好き勝手」

あるフランス人女性が性的暴行で「ＤＳＫ（著名な政治家ドミニク・ストロス＝カーン）」を告発したとき、彼が「欲情したチンパンジー」のように振る舞ったと、つい言ってしまった。(3) 私たちは、人間が衝動を抑えきれなくなった途端、動物になぞらえる必要性を感じるのだ。だが、彼女の発言は恐ろしい侮辱だった……チンパンジーに対して!

学究の世界でも、動物たちは手に負えないという一般的なイメージは避けられない。これは道徳の進化に関して重大な意味を持っている。なぜなら道徳性の対極は、ただ「欲求に任せて」行動することであり、その根底には、私たちの欲求は良からぬものであるという思い込みが潜んでいるからだ。倫理を自然科学の立場から捉える哲学者のフィリップ・キッチャーは、他の面では卓越した人物なのだが、そのときどきに襲われた衝動の言いなりになる生き物という意味で、チンパンジーに「wanton(好き勝手)」というレッテルを貼った。「wanton」という言葉には通例、悪意と好色さも結びついているが、彼の定義にはそうした意味は含まれていない。彼は行動がどんな結果をもたらすかを気にしない点に焦点を当てているからだ。とはいえ、それが伝えるメッセージは先ほどのフランス人女性の場合と同じで、動物は一部の見下げ果てた人間と同様、情動をいっさい制御できないというものだ。キッチャーはさらに推測を進め、私たちは進化の一過程でその「好き勝手」を克服し、それによって人間となったとしている。この過程は、「特定の形態の行動をとった場合には厄介な結果につながりかねないという認識から始まった」という。(4)

キッチャーは、ネズミを見つけた猫は必ずやみくもにあとを追うと言うつもりだったのか? 猫は狩りの衝動に従う以外にないのか? それならなぜ、猫は耳たぶをぴたりと頭につけてこっそり歩いていき、ゴミ容器の陰に隠れ、狙いをつけた獲物にゆっくりと、ほんの少しずつ忍び寄るのか? なぜネズミに見られていないときにだけ、こそこそと進むようなことをして、貴重な時間を浪費するのか? 早まって跳びかかるよりも、タイミングを見計らったほうがいいことに気づいているという可能性はないか？　私はよく、哲学者にペットを飼うように勧めたくなる。結果を学習すると、行動は大きく変わるものだ。

多摩動物公園のチンパンジーたちも、衝動と行動の間に確固たる障壁があることを実証してくれた。みな、すぐにでもナッツを割りたいのは明らかだが、彼らは思いとどまっていた。あるいは、善意の若いメスのチンパンジーに赤ん坊を奪われた母親のことを想像するといい。母親は懇願するように哀れっぽく鳴きながらあとをついていき、誘拐者からわが子を取り戻そうとするが、相手は逃げ回る。母親は全力を挙げて追跡したいのはやまやまだが、若いチンパンジーが樹上に逃げて大切な赤ん坊を危険にさらすといけないので、我慢する。落ち着きを保ち、取り乱してはならない。だが、いったん赤ん坊が無事戻って自分の腹にしがみつくと、状況は一変する。それまでのいらだちを爆発させ、猛烈に吠え、叫び、若いメスを延々と追い回すのを、私は見たことがある。また、こんなこともある。他のチンパンジーの目の前では交尾することが許されていない若いオスが、性的に魅力のあるメスのそばにこっそりと座り、相手にだけ見えるようにそっと合図し、股を開いて勃起したペニスを見せて手招きしたりする。そして、静かな場所へついてくるように誘う。あるとき、若いオスは年長のオスが姿を見せた途端、両手を降ろしてペニスを覆い、あわてて自分の意図を隠した。

上位のチンパンジーたちも、衝動を制御することで利益が得られる。たとえば、アルファオスに年下のオスがあからさまに挑み、相手の方に石を投げたり、すぐそばで全身の毛を逆立て、堂々たる突進ディスプレイを行なったりする。相手の度胸を測っているのだ。経験豊富なアルファなら、眼中にないというふうに涼しい顔をしておいて、そのあとゆっくり順番に味方の毛づくろいをしてから、いずれその日のうちに反撃に出る。そのときには、若者は数で圧倒され、短慮を悔いる羽目になる。

オスのチンパンジーがどれほど行動を抑制されているかを私が思い知らされたのは、あるフィールドワーカーの言葉を聞いたときだった。彼はずっと気づかなかったのだが、オスのチンパンジーは互いの骨を折ることができるというのだ。私もそんなことは考えたためしがなかったが、マカダミアナッツを噛み砕ける（一平方センチメートル当たり二〇キログラム余りの圧力が必要とされる）動物なのだから、もっともな話だ。森の中で異なるコミュニティのメンバーどうしの出会いを何百件も記録してきたクリストフ・ベッシュは、チンパンジーのオスが、見ず知らずのチンパンジーの脚をつかんで噛みつくと、骨が砕ける音が現に聞こえることに気づいた。[5] 親しいチンパンジーどうしなら、どれほど激しい喧嘩をしているように見えても、相手の骨を噛み砕くところなど、私自身は見たことがない。つまり、ほとんどの場合、少なくとも群れの中では、オスのチンパンジーは凶暴な能力を抑制しているということだ。

本能的な反応システムに情動的な反応システムが優先することのどこが素晴らしいかと言えば、それは、どのような行動をとるかが厳密に定まっていない点だ。「本能」という言葉は、特定の状況では特定の行動をとるように動物（あるいは人間）に命じる遺伝的なプログラムを意味する。一方、情動は状況の評価と選択肢の比較検討に即して内的な変化を生み出す。人間や他の霊長類に厳密な意味で本能があるかどうかは不明だが、情動があることには疑問の余地がない。ドイツの専門家クラウス・シェレルは、情動を「その時点でその生物にとって最も重要なことに基づいて入力と出力の間を取り持つ、知的なインターフェイス」と呼んでいる。[6]

情動を知的としているので、これは直感に反するように思えるかもしれないが、情動と認知能力の区別そのものが議論の的になっていることを念頭に置いてほしい。情動と認知能力は分かち難く絡み合っている。そのうえ、両者の相互作用は、人間とその他の霊長類で、おそらく酷似している。情動の調節を助ける前頭前皮質は、私たち人間という種では際立って大きいと思われることが多いものの、それは時代遅れの見方だ。人間の大脳皮質には、脳の全ニューロンの一九パーセントが含まれているのだが、これは典型的な哺乳動物ならみな同じだ。そのため、私たちの脳は「線形にスケールアップした霊長類の脳」と呼ばれてきた。全体として大きいかもしれないが、さまざまな部分の間の関係には何ら特殊な点はない。[7]

小さな子供が一人でテーブルに向かい、マシュマロを食べないように必死で我慢している様子が映った爆笑物の動画を観たことはあるだろうか？　子供たちは、こっそり舐めたり、ほんの少し噛みちぎって食べたり、誘惑を避けるために反対方向を眺めたりする。これは、衝動制御を調べる明白そのものの実験だ。子供たちは、もしそのマシュマロに手をつけなければ、もう一つもらえる約束になっている。そのような「欲求充足の遅延」は、近縁の霊長類でも実験が行なわれている。たとえば、サルはあとでもっと大きなものがもらえるのがわかっていれば、バナナの小片を食べずに我慢する。また、チンパンジーは三〇秒ごとに器に落ちてくるキャンディを辛抱強く見つめている。いつ器を手に取って、中身を口に入れてもいいのだが、いったん器を取るとキャンディはもう落ちてこなくなる。待てば待つほど多くのキャンディが手に入る。類人猿は人間の子供と同じぐらい我慢ができ、最長で一八分、欲求の充足を先延ばしする。キャンディを落とす機械から気を逸《そ》らすためのおもちゃがあれば、もっと待てる。類人猿は人間の子供と同じで、誘惑とうまく闘うために気を散らすものを探す。これは、彼らが自分の欲望に気づいていて、意図的にそれを抑えようとしているということなのだろうか？　もしそうなら、自由意志にかなり近づいているように思える。(8)

キッチャーの「好き勝手」が架空の種であるのは明らかだ。霊長類は、情動とその抑制の両方に基づく集団生活についての素晴らしい洞察を与えてくれる。彼らは社会の中にしっかり取り込まれているので、社会が彼らの行動に課す制限を守り、あえて波風を立てるのは、罰を免《まぬが》れうるときや、危険を冒すだけの価値があるほど切羽詰まっているときに限られる。普段は多摩動物公園のチンパンジーのように、順番が来るのを待ち、衝動を制御する。高度に発達した序列を持ち、社会的な抑制が第二の天性だった祖先の長い系譜に、私たちは連なっている。人間がこの歴史の恩恵にたっぷり与《あずか》っていることが信じられず、証拠が欲しい人がいたら、私たちが道徳規範にどれほど権威を付与しているかを考えさえすればいい。神が山上で規則を授けてくれたと言うときのように、社会における権威は、アルファオスの超越版さながらの、人格を備えた存在の場合もある。また、論理的思考力の権威を信じ込み、特定の規則が強大な論理的説得力を持つので、それに従わないのは馬鹿げていると主張することもある。道徳律に対する人間の崇敬の念からは、上なる者たちと良好な関係を保つことを好む種の考え方が透けて見えてくる。

規則違反を犯したあと、私たちがどう反応するかを見れば、それが歴然とする。私たちはうつむき、他人の視線を避け、肩を落とし、膝を曲げ、体が全体的に縮んで見える。口元の締りがなくなり、眉根を寄せ、敵意をまったく感じさせない表情になる。恥ずかしさを覚え、手で顔を隠したり、消え入りたくなったりする。人目を憚《はばか》りたいというこの願望は、服従のディスプレイを思い起こさせる。チンパンジーはリーダーの前で這いつくばり、姿勢を低くすることで見上げるかたちをとったり、尻を向けて敵意がないことを示したりする。一方、上位のチンパンジーは実際より体を大きく見せ、走って、あるいは歩いて、下位のチンパンジーを踏み越えていく。下位のチンパンジーは縮こまって胎児姿勢をとる。人間の文化で恥を研究してきた人類学者のダニエル・フェスラーは、私たちが恥を感じたときに体を縮めるという普遍的な姿勢を、腹を立てた上位者に対峙したときに下位者が普遍的に示す、体を縮める姿勢と比較している。恥は、自分が他者を怒らせてしまい、なだめる必要があるという認識を反映している。どのような自意識の感情がそれに伴うにせよ、そうした感情は、それよりはるかに古い序列のテンプレートにはかなわない。

ダーウィンがすでに指摘しているように、唯一人間に独特の表情は赤面だ。他の類人猿が一瞬にして顔を赤らめるという例を、私は一つとして知らない。赤面は進化上の謎で、人間は他者を利己的に利用することしかできないと信じている人にとっては、とりわけ理解し難いに違いない。もし彼らの信じるとおりなら、頬や首筋に血液が本人の意思とは無関係にどっと流れ込むようなことがないほうがいいのではない

毛を逆立てた上位のチンパンジーが、大きな石を手に、二足歩行をしている。彼のほうがライバルよりも大きく見える。ライバルは、「ホッホッホッホッホッ」というパント・グラントを上げながら相手を避けている。服従の表れだ。とはいえ、けっきょくこれは儀式にすぎない。実際にはこの2頭のオスは、体重も体長もほぼ同じだからだ。

か？　頬や首筋の肌が赤く染まれば、見逃しようがないのだから。他者を操るように生まれついたのなら、そのようなシグナルを発するのは、まったく筋が通らない。赤面の効用として私が思いつくのは、自分の行動が他者にどう影響するかに気づいている事実を他者に伝えることぐらいだ。これは信頼を育む。私たちは、恥や罪悪感の気配すら見せない人よりも、表情から情動が読みとれる人を好む。私たちが、規則を破ったことにまつわる心痛を伝える正直なシグナルを進化させた事実は、人間という種について重大なことを物語っている。

赤面は、私たちに道徳性を与えたのと同じ進化のパッケージの一部なのだ。

一対一の道徳

道徳とは、仲間の人間を手助けする、あるいは少なくとも害さないということにかかわる規則の体系だ。この体系は、他者の幸福をもたらすための取り組みであり、個人よりもコミュニティを優先するものだ。私利を否定するわけではないが、協力的な社会の実現を促すために私利の追及を制限する。

この実際的な定義のおかげで道徳は、ものを食べるときにナイフとフォークを使うか、箸を使うか、手を使うかといった慣習や習慣と区別できる。少なくとも私が現在所属する文化では、手を使って食べると非難されるかもしれないが、その非難は道徳的な性質のものではない。幼い子供でさえ、エチケット（たとえば、男の子は男子トイレに、女の子は女子トイレに行くこと）と道徳規範（たとえば、他人のポニーテールを引っ張ってはいけないこと）を区別できる。助けたり、害をなさなかったりすることに関係した規則は、ただのしきたりよりもずっと真剣に受け止められる。幼児でさえ、道徳規範を普遍的なものとして捉えている。誰もが同じトイレに行く文化を想像できるかどうか訊かれると、できると答えるが、いわれもなく他人を害してもまったくかまわない文化があるだろうかと訊かれれば、ありえないと答える。哲学者のジェシー・プリンツが説明しているとおり、「道徳規範は情動に直接根ざしている。他人を殴ることを考えると、嫌な気分になり、その気持ちをあっさり消し去ることはできない」[9]。道徳的な理解力は驚くほど幼いうちに発達する。一歳に満たない赤ん坊も、人形劇を見せると善い登場人物を好む。別の人形と仲良くボールを転がし合う人形を、ボールを盗み取って逃げていってしまう人形よりも好ましく感じるのだ。

共感は決定的に重要だ。子供は幼いころに、兄弟を叩いたり嚙んだりすると、相手が悲鳴を上げ、さまざまな好ましからざる結果につながることを学ぶ。長じて精神病質者となるほんのひと握りの子供（その子供時代は、動物虐待、過度の暴力、自責の念の欠如を特徴とする）を除けば、大多数の子供は兄弟が泣いている光景を楽しんだりしない。それに、兄弟を害すれば、楽しい遊びもゲームも唐突に終わりを迎える。いつも殴りかかってくるような相手と遊びたがる子供はいない。そしてけっきょく、腹を立てた親か教師がその場に現れ、叩いた子供を叱り飛ばしたり、泣いている被害者を指差して加害者に罪悪感を味わわせたりする可能性が高い。こうした成り行きのどれもがもたらす情動のせいで、子供は遊び仲間を害することを思いとどまる。共感は、他者の気持ちを真剣に受け止めることを子供たちに教える。

もっとも、私たちが幼いうちにそうした能力を発達させることに驚いてはいけない。人間は本来、善ではない、だから子供たちが善良になるように一生懸命教え込まなければならないと信じられていたのは、ベニヤ説が横行していたからにすぎない。かつて、子供は利己的な怪物であり、教師や親から学ぶことで、その生まれつきの性向に反して道徳的になると思われていた。気乗り薄の道徳家と見なされていた。私の見方はそれとは正反対だ。子供は生まれながらの道徳家で、生物学的な性質におおいに助けられている。私たち人間は自動的に他者に注意を払い、惹きつけられ、その立場を自分のものとする。霊長類はみなそうなのだが、私たちも他者に情動的な影響を受ける。いや、これは霊長類に限ったことではない。大きな犬が小さな犬と遊んでいて、小さな犬が悲鳴を上げるとすぐに大きな犬が嚙むのをやめるのは、同じ理由から、つまり他者を害することに嫌悪を覚えるからだ。

犬は人間よりも序列がはっきりしているから、結果を恐れる理由もその分多い。コンラート・ローレンツが飼っていたブリーという犬は、規則違反に激しく反応したというが、その理由もこれで説明がつくかもしれない。ブリーは別の犬と喧嘩をしていたときに、二頭を引き離そうとしたこの有名な動物行動学者の手を図らずも嚙んでしまった。ローレンツは叱らずに、すぐ、大丈夫だと安心させようとしたが、ブリーは神経がすっかり参ってしまった。数日間、ろくに身動きもままならず、餌にも興味を示さなかった。浅い息をしながら敷物の上に横たわり、ときおり、苦悩する心の奥底から湧き上がってくる溜め息をつくのだった。まるで致命的な病気に侵されたかのようだった。ブリーは何週間も沈み込んでいたので、ローレンツはこの犬には「道義心」があるのではないかと思ったほどだ。それまでブリーが人を嚙んだことは一度もなかったから、以前の経験を頼りにして自分が何か悪いことをしたと判断できるはずがない。上位者に害を及ぼすという自然界のタブーを犯したのかもしれない。それは、群れからの追放など、想像できるかぎり最悪の結果をもたらしうる。(10)

私は学生のころ、アルファオスがいる状況といない状況の両方で、マカクの群れの行動を継続的に観察した。アルファオスが背を向けると、たちまち他のオスたちがメスに接近し始めた。普通なら、そのような行動は厄介な結果を招く。私はこの原理を試してみた。アルファオスが透明な箱の中から見守っているかぎり、低位のオスたちはメスに近づこうとしなかったが、アルファオスを連れ去ると、途端にそのような自制はどこかへ行ってしまった。自由に交尾できると思ったらしい。彼らは上位のオスたちがよくやるように、飛び跳ねるディスプレイを見せ、尾を高々と掲げて歩き回った。ところが、アルファオスが戻ってくると、急にひどくそわそわし、思いきり歯を剝き出しにして服従の笑顔を見せ、挨拶した。善からぬことをやらかしたのを承知しているようだった(11)。

鬼のいぬ間に……という状況を眺めるのはいつも面白い。当事者の頭の中では、鬼はけっして遠くへは行っていないからだ。あるアカゲザルの群れでは、長年アルファオスの座にあるミスター・スピクルズは、繁殖期に五、六頭の落ち着きのないオスたちを監視するのにうんざりすることがあった。あるいは、単に老骨を屋内で温めたいだけだったたかもしれない。いずれにしても、ときおり三〇分ほど姿を消すので、他のサルたちは交尾する時間がたっぷりあった。アルファに次ぐベータの地位にあるオスは、メスにとても人気があったが、ミスター・スピクルズのことが気になってしかたないので、思わず戸口に歩み寄って隙間から中を窺う。ミスター・スピクルズがその場にとどまっているのを確かめたかったのかもしれない。アカゲザルのオスは、交尾のためには何度かメスにマウンティングしないと射精しないので、この若いベータオスは交尾を終えるまで、パートナーと戸口の間を大急ぎで一〇回余り往復するのだった。

社会規範は上位者がいれば従い、いなければ忘れ去るというだけのものではない。もしそれほど単純であれば、下位のオスはしきりにアルファオスの様子を窺ったり、まんまと交尾をしたあとでやたらと従順になったりする必要はないはずだ。彼らは規則をある程度まで自分の中に取り込んでいる。あるとき、アーネムのチンパンジーのコロニーでアルファオスのイェルーンをベータオスのレウトが初めて力で圧倒したあとで、もっと複雑なかたちでそれが表れた。翌朝、島型の放飼場に放されたコロニーは、衝撃的な証拠に気づくことになった。

ママはイェルーンの傷を見つけると、フーティングしながら四方八方を見回し始めた。するとイェルーンはたがが外れたように金切り声を上げだしたので、他のチンパンジーたちがみな、どうしたのかと集まってきた。彼らがイェルーンの周りにひしめいてフーティングしていると、「犯人」のレウトも金切り声を上げ始め、こちらのメスからあちらのメスへと、そわそわした様子で次々に駆け寄っては抱き締め、尻を向けて彼女たちの怒りを和らげようとした。その日レウトはそれからかなりの時間をかけてイェルーンの傷をあらため、舐めてきれいにしてやった。イェルーンの体には、レウトの強力な犬歯が残した深い切り傷が片足に一か所と、それ以外にも脇腹に二か所の傷があった。(12)

レウトの状況は犬のブリーの状況に似ている。レウトはアルファオスに噛みつくことで、序列の束縛を断ったのだ。なんと恐ろしいことを、というメッセージを群れの反応は伝えているようで、レウトはできうるかぎりの償いをした。もっとも、イェルーンに取ってかわる戦略は捨てず、その後の数週間、圧力をかけ続け、ついにイェルーンをボスの座から退かせた。レウトが歳をとったアルファオスの傷の手当てをしたからといって、驚いてはいけない。それはチンパンジーの通常の関係の一部だからだ。だが、そのような行動はボノボの間でもっとよく見られる。敵対者が再会したときに、攻撃を加えた側が、自分が嚙みついた相手の足をためらうこともなく手に取ったり、傷つけた腕に手を伸ばしたりするのを私は見たことがある。これは、喧嘩をはっきり記憶しているだけでなく、後悔してもいることを示唆している。ボノボが嚙みつくのはじつに珍しいから、その結果を気遣い、自分の乱暴な行動のせいで流れた血を一滴残らず舐めるのは不思議ではない。

こういう場合、共感がそれなりの役割を果たしたのだろうし、イェルーンの負傷に対するレウトの反応についても同じだ。チンパンジーの基準からすれば表面的な傷にすぎなかったが、イェルーンが嚙まれて傷を負ったのは、ずいぶん久しぶりだった。一般に、霊長類は仲たがいや争いがあっても、一生懸命、良好な関係を保とうとする。痛みや苦しみの持つ有害な影響を十分承知していることは、遊びからも窺われる。歳の離れた子供たちが遊んでいると、幼い子供にとっては荒っぽくなりすぎて、脚をねじられたり、強く嚙まれたりすることがある。そんなとき母親は、わが子が苦しんでいるのをわずかでも見てとると、その遊びをやめさせる。普通、遊びは静かなもので、人間の笑いに似た、かすれた、喘《あえ》ぐような笑い声が聞こえるぐらいだ。取っ組み合いを何百回も記録してわかったのだが、子供は幼い遊び相手の母親が見守っているときにはことさらよく笑う。同じ子供と二頭だけでいるときよりも、母親がいるときのほうがよく笑うのだ。まるで、「ほら、僕たちはこんなに楽しんでいるんだ！」と、母親を安心させようとしているかのように。[13]

ようするに、霊長類と子供が生きる拠り所にしている社会規範は、二つの強化因子に支えられているのだ。一方は内部に、もう一方は外部に由来する。前者は共感と、良好な関係を求める願望で、これが無用の苦しみの回避につながる。後者は、上位者が下す罰のような、身体的な結果という脅威だ。時を経るうちに、これら二つの強化因子が内在化したガイドラインを生み出す。これを私は「一対一の道徳」と呼ぶことにする。この種の道徳のおかげで、オスとメス、大人と子供といった、能力や力が異なる個体が結びつき、双方にとって好ましい生き方が可能になり、うまくやっていけるようになる。たとえばライバルどうしが地位を巡って競うときのように、このガイドラインが保留となる場合もあるが、一般に、霊長類は平和共存を目指して一生懸命努力する。社会規範に従う能力あるいは意思がない個体は、のけ者にされる。進化の観点に立つと、この過程全体にとって究極の原動力は融合願望だ。なぜならその反対（孤立あるいは排斥）は、個体が生き延びる可能性を大幅に減じるからだ。

バーバラ・スマッツは一九八五年の著書『ヒヒのセックスと友情（*Sex and Friendship in Baboons*）』で、他に先駆けて「友情」という言葉を動物に使い、おおいに物議を醸《かも》した。あまりに擬人化が過ぎると考える人もいた。だが、動物どうしの絆についての知識が深まるにつれ、懐疑的な見方は消えていき、この言葉は普通に使われるようになった。たとえばウガンダのキバレの森に棲む二頭の年老いたオスのチンパンジーは、たいていいっしょに移動したり狩りをしたりし、肉を分け合い、鬱蒼《うっそう》と茂る木々の葉で相手の姿が見えなくなったときには、必ず声をかけ合って互いの所在を把握し続けた。また、第三者と喧嘩になったときには、支援し合った。こうしてこの二頭は、血縁もないのに、信頼の置けるパートナーどうしの関係を長年にわたって保った。何年もこの二頭を追った霊長類学者のジョン・ミタニによれば、一頭が死ぬと、もう一頭は急に社交性を失い、自ら孤立し、喪に服しているようだったという。このような関係は数多く記録されており、DNA分析を行なえば、多くの場合、血のつながりがないという主張が裏付けられる。したがって、「友情」という表現は誇張ではなく、ゾウやイルカなど、他の動物の絆にも使われる。ボノボを対象とするフィールドワークからは、友情関係を持っているメスのほうがそうでないメスよりも長生きし、より多くの子供を育てることがわかっている。つまり、進化の視点からは、緊密な関係を重んじるに足る素晴らしい根拠があるわけだ。[14]

みなと良好な関係を保つという社会規範には、誰が誰と交尾できるか、赤ん坊とはどのように遊ぶか、誰に従うか、どういう状況で他者の食べ物を自分のものにし、どういう状況で順番を待つか、といったことが含まれる。チンパンジーもボノボも各自の所有権を尊重するので、アルファオスでさえ食べ物を乞わざるをえない場合もある。上位の者が下位の者の食べ物を力ずくで奪うことは稀で、この規範に違反した者は激しい抵抗を受ける。第三章でボノボのコミュニティがヴォルカーを攻撃した事件を紹介したが、この一件は、野生のボノボが規則の違反者をどう扱うかをよく示している。同様の例は枚挙に暇がない。私が自分の観察窓からチンパンジーのコロニーを見下ろしていたときに、次のようなことがあった。あるとき、先代のアルファオスのジモが、勝手に交尾したと思われる年下のオスを罰した。普通なら犯人を追い払うだけなのだが、どういうわけか相手を全力で追いかけ、少しも許す気配がなかった（その日、同じメスに交尾を拒否されていたからかもしれない）。若いオスは恐れるあまり、下痢を起こし、穏やかに収まりそうな気配はなかった。だが、ジモが手を出す間もないうちに、メスたちが大声で「ウォアオウ」と叫びだして抗議した。アルファメスも加わると、それは耳をつんざくような大合唱になった。抗議がクライマックスに達すると、ジモははにかんだような笑みを浮かべて攻撃をやめた。メスたちのメッセージを了解したのだ。

私は世論が作用している現場を目撃した気がした。

「である」と「べきである」の境目

社会規範のどこに魅了されるかと言えば、それはそれが文字どおり規範的である点だ。社会規範には強制力がある。つまり、単に動物がどう振る舞うかではなく、どう振る舞うことが見込まれているかという話だ。煎じ詰めれば、「である」と「べきである」の区別ということになる。これは文法にまつわる一風変わった余談のように思えるかもしれないが、この「である」と「べきである」の区別はたまたま、哲学者にとって主要なテーマとなっている。実際、この区別にかかわらずには道徳性の起源は論じられない。「である」が物事の状態（社会的傾向、心的能力、神経系のプロセス）について述べているのに対して、「べきである」は、物事はどうあることが望まれているかや、私たちがどう振る舞うものとされているかについて述べている。「である」は事実にかかわり、「べきである」は価値観にかかわる。規範に即して生きている動物は、「である」から「べきである」への移行を遂げたのだ。しかも、こう付け加えておいてもいいだろう。彼らは、その移行を巡って厖大な量の議論が学究の世界で戦わされることになるとは夢にも知らないで、それを成し遂げたのだ、と。

「である」と「べきである」の区別を私たちに与えてくれたスコットランドの哲学者デイヴィッド・

ヒュームは、三世紀近く前に、両者が同じだと思い込んだりしないように注意すべきだと述べ、厳然たる事実から、自分が目指す価値へと議論を展開するには、それなりの「根拠を提示するべきである」と言い足した。(15) つまり、道徳性は人間の本性の単なる反映ではないということだ。自動車の説明を受けただけでは交通規則を推測するのは不可能なのとちょうど同じで、私たちが誰でどんな人間かを知っただけでは、道徳規範を推測することはできない。ヒュームの論旨は妥当だが、のちの哲学者たちによる誇張からはほど遠い。彼らは慎重さを求めるヒュームの訴えを「ヒュームのギロチン」に変え、「である」と「べきである」の間には埋めようのない隔たりがあると主張した。そして彼らはこのギロチンを使いまくり、進化の論理や神経科学を人間の道徳性に当てはめようとする試みは、最も慎重なものさえ含め、そのいっさいを葬り去った。科学は道徳性をどう説明するかは教えようがないと彼らは言った。それはそのとおりだが、科学は特定の結果が他の結果よりも好まれるかもしれない理由と、ひいては道徳性が現在のようなかたちで存在している理由を説明するうえではおおいに役に立つ。一つには、守るのが不可能な道徳規範を立案しても意味がない。速度の遅い自動車を飛び越えるように命じるような、自動車には従いようのない交通規則を定めても意味がないのと同じだ（哲学者の間では、これは『べきである』は『そうありうる』ことを意味する」論法として知られている）。道徳性はそれが意図されている種に適合している必要がある。

「である」と「べきである」は、道徳の「陰」と「陽」のようなものだ。私たちにはその両方があり、その両方が必要で、両者は同じではないが、完全に別個でもない。互いに補い合うのだ。ヒューム自身は、人間の本性がどれだけ重要かを強調することで、自分の名にちなんで名付けられた「ギロチン」

を無視し、道徳性を情動の産物と見なした。共感（彼はそれを「同情」と呼んでいる）は、彼のリストの筆頭にあった。彼は共感には途方もない道徳的価値があると考えた。彼にしてみれば、この見解には少しも矛盾はなかった。なぜなら彼は、私たちがどのような存在であるかから、私たちがどう振る舞うべきであるかへ進むにあたっては、慎重になるよう促しただけだったからだ。そうした移行が禁じられているなどとは、ひと言も言っていない。たいていの哲学者は概念のレベルにとどまりたがるが、それに比べると、「である」と「べきである」の間の緊張は実生活でははるかに不明瞭に感じられることも心に留めておくべきだろう。彼らは、理屈で考えて「である」のレベルから「べきである」のレベルに進むことはできないと感じており、それは正しいのだが、道徳性は合理的に構築されている、あるいは構築される必要があるなどという決まりは、ありはしない。ヒュームが考えたように、情動的な価値観に根差しているとしたらどうだろう？

　価値観は、私たちの在り方に組み込まれている。生物学は道徳の方程式における「である」の側に完全に属すると考えられることがあるが、どの生物もさまざまな目標を追う。生存も一つの目標だし、生殖もしかりだが、競争相手たちを縄張りから排除したり、極端な気温を避けたりといった、もっと緊急の目標もある。動物たちは餌を食べたり、捕食者から逃れたり、交尾相手を見つけたりといったことを「するべき」だ。満腹になるのは、どう見ても道徳的な価値観とは無縁だが、社会的な領域に入ると、区別は難しくなる。社会的な動物は仲良くやっていく「べき」だ。人間の道徳性は、他者に対して敏感になることや、集団生活の恩恵に与るためには妥協をし、他者を思いやる必要があることに気づくことから発達した。

あらゆる動物にそうした気遣いがあるわけではない。ピラニアやサメは、報復を受ける危険さえなければ平気で他者を害するから、仮に人間並みに利口になったとしても、社会規範を獲得することは絶対ありえない。情動の面で、私たちは根本的に違う。助けることと害さないことを私たちが特別視する理由も、それで説明できる。この価値観は、外部から、あるいは論理を通して人間に働きかけるのではなく、私たちの脳幹に深く埋め込まれているのだ。パトリシア・チャーチランドは著書『脳がつくる倫理』の中で、「である」と「べきである」の考え方に沿って、道徳性を持つ傾向を私たちが進化によってあらかじめ与えられたことを説明している。

生物学的見地に立てば、基本的情動というものは、私たちが賢明にもすべきことをするように方向づけるための、母なる自然ならではの手法だ。社会的情動は、社会的にするべきことを私たちにさせるための手段であり、賞罰のシステムは、そのどちらの領域でも、過去の経験を活用して私たちの遂行能力を向上させるための手段なのだ。[16]

「私たちがどういう存在であるか」と「私たちがどういう存在であるべきか」との緊張関係は、じつに興味をそそる議論につながる。たとえば私は、あるブロガーと議論になった。そのブロガーは、利他的衝動が生まれつき備わっている人は、そういう衝動を持たないのにもかかわらず利他行動を見せる人ほどは尊敬に値しないと言うのだ。道徳哲学者のうちでも屈指の影響力を持つイマヌエル・カントもそう考えていた。彼は人間の親切心にはほとんど何の価値も見出さなかった。ディック・チェイニー前副大統領が省エネルギーに何の価値も見出さなかったのと同じだ。「道徳にかなった」ことではあるが何のためにもならないとしてチェイニーが省エネルギーを嘲ったのに対して、カントは思いやりは「美しい」としながらも、道徳的には何の役にも立たないと述べた。義務がすべてであるならば、優しい気持ちなど、誰が必要とするだろう？

別のブロガーはこれとは対照的に、何をするのが正しいかという計算に基づいてのみ他者を助ける人よりも、助けたいという衝動が自然に湧く人のほうを好んだ。つまり、義務感に由来する利他行動よりも、自然と感じる思いやりのほうが上としたのだ。これは興味深いジレンマではないか。自分を愛してくれる人と結婚したいか、支えてくれるという点ではまったく同じだけれど、それはそうするのが義務だと感じているがゆえという人と結婚したいかという疑問にも匹敵する。後者のほうが一生懸命努力しているのは間違いないし、多大な称讃に値するが、私なら前者と結婚したい。私は救いようのないほどロマンティックなのかもしれないけれど、義務感からは揺るぎない献身は期待していない。同様に、道徳性は、正真正銘の向社会的感情を原動力とするときのほうが、はるかに信頼性が高い。

この世の地獄

道徳性の第二の原動力は、序列を重んじる私たちの本性と、懲罰を恐れる気持ちだ。これは昔ながらのテーマで、神なしには道徳はありえないと主張する人にとっては、なおさらそうだ。私たちはそういう人の暗澹《あんたん》たる見立てに同意する必要はないが、権威と社会的圧力の果たす役割は否定のしようがない。幼いときに役割を果たす向社会的傾向とは対照的に、規則の適用はかなりあとになって現れる。序列が厳格なことで知られているアカゲザルでさえ、幼い者たちには信じられないほど寛容だ。私は一九八〇年代に実験を行ない、アカゲザルの大きな群れに何時間か水を与えないでおいてから、水飲み用の器を満たしてやった。大人たちは全員、序列の順に飲みにきた。多摩動物公園でのナッツ割りの光景と似ていなくもないが、一歳未満の赤ん坊たちは、いつでも好きなときにやってきた。上位のオスたちといっしょに飲んだり、最上位の長老格のメスの一家と自由に交ざり合ったりした。罰が与えられるのは二年目からで、子供たちはたちまち自分の序列を学んだ。

類人猿はサル類よりも発達が遅いので、生まれてからの四年間はほとんど罰せられずに済む。上位のオスの背中をトランポリン代わりにしたり、他者の手の中から食べ物をつかみ取ったり、年上の子供を思いきり叩いたりと、何をやっても許される。母親さえ正そうとしない。子供の注意を他に向けるというのが母親の主要戦略だ。機嫌の悪い大人に赤ん坊が這い寄っていこうとしたり、遊び仲間と喧嘩を始めそうだったりしたら、母親はその子をくすぐったり、よそへ導いたり、抱き上げて乳をやったりする。子供が初めて拒絶されたり罰せられたりしたときに受ける衝撃の大きさは想像がつくだろう。いちばん劇的な罰が下されるのは、性的に魅力のあるメスに若いオスが近づき過ぎたときだ。それまでは、そうしたメスのそばにいることも許されていたし、たとえ交尾の真似事をしてもお咎《とが》めなしだった。だがいずれ、大人のオスの間に漂う競争的な雰囲気が、若いオスに対する咄嗟《とっさ》の攻撃としてかたちをとることは避けられない。オスの一頭が全身の毛を逆立て、自分が狙われているとは夢にも思っていない若いドン・ファンに襲いかかり、足先をくわえて乱暴にあちらへ、こちらへと投げ飛ばし、痛めつける。若いオスたちは、一、二度痛い目に遭えば序列をわきまえ、それ以後は大人のオスが視線を投げるか一歩踏み出すかしただけで、メスからあわてて離れるようになる。

こうして若者たちは、自分の性衝動を制御することを学ぶ。あるいは、少なくとも性衝動については慎重になることを学ぶ。人間の子供も同じようにして社会規範を学ぶ。三歳児が無作法な振る舞いを見せても、大人はたいてい面白がるだけだが、ティーンエイジャーが規則を破ればかんかんに腹を立てる。この学習過程は他の霊長類の場合と同じで、最初は何でもありの状態から、許容される行動の幅がどんどん狭まっていく。法の執行から、人を騙した者の排除まで、そして、「目には目を」から、罪人を待ち受ける地獄での永遠の火刑まで、私たちの道徳体系では懲罰が異彩を放っているのも無理はない。

懲罰への恐れを植えつけるのは生易しいことではないので、宗教と社会の両方が、それに懸命に取り組む。ボスの絵が特別の位置を占めるのがまさにここだ。ボスは何で有名かと言えば、それは地獄の画家としてだ。彼は、不道徳な行為に魅了された人たちを待つ恐ろしい事態の数々を思い出させてくれる。彼の描いた拷問と殺戮の場面は、拒絶や苦しみや死に対する私たちの最も深い恐れを掻き立てる。今日インターネットで画像が広まるように、彼の作品が何度となく模写されたのも意外ではない。アントワープでは、ある絵画工房が総がかりでボスの絵を模写していたほどだ。とはいえ、ボスはそうした絵を描いたのだから敬虔そのものだったに違いないと信じている人は、もう少し念入りに見てみなければいけない。ボスが神を含めず、万事を人間の手に委ねた点で、「快楽の園」の右側のパネルは前代未聞だ。仏教には懲罰的な神は存在しないが、不道徳な生き方をする者はその報いを受けるという「業《カルマ》」の概念があるのと同じで、ボスは文字どおりこの世の地獄を描いた。このパネルは、奇怪ではあっても日常的な場面で埋め尽くされているので、地獄の業火というおなじみの光景というよりは、最も不快な人生の終え方という感がある。地平線には炎が見えるが、燃えているのは大地そのものだ。ボスの地獄には凍った湖まであり、オランダ人が凍ったものなら何でもその上を滑るように、湖面を裸の人間や空想の動物が滑っている。どこから見ても、ありきたりの地獄にはほど遠い。

ボスの三連祭壇画「快楽の園」の右パネルには、矢で貫かれた耳が2つ描かれている。耳の間には鋭いナイフが挟まっている。罰が下った人々を踏みにじるこの耳は、何世代にもわたって美術評論家たちを当惑させてきた。

　重要なのは鳥の頭を持つ怪物で、「地獄のプリンス」として知られ、頭には大釜がついている。この怪物は玉座を思わせる便器に腰掛け、この地獄に落とされた人間たちを貪り食っては、下にぶら下がっている透明な袋あるいは胎児を包む羊膜のようなものに排泄している。この右パネルには、体から切り取られた巨大な耳が二つ、間にナイフを挟んで立っているのも見える。ナイフは錬金術師の精錬の道具だ、耳は人間が新約聖書に耳を貸さないことを象徴している、三つひと組で車輪のついた大砲あるいは陽物と陰嚢を象徴しているなど、諸説がある。ボスの地獄にある多くの特大の楽器（ハーディガーディ〔リュートのような形をした手回し式の弦楽器〕の正確な描写の第一号も含む）といっしょに考えれば、この大耳は果てることのない不協和音による音楽的な拷問も暗示している。

ボスは私たち人間を突き離し、自らの運命や恐怖と対峙させる。私はこの地上の地獄を「快楽の園」の他の要素と結びつけようとしていて、左側と中央のパネルにはあれほど出てくる果物が地獄のパネルには見られないことに思い当たった。すでに述べたように、ボスの楽園には禁断の果実が見られず、アダムとイヴが禁断の知識を得てその恐ろしい結果を味わうというトラウマを経なかったことが示唆されている。そのかわり、ボスは中央パネルに描かれた大勢の裸の人々に、手に余るほどの果実を与えて埋め合わせとした。人々は鳥に果実を与えられたり、互いに食べさせたり、巨大なイチゴを運んだりしており、なかには頭がブドウになった男性もおり、これは陰茎亀頭にまつわる中世オランダ語の表現に関係しているのかもしれない。[17]だが、中央のパネルには禁断ではない果実があふれているのに対して、地獄にはいっさい見られない。だから、ボスは何か主張していたのではないかという印象を受ける。

私は愚かにも、ヘンリー・ミラーの書いた『ビッグ・サーとヒエロニムス・ボスのオレンジ』という題の小説にその答えが見つかるかもしれないと考えた。そこでその本をカリフォルニアへの旅に持っていった。硫黄泉で裸の入浴者に交じって座っていると「快楽の園」の気分に浸れたし、ビッグ・サーはたしかに素晴らしいリゾート地なのだが、本を読み通すのには難儀した。私はミラーより勝手気ままな作家は読んだことがない。そして、彼がボスについて何も知らないに等しいことはすぐにわかった。ミラーの本はボスの三連祭壇画「至福千年」に触れている。「至福千年」というのは、ドイツの歴史家ヴィルヘルム・フランガーが「快楽の園」に与えた新しい名前だ。[18]フランガーは、ボスが異端の宗派に属していたと主張する。まったく裏付けがないにもかかわらず、これまでしばしばそのような推測が繰り返されてきた。これは、ボスは隠れ同性愛者で、去勢されるのを恐れていたとか、重度の統合失調症だったとかいう、一連の根も葉もない空想の類だ。ミラーはオレンジの木立を熱心に描写し、ボスの描くオレンジが真に迫っていることに注目する（「私たちが日々消費するサンキストのオレンジよりもはるかに美味しく、はるかに効き目がある」[19]）。もっとも、ボスはオレンジとは何かさえ知らなかった可能性が高い。北ヨーロッパの人々がオレンジについて知ったのは一六世紀になってからで、温室栽培を始めたのは一七世紀だった。有名なピエト・モンドリアンを筆頭に、オランダの画家たちはたいてい、リンゴの木など、北方の果樹を描いた。「快楽の園」にもリンゴの果樹園が描かれているようだ。

三連祭壇画で果実の分布に偏りがある理由は、簡単に説明できる。果実は味覚と官能の両方の快楽を象徴しており、地獄は快楽が根絶やしにされる場所だからだ。それでも、神の不在の問題がまだ残る。「最後の審判」という、ボスのもう一枚の地獄絵には神が描かれていて、ひときわ高い所から苦悶する人々を見下ろしているのだから、「快楽の園」から締め出されたのには、それなりの理由があるに違いない。ボスには非宗教的なメッセージがあったのだろうか？　不道徳な振る舞いは、神の裁きとは無関係に、地獄の懲罰に値することを彼はほのめかしていたのか？　「何が道徳的かを教えてくれる神を人間は必要とするのか」というソクラテスの有名な疑問を示唆していたのか？　神の気に入る行動が道徳的なのか、それとも、神は道徳的な行動が気に入るのかと、ソクラテスはエウテュプロンに尋ねている。

「快楽の園」は、人々が善悪について神の教えや監督なしに日々の営みを行なう世界を想像するように私たちを促す。ボスはこう言っているように思える。そういう世界も依然として道徳を必要とし、道徳にかなった生き方のできない人をやはり罰するのだ、たとえ彼らは地獄に行くのではなく、この世で地獄の責め苦に見舞われることになるにせよ、と。

コミュニティへの気遣い

ルネサンスの申し子であるボスは、信心よりも理性を重んじるようになった時代に生きていた。人々は合理的に正当化された道徳を夢見るようになり、数世紀後には、ついにカントが「純粋理性」を道徳性の基盤にまで高めるに至った。永遠に有効な道徳的真理はどこか「あちら」にあって、説得力のある論理でまとめられており、私たちはそれを明らかにしさえすればいいというのが、当時の支配的な取り組み方だった。そして、哲学者たちが自らの専門知識をそれに向けて提供した。

そのような奇妙な考え方はどのようにして誕生したのか？　進化を巡る議論における、デザインの概念にまつわる主張が思い出される。目を例にとった主張だ。目の複雑な機能性が偶然に生まれえたはずがない、だから、知的なデザイナーの存在を想定しなくてはいけない、という理屈だ。ほとんどの生物学者はこれに同意せず、扁形《へんけい》動物の皮膚にある光に敏感な箇所からオウムガイの「針穴」のような目まで、さまざまな中間段階の例を挙げる。十分な時間があれば、自然淘汰はドーキンスの気の利いた表現を借りれば「盲目の時計職人」のように振る舞い、小さな漸進的ステップを積み重ねて恐ろしく複雑な構造を生み出せる。そこには何の計画も必要ない。それならばなぜ、道徳律も目と同じで偶然に生まれえたはずがないなどと言うのか？　たしかに道徳律は複雑で精巧だが、だからといって論理的デザインに基づいていることにはならない。そもそも、自然界に論理的デザインを持つものなどあるだろうか？　道徳は第一原理〔論理の基礎となる概念で、他の法則からたどり着いたり引き出したりすることができない原理〕から導き出せるという考え方は、特殊創造説を支持する人々の神話であり、それも、ろくな裏付けがない。納得がいくような確証を与える人がこれまでいなかったからで、推測があるのみだ。

規範的な倫理には前の時代の消印が押してある。道徳「律」という考え方そのものが、執行された原理あるいは執行可能な原理を示唆している。そのため、執行者はいったい誰なのかと首を傾げざるをえなくなる。かつて、その答えは明白だったが、神を引っ張り出さずにこの考え方を当てはめるにはどうすればいいのか？　この問題に対する哲学的な取り組みとして、私はフィリップ・キッチャーの『倫理構築プロジェクト（*The Ethical Project*）』を推薦する。この本は、次のような疑念を提示する。

倫理構築プロジェクトについての学説を立てる行為は、倫理に関する何らかの権威、そこから真理が確実に見出せるような何らかの視点の存在が必要であるという思い込みによって妨げられてきた。哲学者は、以前は洞察の持ち主を自認していた宗教の師たちに取って代わる、啓蒙された後任者の役割に自ら収まった。だが、なぜだろう？　倫理は私たちがいっしょに打ち立てるものにすぎないかもしれない。[20]

私たちは、理性を讃《たた》え、曖昧で厄介なものとして情動を見下す時代に生きているとはいえ、ヒトという種の基本的な欲求や願望、こだわりを避けて通ることはできない。私たちは血と肉からできているので、食物、セックス、安全を筆頭に、特定の目標を追い求めるように駆り立てられる。それを考えると、「純粋理性」という概念全体が、純粋な作り事のように見えてくる。裁判所の判事は昼食の前よりもあとのほうが寛大であることを示す研究(21)の話を聞いたことがあるだろうか？ 私にしてみれば、人間の論理的思考力など、突き詰めればこの程度でしかない。合理的な意思決定を、心的な傾向や無意識の価値観、情動、消化器系から解放することは事実上不可能なのだ。認知科学によれば、理屈づけはたいてい事後の行為だそうだ。私たちの精神構造は二層になっており、当面の問題について考えてみるよりずっと前に、直感的な解決策をただちに提案し、第二の、遅いほうの過程がそれに続き、最初の解決策の妥当性と実現可能性を吟味する。第二の過程は、決定を正当化するのに役立つとはいえ、そこで得られる正当化の根拠を実際の理由とするのは、はなはだしいごまかしでしかない。もっとも、私たちは四六時中このごまかしをやっている。奴隷の所有者が自分は奴隷たちのためになることをしているのだと言ったり、主戦論者が自分は世界を圧政者の手から解放したかっただけだと言ったりするのも、その口だ。私たちは自分の目的に合致する理由を見つけるのが得意だ。ジョナサン・ハイトは道徳を巡る議論におけるこの傾向を暴き、尾が犬を振っているようなものだと、うまいことを言っている。私たちが自らの行動を説明するために提供する根拠は、実際の動機をほとんど反映していない。パスカルはそれを見事に言い当てている。「心には独自の理屈があるのに、理性はそれについて何一つ知らない(22)」

私は人々が自分の行動につける説明がまったく信用できないので、質問紙に記入できない被験者を相手に研究ができて非常に幸運だと感じている。だが、思考が行動に先行するという意見が相変わらず優勢だ。哲学者が許しという「考え」や公平性という「概念」について語り、後者はフランス革命の賜物だとさえ主張するのを私は耳にしてきた。マリー・アントワネットが首を切り落とされるまで人間は公平性など頭になかったとでも彼らは言いたいのだろうか？ 私たちは前から存在している傾向を概念に翻訳するのが非常に得意ではあるが、そんな概念は耳にしたこともない霊長類や人間の幼い子供も、喧嘩のあとにはキスし合ったり抱き合ったりするし、報酬やクリスマスプレゼントが不平等だとやかましく抗議する。というわけで、私のボトムアップ型の説明に戻ろう。この説明では、情動が運転席を占める。そして道徳性には、社会的関係に関するものとコミュニティに関するものという、二つの基本的レベルを想定している。前者は私が一対一の道徳と呼んできたレベルで、自分の行動が他者にどう影響するかという理解を反映している。このレベルは人間だけではなく他の社会的動物にも備わっており、彼らも私たちのものと似た抑制作用や行動規範を発達させる。それがうまくいかないと調和が崩れる。そのため、私たちは他者の利益を考慮する義務を感じる。これが「べきである」だ。論理的思考力はその根源には**ない**。もっとも、その能力を使えば、他者がひどい扱いを拒絶する理由や、若いライバルがメスにつきまとうとオスのチンパンジーが罰を下す理由を思いつくのは難しくない。だが、オスが別のオスに嫉妬を覚えたり、仲間と楽しく過ごすには仲間にふさわしい振る舞いをしなければならないことを悟ったりといった反応は、完全に情動的なものだ。

ただし、一対一の道徳の範囲は狭い。そこで必要になってくるのが第二のレベルで、これを私は「コミュニティへの気遣い」と呼んでいる。これは個人的な利益を否定するものではないが、目的が大きなコミュニティ内の調和である点で、目覚ましい前進と言える。コミュニティへの気遣いの原始的な形態を見せる動物もいるものの、これまでに紹介してきたものに人間の道徳性が別れを告げるのがこのレベルだ。

フィニアスらの高位の霊長類が法と秩序の執行官の役割を担い、他者の喧嘩をやめさせることについては第二章ですでに述べた。これと同じ公平な「治安維持活動」は野生のチンパンジーも行なうことが知られており、さまざまな群れを比べた最近の研究は、そうした活動が社会的ダイナミクスを安定させると結論している。(23) 年長のメスによる仲裁もある。メスは反目し合っているオスたちの腕を引っ張り、互いに近づける。凶暴なオスの手から大きな石を取り上げる。自分には直接かかわりがなく、傍観を決め込んでいてもいいのに、あえて間に入る。こうしてチンパンジーは身の周りの社会的な雰囲気を改善し、自分だけではなく他の仲間全員のためにも平和を促進する。あるいは、オスがメスに無理やり交尾を迫ったときに仲間のメスたちが見せる反応を例にとろう。自然界であれば、オスはメスを「冒険旅行」に連れ出して群れから離れ、第三者の邪魔が入るのを避けられるから成功するかもしれない。オスは枝を武器として使い、メスを脅して交尾させることさえある。だが、飼育環境下では群れを離れるのは不可能なので、オスがあまりにしつこく迫ると相手のメスが叫び声を上げて抗議し、それを聞いて集まった大勢のメスの力を借りて無礼者を追い払うところを私はしばしば目にしてきた。メスの結束はチンパンジーでは一般的ではないので、レイプしようとするオスにメスたちが団結して抗議するというのは注目に値する。メスたちは暗黙の了解に至ったのだろうか？　困っている者を誰も彼もが助ければ、長期的には全員の境遇が改善することに、メスたちは気づいているのだろうか？

コミュニティに対する人間の気遣いは、啓発された利己主義を原動力としている。全体がうまく機能することを私たちが目指すのは、それが実現すれば繁栄できるからだ。近所の家に強盗が入るのを見かけたら、自分の家ではないのだから知ったことではないのにもかかわらず、私は社会の規則に従い、警察に通報する。それに匹敵することが太古の集落で起こったら、住人が総出で、自分のものと他人のものの区別がつかない輩を止めにかかったことだろう。道徳に反する行為は、直接自分に影響がないものであっても、全員のためにならない。文字を持たない社会でこの仕組みがどう機能するかを見事に説明する人類学の文献はたくさんある。たとえばコリン・ターンブルは、他の家族のものの前に自分の網を張ったアフリカのムブティ族の猟師セフーの話を記している。ムブティ族の猟師はジャングルに長い網を張り、女性と子供がやかましい音を立て、アンテロープやペッカリーのような動物たちを網の方に追いやる。網に引っかかった動物を猟師たちが槍で仕留める。セフーは自分の網を他の網よりも前に張ったので、並外れて多くの動物がかかったが、あいにく、他の人たちが彼のずるい手口に気づく。野営地に戻ると、重苦しい空気が漂い、セフーについて良からぬ発言がぽつぽつ出てくる。ターンブルによれば、セフーの反則行為は、いつもは温和なムブティ族の人々の目には言語道断に映った。野営地で、他の猟師たちがセフーを嘲ったりなぶったりし始めた。年下の男性たちはセフーに座を譲ることを拒み、他の人たちは、セフーが自分の槍に貫かれるのを見たいものだと言い立てた。セフーはわっと泣き出し、まもなく、自分の捕まえた動物の肉がみんなに分配されるのを目にすることになった。妻が小屋の屋根の下に隠しておこうとした肉さえも取り上げられた。セフーにとって、これは重要な教訓となった。そして、コミュニティはあらゆる狩猟採集民の命を救う規則を執行した。協力は全員にとって安定した食糧供給を保障する。だから、猟における個人の成功を軽視し、分かち合いを義務として肝に銘じる必要があるのだ。

あまりに強引なオスにメスたちが立ち向かうときのように、チンパンジーの「世論」を目にするたびに、私はセフーの話の類が頭に浮かぶ。ムブティ族は個人の次元を超えた物事の成り行きにも目配りすることは間違いないが、メスのチンパンジーたちも同じだろうか？　そして、それを率先して行なう者は、そうすることで威信を獲得するのだろうか？　直接得るものがないときにさえ人間が道徳的に振る舞う理由は、威信や評判を抜きにしては語れない。私たちは、嘘をつき、ごまかし、いつも自分の利益を優先させる人よりも、高潔な人のほうがつき従いやすい。評判らしきものは類人猿にもかすかに窺える。たとえば、激しい喧嘩が起こって手に負えなくなると、傍観者たちが寝ているアルファオスの脇腹を突いて起こしたりする。アルファオスが最も有力な仲裁者なのを知っているから、介入してもらえると思っているのだ。類人猿は、誰が誰をどう扱うかにも注意を払う。ある実験では、人類人猿は他者に親切だった人間との交流を好むことがわかった。自分がどう扱われたかではなく、人間が他の類人猿たちに食べ物を分け与えることで獲得した評判に基づいて行動しているということだ。[24] 私たちの実験では、二頭のチンパンジーが同程度に単純だが異なるやり方で報酬を獲得するところをコロニーに見させると、地位の高いほうのチンパンジーのやり方を好んで真似ることがわかった。ティーンエイジャーがカナダのミュージシャン、ジャスティン・ビーバーのヘアスタイルを真似るのと同じで、チンパンジーもコミュニティの下位のメンバーより上位のメンバーに倣うのだ。[25] 人類学者はこれを「威光効果」と呼んでいる〔「ハロー効果」とも言う〕。

だが、個体の評判や、コミュニティ全体の問題に対する気遣いの兆しが霊長類に見られるとはいえ、人間はそのはるか先を行っている。私たちのほうが、自分の行動と他者の行動が公益に与える影響を計算したり、どの規則を発効させ、どんな制裁を加えるかをいっしょに検討したりすることが、ずっと上手だ。私たちは、小さな違反でも未然に防ぐ必要があることを承知している。そうしないと、もっと重大な違反につながるからだ。私たちには言語を使えるという強みもある。言語のおかげで、時間や空間を隔てて起こった出来事を伝えられるので、コミュニティ全体がその出来事について知ることができる。チンパンジーの場合は、一頭が別の一頭を虐待しても、それを知っているのは被害者だけかもしれない。だが、人間の場合には、近隣集落の人も含めて、誰もが翌朝には詳細に至るまで聞き知っている。私たちはゴシップをこよなく愛する生き物なのだ。また、言語のおかげで記憶を生き生きと保ち、特定の違反を何度となく蒸し返せる。私たちの評判は積み重なり、集合的記憶の中に保存される。セフーの違反行為は、彼が死ぬまで忘れられることはないだろうし、子供の代になっても指摘されることさえあるかもしれない。人間は、評判の構築とコミュニティへの気遣いの点で、類人猿の間ではけっして見られない水準にまで到達し、各自の周りに張り巡らされた道徳の網を絞り込んできた。

一般化できる規則に私たちが関心を抱くことも、コミュニティのレベルでの思考によって説明できる。道徳的な情動と普通の情動との違いの一つは、エドワード・ウェスターマークの言葉を借りれば、前者の「無私無欲、明らかな公平性、一般性という特色」ということになる。[26] 感謝や憤りといった情動が個人的な利益（どのように扱われたかとか、どのように扱ってほしいとか）にだけかかわるものであるのに対して、道徳的な情動はそれ以外にも及び、もっと抽象的な次元で善悪に対処する。この状況下では誰もがどのように扱われるべきかという判断を下したとき初めて、私たちは道徳的判断に言及したことになる。同じ趣旨を伝えるために、アダム・スミスは「公平な観客」が私たちの行動についてどう思うか想像するように読者を促した。関与していない人間はどんな意見を持つだろう？　これ、つまり自分の利害とは無関係に抱く、善悪についての意見こそ、人間の道徳性の最も複雑な形態だ。

とはいえ、公平な観客の公平性というものを、私はすんなり受け容れられない。何と言おうと、その観客も人間であり、私たちのコミュニティに所属しているか、少なくとも、自分が所属していると想像できるのだから。スミスは自分が地球外生物だとはけっして言っていない。モロッコについて書いた本の一冊でウェスターマークが語る話を読めば、感じがつかめるだろう。のろのろ進んだり、方向を間違えたりしたために、一四歳の少年に折々過度に叩かれたラクダによる復讐の話だ。ラクダはおとなしく罰を受けた。数日後、たまたま積み荷もなく、道で一頭だけになった。そばにはその少年しかいなかった。するとそのラクダは「恐ろしい口でその少年の頭をくわえると、高々と持ち上げ、地面に振り降ろした。少年は頭蓋骨の上側を完全に引きちぎられ、脳みそがあたりに飛び散った」。[27] この恐ろしい場面は道徳的に解釈できる。少年がその前にとった行動を考えればなおさらだ。それでも、たいていの人は非道徳的な判断を下すだろう。ただし、家畜は人間を殺してはならないとは考えるだろうが（中世には、「人間による支配」という神の命令に反することをした動物は裁判にかけられた）。したがって、人間との区別をさらに推し進め、ラクダが襲ったのは人間ではなく犬だったとしよう。そのような出来事が道徳的な情動を掻き立てる可能性はさらに低い。なぜだろう？　私たちは完璧に公平なはずではなかったのか？

問題は、私たちがあまりに公平な点にある。じつのところ、私たちはあまりに公平なので、そのような出来事には深い気遣いを見せないのだ。ぞっとして犬に同情するかもしれないが、この出来事は道徳的な是非の判断にはつながらない。石が別の石に当たった場合と何の違いもない。翻って、二人の人が接触しているのを目にした場合、それがたとえ知らない人たちであれ、私たちは彼らの行動を、人間は互いをこう扱うべきと自分考えている基準にたちまち照らし合わせてしまう。一方がもう一方の顔を叩いたら、当然か、やり過ぎか、残忍か、といった判断をただちに下す。これは一つには、動物より人間に対してのほうが意図を想定しやすいからだが、人間の登場する場面はコミュニティへの気遣いを自動的に促すというのが最大の原因だ。私たちは自問する。この種の行動は、人助けや助け合いのように、自分が身の周りで目にしたいものか？　それとも、嘘や盗みや残忍な振る舞いのように、公益に反するものか？　私たちはそうした行動の結果をはっきり承知しており、中立でいるのは難しい。だが、こうした気遣いは、ラクダと犬の間で起こることからはまったく引き起こされない。

人間と類人猿の両方を研究してきたアメリカの人類学者クリストファー・ベームは、狩猟採集民のコミュニティが規則を執行する様子について、洞察に満ちた本を書いている。規則の執行は、能動的な遺伝子選別につながるかもしれないとベームは考えている。品種改良家が外見や気質に基づいて動物を選ぶのと似たようなものだ。動物のうちには、繁殖を許されるものと許されないものがいる。狩猟採集民が人間の遺伝についてはっきり考えているというわけではないが、あまりに多くの規則を破る者やあまりに重要な規則を破る者を追放したり殺したりすることで、彼らは現に遺伝子プールから特定の遺伝子を排除している。やたらに弱い者いじめをする者や危険な変わり者は、残りの人々から代表に選ばれた者に心臓を矢で射抜かれて排除されうるとベームは述べる。道徳的に正当化されたそのような処刑は太古から一貫して実施されているので、短気な人や精神病質者、詐欺師、強姦者の数は、彼らの行動の原因となる遺伝子もろとも、減らされてきたに違いない。その種の人間はまだ大勢残っていると抗議する向きもあるかもしれないが、彼らを減らすような淘汰がなされてきた可能性は否定できない。(28)

人類が道徳的な進化を自らの手に引き受け、その結果、ますます多くの人が規則に従う気になっているというのは、なんと魅力的な考え方だろう。

水道水にプロザック

狩猟採集民の社会では、猟師は自分が何を仕留めたかを口にすることさえ許されないという。リチャード・リーによれば、クン・サン族の猟師は野営地に無言で戻り着き、焚き火の前に腰を下ろし、誰かが近づいてきてその日何を目にしたか尋ねるのを待つ。それから、次のようなことを静かに答える。「ああ、私は狩りには全然向いていない。何も見かけなかった(沈黙)……ほんの小さなものだけだ」。だが、聞き手はにんまりする。その答えは、話し手が何か大きな獲物を仕留めたに違いないことを示しているからだ。(29) 狩猟採集民の社会はコミュニティと分かち合いを中心に回っており、謙遜と平等を重視する。大言壮語は嫌われる。それとは対照的に西洋社会は個人の業績を讃え、成功者が自分の獲得したものを独り占めすることを許す。そのような環境では、謙遜は仇となりかねない。

インドネシアのラマレラ村のクジラ漁師たちは、一〇人余りが大型のカヌーに分乗して大海原を巡り、素手同然でクジラを捕る。漁師たちはクジラに漕ぎ寄り、そのうち一人がクジラの背中に飛び乗って、手にした銛《もり》を突き立てる。そのあと漁師たちが近くで待機していると、やがてクジラは失血死する。漁師たちはまさに一蓮托生であり、この危険極まりない活動を核にして、彼らの家族が結びついているので、全員、巨大な獲物の分配のことが片時も頭を離れない。人類学者たちは世界中で最後通牒ゲームをやって公平性に対する敏感さを調べてきたが、ラマレラの人々は他のたいていの文化に属する人よりも敏感だった。驚くまでもないだろう。最後通牒ゲームは、公平な申し出に対する好みを測定する。ラマレラの人々は公平性のチャンピオンで、どの家庭も自分の土地を耕す農耕社会のような、自給率の高い社会とは好対照を成す[30]。

したがって、道徳律なるものがあるとすれば、それがどこでも完全に同じである可能性は低い。クン・サン族とラマレラ村と現代西洋の国家とで同じはずがない。もっとも、私たちの種には不変の特徴があり、人間の道徳はすべて、助けることと害さないことにこだわる。だから、ある程度の普遍性が見込まれる。とはいえ、資源がどれだけ公平に分配されるかや、どれだけの謙遜が望ましいかについての詳細は、単一の規則では捉えきれない。また、道徳はそれぞれの社会の中で時とともに変化する。そのため、今日論争の的となっている問題も、以前にはどうでもいいことだったかもしれない。ローマ人が北ヨーロッパに侵入したときに出会ったケルトの諸部性にまつわる道徳観はその好例だ。

族は、少なくとも、あとに続いた歴代の父権制社会の目から見れば、性的に恥ずべき態度の、自由恋愛主義の女王たちに支配されていたという。それを立証するのは今もって難しくはあるが、そんな父権制社会の子孫は、何世紀も経てからクック船長がハワイの海岸に上陸したときに肝を潰す羽目になったことは疑いようがない。性的な束縛をほとんど知らない島民たちは、「猥褻《わいせつ》」で「相手かまわず関係を持つ」とされた。だが、このような軽蔑に満ちた言葉が正当かどうかは怪しい。傷ついた人がいた様子はないからだ。私にしてみれば、特定の生活様式を拒絶する理由は、傷つく人が出ることぐらいのものだ。当時、ハワイの子供たちは、生殖器をマッサージしたり口で刺激したりして楽しむことを教え込まれた。ハワイ大学の性科学者ミルトン・ダイヤモンドによれば、「婚前・婚外の性的活動という概念は不在で、大半のポリネシア人の例に漏れず、ハワイ諸島民ほど官能的な欲望の充足に耽っていた民族は世界のどこを探しても他に見当たらない[31]」という。

女性の性的自主性は、父権制社会よりも母権制社会でのほうがはるかに大きい。人類は生殖のために無数の制度を試してきた。厳密な一夫一婦制がようやく採用されたのは、およそ一万年前に、男性が娘と富の譲渡について心配し始めたときだったかもしれない。貞節と処女性へのこだわりが生まれたのも、そのときからだろうか。少なくとも、クリストファー・ライアンとカシルダ・ジェサは共著書『黎明期のセックス（*Sex at Dawn*）』でそう示唆し、ボノボを人間の性生活の原型モデルとして挙げるという、挑発的なことをしている。二人は「あなたのパパたちは誰？」と題する章で、一部の文化では子供が複数の父親を持つことの恩恵に与っていることを説明する。彼らの主張は、複数の親がいる家族の生存価に関するサラ・ハーディの先駆的研究に基づいている。この研究で、男性は自分の子供だと確実にわかっている子供しか面倒を見ないという定説を、ハーディは退けている。発達中の胎児は、母親が寝た男性全員の精液によって滋養分を与えられるとする「分割父性」を実践する部族もあるのだ。父親である可能性のある男性のそれぞれが父性の部分的な所有権を主張し、子供の扶養を手伝って当然とされる。この制度は南アメリカの低地では一般的で、男性の死亡率が高い環境で子供の扶養を保障し、性的排他性の低下を意味する。結婚外での女性の性的選択肢は、罰せられるのではなく尊重される。結婚の日、花嫁と花婿は生まれる子供たちの面倒を見るように言われるが、互いの愛人に対する嫉妬を慎むようにも言われる。[32]

性的な嫉妬は普遍的なものかもしれないが、それを奨励するか思いとどまらせるかは完全に社会次第だ。普遍的な道徳規範と言っても、その程度のものでしかない。道徳は、人間の不変の本性を反映しているのではなく、私たちが自らをどう組織するかと密接に結びついている。遊牧民には大型動物の狩猟者たちと同じ道徳性は期待できないし、大型動物の狩猟者には工業国の国民と同じ道徳性は見込めない。私たちは好きなだけ道徳律を考案することができるが、それがあらゆる場所で同じ程度に当てはまることは絶対ない。キリスト教の十戒は例外だとされることが多いが、怪しいものだ。十戒は道徳的な意思決定に多少なりとも役立つのだろうか？　ある保守派の政治家は、コメディ番組「ザ・コルベア・リポート」に出演したとき、十戒は引き続き公の場に掲げておくべきだ、「それなしでは私たちは右も左もわからなくなる」からと述べたので、司会者はそれならばというように、十戒を挙げるように頼んだ。するとその政治家はうろたえ、「嘘をつくなかれ、盗むなかれ」としか言えなかったので、視聴者は大笑いした。[33]

もっとも、クリストファー・ヒッチンスが指摘したとおり、十戒のほとんどは道徳性とは関係ない。それらは敬意にかかわるものだ。十戒の最初の五つで、神は排他的な忠誠（「あなたには、わたしをおいてほかに神があってはならない」）と、年長の人間に対する敬意を強く求めている。それからようやく、誰もが知っている「〜してはならない」という命令に移る。ヒッチンスは次のように述べている。

宗教が人間の手になるものであることよりも楽に証明できることはないだろう。まず、絶対的な権能を持つ者が敬意と恐れについてがなり立てるような文言があり、全能の存在と無限の復讐に関する厳しい警告がそれに付随している。そうした警告は、バビロニアかアッシリアの皇帝が布告の冒頭に、書記に書かせる類のものだ。そのあと、せっせと働き、絶対専制者の許しが出たときに初めて休むようにという厳しい指図がある。それから法律尊重主義の簡潔な命令が続く。……だが……モーセの民が殺人や姦通、窃盗、破約は許容できるという考えのもとでここまで至ったと想像するのは、彼らに対する侮辱であることは確実だ。(34)

六番目の戒律（「殺してはならない」）は明白そのものに見えるが、万一外国の軍隊が自分の国に侵入してきたり、誰かがわが子を誘拐しようとしたりしたら、私はこの戒律を無視することは十分正当化できる。聖書そのものが多くの例外を挙げている。たとえば、合法的な公的機関による死刑はこの戒律の適用外にあるようだ。十戒は文字どおり受け止められるべく意図されたものでないのは明らかだろう。

非宗教的な道徳律でもとりわけ人気のある二つの戒律にしても大差はない。「人にしてもらいたいと思うことを人にもしなさい」という黄金律の響きや精神はおおいに気に入っているが、これには致命的な欠陥がある。この戒律はあらゆる人が似通っていることを前提としているのだ。身も蓋もない例を挙げよう。魅力的な女性に会合で出会い、ろくに知らない人だというのにそのあとをつけてホテルの部屋に入り込み、招かれもしていないのに彼女の寝ているベッドに飛び込んだら、相手がどう反応するかはほぼ想像がつく。あなたにしてもらいたいことを私もしているだけだと言い訳したところで、黄金律に訴えた私の主張は、残念ながら受け容れられないだろう。あるいは、相手が厳格な菜食主義者だと知りながら、豚肉のソーセージを振る舞ったとしよう。私は肉が好きなので、黄金律に従ったまでなのだが、その菜食主義者は私の行動をとても不愉快に感じ、不道徳とさえ思うかもしれない。チャーチランドは別の例を挙げている。善意のカナダの官僚たちが先住民の家族から子供たちを引き離し、白人に育てさせた。もし官僚たちが未開の森林地帯にある野営地に住んでいたなら、そうしてもらいたがったかもしれないが、オーストラリアで先住民の子供の「失われた世代」を生み出してしまったもののような、強制的な統合政策は、現在ではなはだ不道徳だと見なされている。死刑は道徳にかなうか不道徳か、『レ・ミゼラブル』のジャン・ヴァルジャンが飢えた姪のために食べ物を盗んだのは正しかったかどうかなど、たいていのジレンマの解決には黄金律は助けにならない。黄金律が及ぶ範囲はごく限られており、すべての人が同じ年齢、性別、健康状態で、好き嫌いが同一の場合にのみ効力がある。私たちはそんな世界には暮らしていないので、この規則は見た目ほどは役に立たない。

人気の高い第二の非宗教的な道徳律は、最大幸福の原理だ。功利主義としても知られるこの原理は、最近サム・ハリスによって道徳性の「科学的」基盤に選ばれた。(35) 一九世紀イギリスの二人の哲学者ジェレミー・ベンサムとジョン・スチュアート・ミルが提唱し、アリストテレスにまではるかにさかのぼるこの原理には、科学的なところなどまったくないと、哲学者はわれ先に指摘した。道徳性は「人間の繁栄」（ギリシア語で幸福を意味する「エウダイモニア」に由来する）を増進するはずで、良い道徳的判断は最大多数の人々を幸福にするという考え方は、経験的証拠にはまったく基づいていない。それは価値判断なのだ。価値判断は常に議論を呼ぶし、功利主義の欠陥が知られるようになってから久しい。世界の幸せの総量を増やしたいという願望は概して私たちを正しい方向に向かわせるとはいえ、万全にはほど遠い。たとえば、私がアパートに住んでいて、ある住人が毎晩夜通しチューバを吹いて一〇〇人以上の住人を散々な目に遭わせているとしよう。騒音を出すのをやめるようにという説得が失敗に終わり、住人の一人がうるさいチューバ吹きを就寝中にあっさり射殺する。本人は何が起こったのか知る由もない。みんなの苦しみがどれほど軽減されたかを考えれば、チューバ吹きを始末した住人の判断のどこが悪いというのか？　それに、もし射殺が気に食わなければ、致死量の薬物を注入するという手もある。たしかに一人の人の命と幸せの可能性を奪ったが、アパート内の幸福の総量は明らかに増えた。功利主義の観点に立てば、正しいことをしたわけだ。

この考え方に伴う欠点は他にも指摘されている。たとえば、水道水に抗鬱薬《こううつやく》のプロザックを混ぜるという解決策だ。幸福な愚か者だらけの社会を生み出す見事な方法ではないか！　あるいは、北朝鮮に倣ってメディアを操り、国民全員を国内の状況に満足させ、無知がゆえの素晴らしい至福の世界を生み出す手もある。[36] こうした手段はみな幸福度を高める結果につながるだろうが、およそ道徳的とは思えない。だが私が考えている功利主義の問題点は、もっと根が深く、深刻で、それは功利主義が基本的な生物学的特質に完全に反するように思えるというものだ。人間のものであろうと動物のものであろうと、忠誠心のない社会など私には想像できない。自然はすべて、内集団と外集団、血縁者と非血縁者、味方と敵という区別を中心に構築されている。植物でさえ遺伝的なつながりに気づき、遺伝的に近い仲間より遠い仲間と一つの鉢に植えられたときのほうが、競争的な根の張り方をする。[37] 自然界には、個体が全体の安泰のために無差別に努力するという先例は一つとしてない。功利主義という考え方は、何百万年来の家族の絆と集団の忠誠心を無視している。

こんなふうに言う人もいるかもしれない。こうした忠誠はないほうがうまくいくだろう、自分の行動から誰が恩恵を受け、誰が恩恵を受けないかなど心配するべきではない、全体的な道徳性を完璧なものに近づけるには、生物学的特質など乗り越えてしまうべきだ、と。至極もっともな話に聞こえるかもしれないが、どんな種類の献身も集団の結束も失われるという、負の面を考えると事情は変わってくる。「家族が第一」というのは功利主義のスローガンではない。それどころか、功利主義は全体の利益のために自分の家族を後回しにすることを求める。私にはこれは受け容れ難い。もし世界中のすべての子供が誰にとってもきっかり同じ価値を持つとしたら、病気の子供に付き添って徹夜する人や、子供が宿題を済ませたかどうか心配する人などいるだろうか？　ジャン・ヴァルジャンが功利主義者だったら、パンを盗んで家に持ち帰る差し迫った理由などなかっただろう。通りでお腹を空かせている子供たちに与えてしまってもよかったはずだ。功利主義の観点からは、ぎょっとするような疑問が浮かび上がってくる。たとえば、もし私をもっと必要とする女性が現れたら、私は今の結婚生活を続ける必要はないのではないか？　もっと暮らし向きの悪い高齢者がいたら、私は実の親を扶養する必要はないのではないか？　祖国の軍事機密を売っても、何ら悪くはなくなるだろう。相手が人口の多い国ならばなおさらだ。自国で不幸せにする人の数よりも相手国で幸せにできる人の数のほうが多ければ、私は正しい行動をとっていることになる。祖国がこの見解に賛同できないとしたら、それは祖国が過敏だからにすぎないのだろうか？　私にはそうは思えない。私にとって忠誠心は、功利主義者なら言いかねないように単に道徳的に不都合なものではなく、道徳の構造に不可欠の要素なのだ。私たちは、忠誠心はあって当然のものと思っており、親が子供の面倒を見なかったり、養育費の支払いを拒否したり、国家に叛逆する人がいたりすれば、忠誠心の欠如にぞっとする。叛逆者はとりわけ蔑まれるので、銃殺刑に処せられることがあるほどだ。

私はかつて、こうした問題について哲学者のピーター・シンガーと公開討論を行なった。彼は根っからの功利主義者で、私たち人間に対してさえ、特別な忠誠心を向けるには値しないと感じている。(38)人間と動物の苦しみと幸せは、さまざまな程度の感覚、尊厳、痛みを感じる能力に対応する単一の方程式に取り込まれるというのだ。その計算は難解極まりない。一人の人間は一〇〇〇匹のマウスに等しいか？　一頭の類人猿はダウン症の人間の赤ん坊よりも価値があるか？　重い認知症の人には、少しでも価値があるのか？　シンガーと私はかなりやり合ったあと、意見の一致を見た。すなわち、人間は他の動物をできるかぎり大切に扱うべきだということだ。私は冷徹な計算よりも、思いやりというメッセージのほうにはるかに心を惹かれる。その後シンガーは、私費で人を雇って重度のアルツハイマー病にかかった母親の世話をしてもらっていることがメディアで報じられ、自分の考え方の難点を認めざるをえなくなった。なぜ自分のお金を、（少なくとも彼自身の説によれば）もっと役立てられるだろう人に回さないかと問われた彼は、「以前思っていたよりも難しいのかもしれない。自分の母親となると話は違ってくるから[39]」と応じた。こうして、世界で最も有名な功利主義者は個人の忠誠心を集団の幸福に優先させたわけで、それは私に言わせれば、正しいことだったのだ。

十戒と黄金律と最大幸福の原理をこうして概観すると、道徳的な「べし、べからず」を単純な揺るぎない規則にまとめられるという考え方に対する私の疑念が明らかになる。そうした規則にまとめようとする試みは、私たちが過去のものとしようとしている宗教的な道徳性と同じトップダウンの論理に従っている。それはまた、危険からも免れられない。私たちを誤った方向に導き、人間よりも原理を優先してしまいかねないからだ。規範の探究は「道徳的に無責任」というレッテルを貼られるほど、極端な反発を受けることさえあった[40]。キッチャーやチャーチランドなどの哲学者の書いたものを読むと、それに代わる動きが起こっていることがわかる。それは、道徳性を生物学的特質に基づくものにしようという動きで、道徳性の詳細は人々が決めることを否定しない[41]。これは私の見方でもある。チンパンジーやボノボを眺めていても、物事の善悪は学べるとは思えないし、科学からも学べないだろうが、私たちがなぜ、どのようにして、互いを気遣い、道徳的な結果を求めるようになったかを理解するうえで、自然界に関する知識が役立つことは確かだ。私たちがそうするようになったのは、生存は良好な関係と協力的な社会にかかっているからだ。

道徳律は、私たちがどう振る舞うべきかの推定にすぎない。ひょっとすると隠喩かもしれない。根底にある価値観が内在化し、私たちが自律的な良心を持つに至ったという事実には、カントが言うとおり、私たちは感嘆と畏敬の念で満たされるべきだ。なぜなら、どうしてそうなったのか、ほとんどわかっていないのだから。

規則に従う

私たちの近縁種における一対一の道徳とコミュニティへの気遣いの話をあと二つしてこの章を終えることにしよう。私は類人猿が人間と同じ意味で道徳的だと言っているわけではないが、一対一の道徳とコミュニティへの気遣いという、道徳の決定的に重要な要素を彼らは両方とも示す。ボノボは誰かを嚙んだ箇所を正確に覚えていて、自分のしたことへの気遣いを（ひょっとすると後悔さえ）見せるという話はすでにしたが、最初の話はそれをなぞるものだ。だがここで取り上げるのは、類人猿の間の出来事ではなく、ミルウォーキー郡立動物園での獣医への反応だ。数十年前、まだウィスコンシン州に住んでいたころ、私は何度もそこの動物園のボノボを見にいった。彼らは多種多様な驚くべき共感の表現を見せた。なかでも、アルファオスのロディが際立っていた。たとえば彼は、高齢のメスのキティを熱心に気遣っていた。キティは目も見えず、耳も聞こえないので、ドアやトンネルだらけの建物の中で迷子になる危険があった。だがロディは毎朝、外の草地にあるキティのお気に入りの陽だまりに連れていき、夕方には彼女を起こし、手を引いて屋内に案内するのだった。キティが持病の癲《てん》癇《かん》の発作に襲われると、ロディはけっしてそのそばを離れなかった。[42]

だがあるとき、ロディは少しも共感的ではなく、獣医が金網の隙間からビタミン剤を与えていたときに彼女の指を嚙んでしまった。彼女は手を引き離そうとしたが、ロディはぎゅっと嚙んだ。ガリガリッと音がしたので、驚いたような様子でロディは顔を上げ、口を開けて手を放したものの、その手からは指が一本なくなっていた。それでも彼女は数日のうちに再び動物園を訪れ、ロディを目にすると、包帯を巻いた左手を掲げ、「ロディ、あなた、自分が何をしたかわかっているの？」と尋ねた。ロディはその手をひと目見るなり、展示場のいちばん奥の隅に引っ込み、うなだれて腰を下ろし、腕で自分の体を抱き締めていた。

その後、その獣医はよそに移り、めったに戻ってこなかったが、事件の一五年後、ふと思い立って訪ねてみた。来園者に交じって立っていると、ロディは見て見ぬふりができたはずなのに、たちまち駆け寄ってきた。そして彼女の左手を見ようとした。だが、手は手摺りより下だったので、見えなかった。それでも左の方を見続け、自分が嚙んだ左手をどうしても見たがったので、とうとう獣医は手を挙げた。するとロディは一本指の欠けた手をまじまじと見つめ、それから彼女の顔を眺め、再び手に視線を戻した。「彼にはわかっていた」と彼女は結論し、ボノボは自分の行動の結果をよく承知していることを示唆した。私も同じ印象を持っているが、立証するのは難しい。一五年の間隔を置いた実験を設定する人はいないからだ。だが、もし彼女が正しければ、類人猿が自分たちの関係に深い関心を抱き、人間の道徳的な傾向の発端となる種類の気遣いを示すことが裏付けられる。

第二の話は、まだ私がいたころのアーネムの動物園が舞台だ。ある爽やかな晩、私たちはチンパンジーを屋内へ呼び込んだ。ところが、天気があまりに素晴らしかったので、若いメスが二頭、どうしても入ってこない。二頭は外にある島を独占して楽しんでいた。この動物園では、チンパンジーが全員中に入るまで、誰も夕食にありつけない規則になっていたから、入るのを拒んだメスたちのせいで残りのチンパンジーは不機嫌だった。数時間後、ようやく入ってきた二頭は、報復を防ぐために別の寝室をあてがわれた。翌朝には、前の晩の出来事を私たちはみなすっかり忘れていたが、チンパンジーたちは違った。島に出ると、コロニー全体が二頭の犯人を追いかけて打ちのめし、食事が遅れたことに対するいらだちを発散した。二頭が破った規則は人間が課したものなのは確かだが、人間が課した規則だったからこそ、彼らが規則を適用しようとするのが私たちにもわかったのかもしれない。このコロニーは全員に規則に従わせることの恩恵を理解しているようだった。

その晩、二頭の若いメスは、真っ先に中に入ってきた。

第七章
THE GOD GAP

神に取ってかわるもの

神がいないのならば、こしらえてやらねば。

ヴォルテール(1)

皮肉なことだが、古今を通じて共感能力が乏しいことでは屈指の、コンゴ民主共和国初代大統領モブツ・セセ・セコが残したジャングルが、今では世界で唯一のボノボ・サンクチュアリ、ロラ・ヤ・ボノボ(同国の公用語であるリンガラ語で「ボノボの楽園」の意)の遊び場になっている。そこは首都キンシャサにあるジャングルの最後の一角だった。現在、多くのボノボが暮らしている緑豊かなその敷地は、かつてコンゴの独裁者モブツが週末を過ごした別邸があった所だ。ほかならぬこの場所で、ヒョウ皮の帽子を被ったその男(彼がこの貧しい国から搾取したお金は五〇億～一〇〇億ドルに達する)は、ヨーロッパから空輸させた珍味に舌鼓を打ちながら、敵対する者たちを公開絞首刑に処するはかりごとを巡らせたのだった。

コンゴは広い国で、西ヨーロッパほどの面積を誇り、その中にボノボの自生棲息地がある。とはいえ、ボノボは絶滅の危機にさらされており、残された棲息数はわずか五〇〇〇〜五万頭と推定される。五万頭いるとしても、典型的なスポーツスタジアムの座席すら埋まらない数だ。不幸にも、野生のボノボは殺されて食用肉にされ、赤ん坊のボノボがしがみついていれば、みな生け捕りにされる。闇市場で何千ドルもの値がつくからだ。もっとも、ボノボを売るのは違法なので、そうした赤ん坊のボノボは保護されてクロディーヌ・アンドレのもとに送られることがよくある。アンドレはロラ・ヤ・ボノボの創設者・運営者のベルギー人女性だ。このサンクチュアリでは、親を失った赤ん坊のボノボを「お母さん《ママン》」たちが保育所で育てている。ママンを務めるのは現地の女性たちで、孤児の世話をし、哺乳瓶でミルクを飲ませる。数年後、子供たちは森の中で暮らす群れに加わる。そうした群れは独自に行動しているが、相変わらず人間の与える食物に頼っている。私たちが共感の研究を行なっているのがまさにここで、それは、野生のボノボよりもここで暮らすボノボのほうがはるかに近づきやすいからだ。ありがたいことに、フィールドワーカーはボノボをいつでも観察できる。葉がびっしりと生い茂る場所で暮らしているボノボであれば、社会的相互関係を継続的に観察し続けるのは不可能に近い。

私の共同研究者の一人、ザナ・クレイは、ボノボどうしの争いが自然に発生するのを辛抱強く待ち、ビデオに収めておき、争いのあと何が起こるかを分析できるようにしている。当然ながら、衝突が起これば当事者の一方あるいは両方が苦しみを味わうことになる。争いを目撃した仲間たちはどのように反応するだろう？　彼らは、争いに敗れたのが誰であっても、生殖器を擦り合わせたり手でマッサージをしたり、束の間のマウンティングをしたりして敗者を元気づける。チンパンジーならばプラトニックな触れ合いで済むところだが、ボノボの場合には性的な交わりが必要になる。とはいえその原理は、どちらの種もまったく変わらない。類人猿は互いの不安を軽減させるのだ。これはきわめて基本的な情動的反応なので、保育所で育てられたボノボにさえ見られる。孤児たちには社会的なモデルなどいなかったのに等しいにもかかわらず、そうなのだ。そして、彼らもやはり性的なやり方をすることが多い。

だが一方で、ボノボはまるでチンパンジーのように振る舞い、抱擁し合ったり、グルーミングし合ったりすることもある。マカリという大人のオスのボノボが復帰した話を例にとろう。マカリは激しい集団攻撃を受けて負傷した。手をひどく嚙まれたのだ。その後数日、マカリは仲間の前から姿を消し、群れの寝場所でみなといっしょに休むこともないまま、森にこもって機を窺っていた。そして、ようやく姿を現すと、木影でゆったりとくつろぐ群れにそっと加わった。すると、好奇心旺盛な子供たちがたちまち周りに寄ってきた。化膿した手をマカリがぎこちなく持ち上げるさまを真似ているらしい者もいた。彼らは小さな手を伸ばして触れようとするのだが、マカリはどうしても触らせない。痛そうな表情を浮かべ、手首を下向きに曲げて傷ついた指を前に突き出していた。大人のボノボたちはさすがに如才なく、まずはグルーミングで接触を図った。最初に近寄っていったのは一頭の上位のオスで、マカリの首にキスをすると、そのあとメスの一頭がグルーミングを始めた。子供たちは次々に集団でマカリに近づいたが、大人たちは順番待ちをしているようで、一頭ずつやってきた。初めに傷に触れたのはアルファメスのマヤだった。手短にグルーミングすると、マカリの手をとって、開いた傷口を慎重に舐めた。マカリは逆らいもしなかった。これでマカリは再び群れに受け容れてもらえたらしく、マカリへの攻撃で中心的役割を果たしたオスの一頭がその場に姿を現した。いつもなら、マカリはこのオスとはもっぱら敵対的な関係にあった。だがそのオスはしばらく傷を眺めてから、マカリにグルーミングをしてやった。それまではけっして見られなかった光景だ(2)。

これは社会生活における通常の愛憎のサイクルだ。争いと和解をこうして交互に繰り返すというのは、人間の家族や結婚生活で、そして典型的な霊長類の群れならどれでも見られる。ただし、これは肝に銘じておいてほしいのだが、先ほどのボノボたちはおよそ典型的とは言えない。彼らは感じやすい年ごろに、密猟者の罠か弾丸で母親を奪われ、人間の手で想像を絶する虐待を被ったのだ。だから、そんなボノボたちが、喧嘩のあとにともかく仲直りし、取り乱した相手をなだめられるというのは、じつに驚くべきことだ。ロラで暮らす群れに誕生したボノボ（ロラのボノボは繁殖を許されており、孤児が母親になったケースもある）は、孤児たちよりもはるかに争いの解決に長けていて、他者に同情しやすいことにザナは気づいた。母親に育てられると得られるこの長所は、情動調節についてわかっていることにも符合するし、人間にも当てはまる。たとえばルーマニアの孤児は、情動的荒廃状態を長期にわたって示す点で際立っている。それを考えれば、ロラに棲むボノボの孤児たちがいっしょになってまともな社会生活を築いているのはなおさら驚くべきだろう。これは、ボノボたちには回復力があり、人間がよく面倒を見ていた証だ。ボノボは、狩猟者の手ですべてを奪われたあと、人間に愛情を注がれながら育てられた。人間が母親代わりとなったのだ。ボノボたちはこの二足歩行の霊長類の対照的な姿について、頭の中で区別をつけなくてはならなかった。人間はあのような残酷な仕打ちもできれば、あのような親切な行為もできるのだ、と。まだ幼いうちに学ぶ教訓にしてはややこしいように思える。

保育所で育てられたボノボは、いつまでも哺乳瓶に心を奪われたままで、自らが共感を示すのにも哺乳瓶を利用する。ある大人のメスは、空のプラスティック瓶を手に取り、川の濁った水で満たし、二頭の子供の前に座る（一方は自分の子供だ）。それから一頭の口へと瓶を優しく持っていって傾け、子供が突き出した唇の間に水が流れ込むようにする。口いっぱいに水がたまるとメスは瓶を少し寝かせ、そのまま口に含ませておいて、子供がたまった水を飲み込むのを待つ。そして、さらに飲ませてから、もう一頭に注意を転じる。すると、視線を向けられた子供はすぐに口を突き出す。今度は自分の番だとわかっているのだ。メスはやはりその子供の口の近くに瓶を持っていき、同じことを繰り返す。相手の飲み込む能力に気を配る優しさに満ちたこの手順を、私は他の類人猿では見たことがない。そのメスはママンの役割を再現し、子供たちもそれに合わせているのかもしれない。

なにせ、彼らのすぐそばでは川が滔々と流れているのだから、飲ませる必要はないはずだ。

生と死

死の認識は、人間が宗教を発達させた理由とされることが多い。死ぬべき運命にあるという感覚について語るときには、その感覚があるのは人間だけなのだろうかという疑問が常について回る。私にも明確には答えられないが、他者が死を免れないということに関しては、私たちの仲間の霊長類がそれに気づかないと決めてかかる理由はない。ロラで暮らすボノボのように、類人猿にも死や喪失はすっかりおなじみだ。ときには、自らが相手を死に至らしめる。ある日、ガボンクサリヘビという猛毒のヘビをボノボたちが手早く殺したときもそうだ。ボノボたちはヘビを見て恐怖心を掻き立てられた。ヘビが動くたびに彼らはみな後ろに飛びのいた。代わるがわる慎重に棒で突いていたが、やがてマヤが空中に振り上げ、地面に叩きつけた。ヘビが死んだあと、息を吹き返すだろうと考えているようなそぶりを見せる者がまったくいなかったのが、じつに印象的だった。死んだら一巻の終わりなのだ。幼いボノボたちは死骸をおもちゃにして嬉しそうに引きずり回したり、首にかけたりし、はては、口をこじ開けて大きな毒牙をじっと眺めさえした。

その光景を見て、私はかつて観察したチンパンジーの狩りを思い出した。タンザニアのマハレ山塊でチンパンジーを追っているときだった。突然、木立の上のほうが騒がしくなった。チンパンジーは獲物を捕まえたとき、特別な声を出す。そんな声の出し方があるというだけで、チンパンジーには進んで肉を分け合う気があるのがわかる。そうでなければ、黙っているにこしたことはない。大声を出したために、多くの仲間の注意を惹いた。オスが数頭がかりでアカコロブスというサルを一匹捕まえていた。アカコロブスはチンパンジーにとって独力では捕まえにくい獲物で、たいがいは集団で捕獲する。枝葉越しに見上げていると、チンパンジーたちは、まだ生きているアカコロブスを食べ始めた。チンパンジーは「プロ」の狩猟者ではないため、ネコ科の動物のように、手際良く仕留めるテクニックを発達させはしなかった。そして、人間も同じだが、チンパンジーの獲物の扱いようは彼らの共感能力に泥を塗る。多くのチンパンジーが分け前にあずかろうと群がってきた。なかには性皮が膨らんだメスもいた。そういうメスは優先権を与えられることが多い。ひどくやかましく雑然としていたが、けっきょくどのチンパンジーも肉にありつけた。翌日私は、メスのチンパンジーが娘を背中に乗せて歩いているのを目にした。騎手のようにまたがった幼いチンパンジーは、何かふわふわしたものを得意げに振り回していた。あのかわいそうなアカコロブスの体の一部だった。他の霊長類の尻尾も、その子にとってはおもちゃなのだった。

ある朝、ギザ・テレキがチンパンジーの小集団を追っていると、遠くから騒がしい声が聞こえてきた。オスが六頭、あちこち走り回りながら「ウラー」と叫び声を上げており、それが谷の岩壁に当たってこだましていたのだ。小さな峡谷で、リックスが石の散らばる地面に手足を投げ出して横たわり、動かなくなっていた。テレキは落下するのを見たわけではなかったが、リックスが木から落ちて首の骨を折り、それに対して仲間のチンパンジーがまず示した反応を自分は目撃しているのだと感じた。何頭かはしばらくリックスの死体を見つめていたが、その後勢い良く駆けだしてリックスの死体から離れ、あちこちに大きな石を投げ散らかした。喧噪の中、チンパンジーたちは不安そうに歯を剝き出しながら、抱き合ったり、マウンティングしたり、触れ合ったり、軽く叩き合ったりした。それからかなり長い間、リックスをじっと見つめていた。一頭のオスが太い枝の上から身を乗り出してリックスの亡骸《なきがら》を眺め、哀れっぽい声を上げた。他の仲間たちもリックスの遺体に触れたり、その匂いを嗅いだりした。ある若いメスはリックスの死体を見据えたまま、一時間以上も身動き一つせず、黙り込んでいた。そんな具合に三時間が過ぎてから、とうとう一頭の年長のオスがその開けた場所を離れ、下流に向かって歩いていった。他のチンパンジーも一頭また一頭とそれに続き、死骸を振り返りながら去っていった。(3)

類人猿が死にどう反応するのかについての報告は、しだいに増えてきている。二〇〇九年、ドロシー

という チンパンジーの死にまつわる一枚の写真が瞬く間にあちこちに伝わった。亡骸が、彼女の暮らしていたサンクチュアリのコミュニティに強烈な（それでいて不気味なほど静かな）関心を掻き立てた様子を捉えたものだ。また、スコットランドのブレア・ドラモンド・サファリパークでは、パンジーという名の高齢のメスの死の様子をビデオに収め、詳しく分析した。死の直前の一〇分間、他のチンパンジーは合計一〇回余りグルーミングをしたり、撫でたりしてやった。また、すでに大人になったパンジーの娘はひと晩中、母親につき添っていた。パンジーが息を引き取ると、仲間たちはさまざまな反応を見せた。パンジーの口や手足を動かし、まだ息をしているのか、動けるのかを確かめようとしているらしい者もいたし、パンジーの身体を強く叩くオスもいた。こうした行動は他のチンパンジーの死後にも見られた。無神経に見えるが、死んだ仲間を蘇《よみがえ》らせようとしているのかもしれない。類人猿は、応えがないことに対する落胆と、応答させようという試みの両方の反応を示す場合が多い。だが、集まった者の大半はしゅんとしてしまい、まるで、痛ましい事態になったのを承知しているかのようだ。パンジーの最後の数時間を観察した研究者たちは、「チンパンジーによる死の認識は過小評価されてきた」と結論した(4)。

アーネムの動物園で暮らしていた若いメスのオーティェは、文字どおりばったり倒れてそのまま息絶えた。オーティェは愉快な性格で、陽気で優しく、耳が垂れ下がっていた（オーティェとは「かわいい耳」という意味だ）。だが、最後の数週間はとても物静かだったし、すでに咳をし始めていた。抗生物質を投与したにもかかわらず、症状は悪化した。コロニーは冬用の飼育舎に入れられ、二つの群れに分けられていたので、それぞれの群れにはもう一方の群れの声は聞こえるものの、姿は見えなかった。

その日の昼間、ある大人のメスがオーティェの目を間近で覗き込んでいるところが観察されている。何ら明白な理由はないものの、そのメスはヒステリックな声で叫びだし、断続的に腕を動かして自分の体を叩いていた。これは欲求不満のチンパンジーによく見られる動作だ。そのメスは、オーティェの目の中に見てとったものにひどく動揺している様子だった。オーティェ自身はそれまでずっと静かにしていたのだが、このときに弱々しくも声を上げて応えた。それから横になろうとして、座っていた丸太から落ちた。そして床の上で動かなくなった。もう一方のホールにいた一頭のメスが、最初のメスのものと同じような叫びを上げた。何が起こったのか見えたはずがないのだが。このあと、飼育舎の中にいた二五頭のチンパンジーは鳴りを潜めた。解剖の結果、オーティェの心臓と腹部が広範にわたって感染症に侵されていたことがわかった。

カメルーンのサンクチュアリで暮らすメスのチンパンジーのドロシーは、30歳のとき心不全で死亡した。スタッフがドロシーを手押し車で運び出し、亡骸を見せた。普段は騒々しいチンパンジーたちが周りに集まってきてドロシーを見つめ、互いの体にすがりついていた。彼らは葬儀に参列する人々のように静まり返っていた。

普通、仲間の死に対する反応からは、類人猿がなかなか諦められないことが窺われる（母親が死んだ赤ん坊を何週間も手放さず、やがて死体が乾燥してミイラ化してしまう場合がある）。彼らは死体をあらため、生き返らせようと試みる。動揺もしていれば、しゅんとしてもいる。死んでしまったら元には戻れないことを理解しているようだ。類人猿は、人間が埋葬前に死者に対してすること（体に触れ、清め、聖油を塗り、身づくろいさせるといったこと）と同じような反応を見せる。だが人間はそれにとどまらず、死者に「旅」支度をさせることがよくある。たとえば、エジプトのファラオの墓には、豊富な食べ物やぶどう酒、ビール、猟犬、猫、手飼いのヒヒ、果ては実物大の帆船までが納められていた。人間はしばしば死を生の続きと見なす。人間以外の動物がそうすることを示す証拠はない。

それでも類人猿は、他者が死ぬかもしれないことを心配するようだ。ボノボは、密猟者がカワイノシシやダイカーを捕獲するために仕掛けておいた罠にかかってしまっても、たいがいは逃れることができるが、指や手を失った野生のボノボがかなり見られるから、ボノボたちがいつも幸運に恵まれているわけではないと思わざるをえない。こんな事例が報告されている。あるとき湿原の森に突然響き渡る叫び声を聞いたフィールドワーカーたちは、オスのマルスがうずくまる姿を見つけた。マルスは片手を金属製の罠に挟まれ、その罠が取りつけてある若木を引きずっていた。若木のせいでマルスは思うように動けなかった。他のボノボたちは絡まった蔓植物から罠を外し、それからマルスの手を罠から外そうとした。だがうまくいかず、罠は何度も蔓植物に絡まってしまい、マルスはその場に置き去りにされ、仲間たちはいつも寝場所にしている乾燥した森に戻っていった。ところが翌朝、彼らはかつて見せたことのない行動をとった。一・五キロメートル以上離れた所から、最後にマルスの姿を見た地点に一直線に戻ったのだ。目的の場所に差しかかるとボノボたちは歩を遅め、あたりを探し始めた。彼らは罠についての知識に基づき、群れの一員を失ったと思っていたのかもしれない。マルスを見つけられなかったが、一か月後、マルスはコミュニティに戻ってきた。片手はもう使えなくなっていたものの、試練を生き抜いたのだ。(5)

類人猿は、死が生とは違うことや永続的なものであることなど、死に関する知識を持っていると考えて差し支えなさそうだ。これは類人猿以外の一部の動物にも当てはまる。たとえば、ゾウは群れの仲間が死ぬと牙や骨を拾い、鼻でつかんで仲間から仲間へと順に回していく。なかには何年にもわたって、身内が死んだ場所に戻ってくる者もいる。とはいえ、ただ遺骨に触れ、それを点検するだけだ。その相手がいなくなって寂しいと感じているのだろうか？　死んだ者の生前の様子を思い出すのだろうか？　こうした疑問には答えようがないが、死に惹きつけられ、また、おじけづくのは人間だけではない。

以前、アーネムのチンパンジーたちに、かつての仲間やライバルの姿を見せ、死の永久性を試した。『チンパンジーの一族（*The Family of Chimps*）』という映画がある。従来のドキュメンタリーには見られないかたちで類人猿の個性と知能を捉えた作品だった。この映画は世界中のテレビで放映されてヒットした。(6) 私がオランダを離れたあとに制作された作品だが、私のかつての友たちを描くにあたって、愛情あふれる気配りがされており、初めて観たときは涙が出た。映画にはコロニーのアルファオスだったころのニッキーが出ていたが、その後の数年間に、二頭のオスが連携し、ニッキーに対抗するようになった。ニッキーはかつてないほどピリピリした状態だったに違いない。というのも、ある朝、自分の背後から叫び声や威嚇の声が聞こえてくると、全速力で飼育舎から飛び出し、島型の放飼場を取り囲む堀に一目散に向かっていったからだ。一年前、ニッキーは氷が張っていたおかげでその堀をうまく渡った経験があった。その偉業を再現できると考えたのかもしれない。ところが今回は渡りそこなって溺れてしまった。新聞各紙はこれを「自殺」と報じたが、混乱して突発的行動をとり、致命的な結果となった可能性が高い。

ニッキーが死ぬと二頭のオスの連携は霧散し、当然のように敵対心が芽生えた。ダンディが新たにアルファオスとなったが、ニッキーの亡霊はまだ消えず、映画『チンパンジーの一族』を見せたときのコロニーの反応によって、それが明らかになった。制作されてから二年以上が過ぎたある夜、私たちは冬季用の飼育舎を映画館に仕立てた。照明をすべて落とし、剝き出しの壁に映画を映した。チンパンジーたちはしんと静まり返って観ていた。全身の毛を逆立てている者も何頭かいた。映画の中で、一頭のメスが若いオスたちに攻撃されると、憤慨の声がいくつか上がったが、映っているのが誰なのかを彼らが理解しているかどうかは判然としなかった。ようやくはっきりしたのは、ニッキーが得意満面で登場したときだ。ダンディは歯を剝き、叫び声を上げながら、ニッキーと対抗した際に自分を助けてくれたオスに駆け寄り、その膝の上に文字どおり飛び乗った。二頭のオスは不安そうに歯を剝き出し、抱き合った。

ニッキーが「復活」して、昔の協力関係が蘇ったのだ。

雨の中で踊る

宗教の起源とされるものはいくらでもある。死ぬべき運命に対する恐れはそのうちの一つにすぎず、他にもっとたくさんあるのだ。まるで酒場で思いついたかのような説によると、陶酔が宗教の根源にあるという。ぶどう酒やビールは、昔から体を強健にすると考えられてきたが、想像力も与えてくれる。酔っぱらいに増長はつきものだから、私たちの祖先は無敵となった自分たちの姿を想像し、目下存在する自分というものの先を思い描くようになった。精神に変化をもたらすこの陶酔と宗教の結びつきは、宗教の儀式でアルコールが果たす役割に今なお見てとれる（英語では「精神」や「霊」を表す「spirit」という単語の複数形は、「蒸留酒」という意味を持っているではないか！）。たとえば、ギリシアの酒の神ディオニュソスの崇拝、ぶどう酒をキリストの血と見なすカトリックのミサ、ユダヤ教で飲酒前に唱える、「我らが神にして、ぶどうの木になる果実の創り主たるお方が、ほめ讃えられんことを」というキドゥーシュ（祈り）などを考えるといい。欽定英訳聖書にはぶどう酒という言葉が二三一回も登場する。ぶどう酒は人間の精神を解放するという不思議な性質を持っているので、多くの宗教で主要な役割を担っている。

発酵させた飲み物がもたらす健康面での恩恵や、体の状態全般への関心は、黎明期の宗教とは切っても切れない関係にあった。効果的な治療法がなかった当時、軽度の感染症でも命を落とす可能性は誰にでもあった。人々は宗教を頼りとして慰めを見出し、治癒を祈願した。信心深さと健康の疫学的結びつきがしっかりと実証されていること(7)を考えれば、そうするのももっともだったかもしれない。宗教は心身の健康を増進するようだ。だが、取り急ぎ付け加えておきたい。どうしてそうなるかについては見解がほとんど一致していない。たとえ多くの宗教に、食事、薬、結婚、健康法を定める規則があるにしても、それが理由とは思えない。それよりも、研究の結果から考えられるおもな要因は礼拝への出席で、そこからは社会的な側面が浮かび上がってくる。社会的つながりが免疫系を強化することはよく知られており、この点に関して礼拝への出席が有効なのは確実だ。もしそうならば、病気から守ってくれるのは宗教そのものではなく、人間どうしの触れ合いということになる。おそらく、似たような恩恵は読書クラブや野鳥観察会のメンバーも受けられるだろう。とはいえ、教会では、より多くの責務が共有され、それによって帰属意識が高まる。フランス人で社会学の父、エミール・デュルケームは、集団での儀式や神聖な音楽、斉唱を重視した。これらのおかげで宗教的慣習は、絆を生む抗し難い経験となる。さらに、神を愛着の対象となる存在とした者もいる。そのような神は、ストレスの多い状況で安心感や慰めをもたらしてくれる。さらに、多くの宗教には、道徳的な判断を下さない、優しい表情の女性像がある。キリスト教のマリアから、ギリシア神話のデーメーテール、中国の観音まで、こうした母性的な慰めの拠り所は、母親が子供に対してするように、私たちの悲しみの重荷を軽減するようにできている。

だが、宗教の起源の話は、これでおしまいというわけではない。そこには、私たちには制御できない自然の出来事に対する畏敬や驚嘆もある。それが人間特有ではないかもしれないことは、チンパンジーが滝に向かって、あるいは土砂降りの間に、突進のディスプレイを見せることからわかる。私はその様子を初めて目撃したとき、自分の目に映る光景が信じられなかった。アーネムの動物園のチンパンジーは「雨の顔」(眉を引き下げ、下唇を突き出した嫌悪の表情)をして、背の高い木々の下に惨めな姿で座り込み、なるべく濡れないようにしていた。ところが雨が激しさを増し、木の下にいても濡れるほどになると、二頭の大人のオスが立ち上がり、毛を逆立て、「二足ふんぞり返り歩き」として知られるディスプレイを始めた(ごろつきのような歩き方を想像するといい)。雨宿りをしていた木の下を離れ、ずぶ濡れになりながら、リズミカルに揺れ動くように大股で歩き回った。雨が弱まると二頭は再び座り込んだ。それ以来、同じような行動を何度か目にした私は、これを「レインダンス(雨踊り)」と呼ぶ意見には賛成できる。なぜならまさにそう見えるからだ。ジェーン・グドールは、轟く滝の近くでチンパンジーのオスが同じような行動に出る様子を次のように描写している。

しだいに近づき、落水の轟きが大きくなると、彼の歩調が速まり、体じゅうの毛が逆立つ。そして滝に到着すると、滝壺近くで堂々たるディスプレイを見せる。直立してリズミカルに、体重を左右の足に交互にかける。浅瀬で足踏みし、水を跳ね飛ばし、大きな石を拾い上げては投げ散らかす。ときに、はるか頭上の木の上からぶら下がっている細長い蔓植物によじ上って揺らし、落水のしぶきの中へと躍り出ていく。この「ウォーターフォールダンス（滝踊り）」は一〇分から一五分続く。(8)

グドールは続いてこう思い巡らす。こうしたディスプレイが儀式化され、何らかのアニミズムの宗教になりうるか？　チンパンジーどうしでこうした感情を共有できるならばどうなるか？　これは自然力に対する集団崇拝につながるのか？　もっとも、同じ行動に対してまったく異なる解釈をすれば、類人猿は、理由は何であれ、自分たちが自然の推移に影響を与えられると思い込んでいるということになるだろう。突進のディスプレイの最中に雨が止むといった偶然の出来事があり、一生懸命ディスプレイをすれば雨は止められるという迷信が生まれたのかもしれない。このような間違った連想を頭の鈍い証拠だと考える人がいるなら、どの霊長類が最も迷信深いのかについては疑問の余地がほとんどないことを肝に銘じるべきだ。もちろんそれはチンパンジーではない。

幼いチンパンジーは人間の子供より賢い。これは、少なくとも、ある実験から得られた衝撃的な結論だ。その実験で科学者たちは、チンパンジーにも人間の子供にも、一つの簡単な手順の手本を示した。一人の科学者が、プラスティック製の大きな箱に開いた穴に棒を突っ込んだ。穴はいくつもあって、次々に棒を突っ込んでいるうちにキャンディが出てくる。ただし「当たり」の穴は一つしかなく、他の穴からは何も出てこない。箱が黒いプラスティックでできていれば、棒を刺したうち何回かは見せかけだとはわからない。だが、中身が透けて見える箱であれば、キャンディがどの穴から出てくるのかは明らかだ。幼いチンパンジーは棒と箱を渡されると、少なくとも透明な箱の場合は、空の穴はすべて無視して必要な動作を真似た。チンパンジーは注意深く見ていたのだ。ところが人間の子供たちは、科学者が示した手順を一つひとつそっくりそのまま真似た。何の意味もない動作もだ。透明な箱の場合にさえ同じようにした。子供たちは、チンパンジーが見出したような、目的達成に向けた課題というよりも、不思議な儀式のように問題に取り組んだのだ。(9)

ヒトという種は信じられないほど迷信深い。だから、合理的な動物にはふさわしくない習慣をいくつも作り上げる。イギリスやアメリカでは、災いを招きたくないときには木に触れる。応援しているチームの試合中は幸運を祈って、着古したTシャツを身につける。一部のサッカー選手はフィールドに出るときに必ず下着を裏返しに着る。野球選手はいくつも儀式を行なってから、ようやくバットを手に取る。メジャーリーガーのターク・ウェンデルは、マウンドではいつも黒いキャンディを四粒嚙んでいた。イニングが終わるたびに吐き出し、そのあと必ず歯を磨いてから戻ってくるという具合だった。私たち人間は数字にも敏感だ。中国では徹底的に四を避け、西洋では一三を恐れる。私はアメリカに来たとき、建物に一三階がないのには驚いたが、今ではそれにすっかり慣れてしまい、先ごろ、オランダの大型クルーズ船に乗り、非常時のために私に割り当てられた救命ボートが一三番だったときには逆カルチャーショックを受けた。作曲家のアルノルト・シェーンベルクは「一三」恐怖症にひどく苦しみ、そのせいで命を落としたのかもしれない。彼は一三の倍数をとりわけ恐れていたのだが、七六歳の誕生日にある友人に、数は足すこともできるのだと指摘された。なんという友人だろうか。シェーンベルクは一〇年後の一九五一年七月一三日、終日ベッドから出ることなく、無事その日を乗り切れそうだったが、一三日が過ぎ去る一五分前、心臓が止まった。その日は金曜日でもあった。

ソファを引っ掻けば餌をもらえると思っている飼い猫もいれば、以前キッチンでくるくると回っていたら餌をもらえたことがあるからと、そうする犬もいる。一方で、負の連想もある。わが家の猫のうち、ルーケは肛門の近くを手術したことがあった。排泄のたびにひどく痛がり、とうとうそれを「猫用トイレのせい」だと思い始めた。トイレに近寄るのは、もう我慢できないときだけで、そっと忍び寄るかのようにトイレに近づき、素早く飛び込んで、あっと言う間に飛び出したものだ。トイレに襲われかねないとでも言わんばかりのすばしこさだった。私たちは半年もの間、ルーケが汚した跡を辛抱強く掃除し続け、恐怖症を克服させた。このような誤った連想を「迷信」と呼んだのは心理学者のB・F・スキナーだ。彼はハトと給餌機を使った実験で、ハトの行動に関係なく一定間隔で餌の粒を与えた。するとハトは餌が出てくることと、その直前に自らがとった行動とを自然に結びつけ始めた。そのため、すぐに、小さな輪を描いて歩き回るハトや、頭をケージの同じ隅に押しつけてばかりいるハトが出てきた。とはいえ、こうした行動が本当に人間の迷信と同等であるかどうかは議論の余地がある。

私たちは迷信を真剣に受け止めてしまうあまり、ときに進歩が妨げられる。よく知られている例として、アメリカ合衆国建国の父の一人、ベンジャミン・フランクリンが考案した避雷針が挙げられる。フランクリンはまず、凧《たこ》を使って雷が電気であることを実証し、それから、そのエネルギーを地面に逃がして落雷による被害を回避する方法を発明した。雷は頻繁に教会の塔を直撃するため、避雷針を設置する理想的な場所は塔の先端だった。ところがフランクリンは、このように教会に注目したために、雷は神の怒りの表れであるという考え方と衝突する羽目になった。神の家のてっぺんにフランクリンの装置を据えることは、神の意思に公然と逆らうようなものだった。フランクリンについて書かれた『神の雷を盗む（*Stealing God's Thunder*）[10]』という本があるが、打ってつけのタイトルだろう。とはいえ、避雷針はとても効果的だった。フランクリンの避雷針の大半はボストン周辺の教会に取りつけられたので、そこで落雷の被害に遭う教会は他のどの地域よりも少なかった。それにもかかわらず、神の御業《みわざ》を避けるという考え方そのものを冒瀆と思う人もいた。一七五五年にマサチューセッツが大きな地震に襲われたとき、ある牧師は、フランクリンの異端とも言うべき傲慢さが地震を招いたのだと非難した。

迷信は現実と想像の境界を曖昧にする。宗教や神への信仰も同じだ。あるレベルでは、神の存在は多くの人たちにとって絶対的に確かだが、別のレベルでは常に批判を免れない。宗教が「信仰」と呼ばれる理由は、見えないものを信じるからにほかならない。先述の、箱を使った模倣実験からわかるとおり、私たち人間はそれが得意だ。チンパンジーは課題を額面どおりに受け止め、不必要な動きは無視したが、人間の子供たちは実験者を信じ、動作を逐一真似た。子供たちはその手順に謎めいた重要性を与えた。類人猿のほうが合理的だと言えるという結果に、当然、心理学者は納得しなかった。たちまち子供たちによる「過剰模倣」などと言いだし、これを望ましいものと見なした。実際、これは素晴らしいのだ！　大人のほうが優れた知識を持っているのだから、子供たちは一も二もなくそれを真似るべきだ。盲信のほうが合理的な戦略であるというのが、彼らの結論だった。

だからといって、人間と同じ霊長類の近縁種たちが想像力を働かせたり、ごっこ遊びをしたりすることはありえないというわけではない。人間に育てられた類人猿についての報告がいくつかある。たとえばチンパンジーのワショーは、注意深く人形に水浴びをさせたし、ヴィキィの場合には、想像上のおもちゃを想像上のひもにつなげて引き回し、おもちゃが「ひっかかった」ときには外してやるといった真似ごと遊びをした。自分がママンになったつもりでだろうか、たとえ必要がなくても、幼いボノボに哺乳瓶で水を与えるメスのボノボの話はすでに紹介した。野生のチンパンジーの場合には、想像上の子供を世話する様子が観察されている。フィールドワークをしていたリチャード・ランガムは、カカマという六歳のチンパンジーの子供を観察した。カカマは小さな丸太をあたかも生まれたばかりの赤ん坊のように持ち運び、揺すってあやした。一度に何時間もそうし続け、木に寝床を作って丸太をその中に優しく寝かせたことさえあった。ランガムはこうした観察結果から結論を出すのを渋ったが、オスの子供が人形遊びをしていたことを認めざるをえなかった。カカマは弟か妹の誕生を予想していたのかもしれない。というのも、そのとき彼の母親のお腹には子供がいたからだ。私自身、幼いチンパンジーが同じように振る舞い、布や箒《ほうき》を優しく抱えているのを見たことがある。野生のメスのゴリラが、柔らかい苔《こけ》の塊を引き剝がして持ち運び、まるで「授乳している」かのように胸元に抱え込んでいるところも観察されている(11)。

類人猿も、おなじみの現実と並んで存在する新しい現実を創り出せるのかもしれない。おなじみの現実では、丸太は丸太にすぎないが、新しい現実では赤ん坊だ。この二重の現実を持つ能力が、人間はおおいに発達しているので、たとえ、「偽薬」と明記してある瓶から看護師が砂糖の錠剤を取り出したとしても、私たちはそれを呑んで健康状態が改善する。私たちはあるレベルでは、錠剤は偽物と知っているが、別のレベルでは、効果があるだろうとなおも信じている。同じように、映画の中のロマンスや争いや死にのめり込むものの、同時に、俳優が演技をしているだけであることは百も承知している。私たちは新しい現実のために、本来の現実を一時停止させるのが得意だ。これは、大人気の日本のポップスター、初音ミクが成功を収めている一因でもある。初音ミクはホログラムにすぎないのに、乗りの良い若者たちを大勢惹きつけている。彼女はコンピューターで描いた3D映像で、女性としての人格を持ち、声は合成音声なのだが、バンドの生演奏に合わせて歌い、踊り、聴衆をはるかに見下ろす大きさにもなる。彼女は人間の大きさに限られてはいないからだ。コンサートのチケットは数分で完売する。ファンは彼女が実在の人間であるかのようにいっしょに歌い、セクシーな動きに反応する。

ネオ無神論者が好んでするように、「重要なのは経験可能な現実だけだ。事実は信念に勝る」と主張すれば、人類から夢や希望を奪うことになる。私たちは自分の想像を、身の周りのあらゆるものに投影する。映画でも、演劇でも、オペラでも、文学でも、ヴァーチャルリアリティでも、そして、そう、宗教でもそうだ。ネオ無神論者とは、映画館の外に立って、レオナルド・ディカプリオが本当にタイタニック号とともに沈んだわけではないのだと告げる人のようなものだ。そんなことなど、言われなくてもわかっている。ほとんどの人はこの二重性に何ら違和感を覚えない。ユーモアも二重性があってこそのものだ。ある状況に対して、私たちにまんまとある見方をとらせておき、それから別の見方を示して不意を衝く。現実の内容を豊かにするのは、私たちの持っているうちでもとくに愉快な能力で、子供たちのごっこ遊びから、歳を重ねるうちに抱く死後の生のビジョンまで、多岐にわたって発揮される。

現実には、本当に存在するものも、ただその存在を信じたいだけのものもあるのだ。

明日のことは考えない

耳の感染症の疑いのある高齢のチンパンジー、ボリーが妙な要求をした。就寝用の飼育舎にいる彼女を訪れたところ、ずっとテーブルの方に向かって手をひらひらと振り続けていた。テーブルには、小さいプラスティック製の鏡が置いてあるだけだ。数分間これが続いたので、私たちはボリーが鏡を欲しがっているのだと思い、渡してやった。

ボリーは片手で鏡を持ち、もう一方の手で藁《わら》を一本拾い上げた。そして鏡を傾け、自分の耳を見ながら藁を差し込めるようにした。耳掃除をしている間、鏡で念入りに経過を見ていた。まるで、初めからそうするつもりだったかのようだ。これはごく単純な作業に見えるかもしれないが、ある程度の知力を要する。まず、ボリーは鏡を使えば自分の姿が見られることを知っている必要があったが、その知識を持ち合わせている動物はわずかしかいない。もっとも、類人猿が鏡に映る自分の姿を認識できることは十分に裏付けられている。次に、ボリーは自分の動作をずっと計画していたに違いない。というのも、そうでなければ、どうして鏡をすぐに使えるだろうか？

動物には「今」と「ここ」しかないと考えられることが多いが、どう見てもボリーは、自分が必要なものを私たちに指し示す機会を待っていた。実際、計画を立てる能力は、類人猿ではおおいに発達している。他の例を挙げよう。たとえば、野生のチンパンジーは背の高い草の茎を集め、口にくわえて何キロメートルも運び、やがてシロアリの塚に行き着くと、その茎を使ってシロアリを釣り出す。同じように、動物園で飼育されているチンパンジーも、夜間用のケージで藁をひと抱え集めてから、寒い外に出る。だが、計画を立てることの例として最もよく知られているのは、間違いなくサンティノの場合だ。スウェーデンの動物園で飼育されていたオスのチンパンジーのサンティノは、毎朝来園者が来る前に、放飼場を取り囲む堀からのんびりと石を拾い集め、見えない場所にきちんと積み上げ、小山にしておく。これで、動物園の開門時間には武器の準備は万端だった。多くのオスのチンパンジーと同じように、サンティノは日に数回、毛を逆立てて駆けずり回り、コロニーを威嚇した。物を周りに投げるのはその示威行動の一環で、それには、用意しておいた石を来園者に向かって投げることも含まれていた。ほとんどのチンパンジーは、いざというときに備えがなくて手ぶらだが、サンティノはこのために石の山を準備していたのだ。しかも用意したのは静かな時間、つまり、アドレナリンがいっぱい分泌され、派手な示威行為を見せる気分になるよりはるかに前だった。(12)

計画を立てる能力に関する実験は、ヴォルフガング・ケーラーにまでさかのぼる。ケーラーは一九二〇年代に、天井からバナナを吊し、類人猿に箱と棒を与えるという実験を行なった。第五章ですでに見たように、ゾウもこの問題を解決できる。その後、類人猿に、すぐには使えないがあとで役に立つかもしれない道具を選ばせるという実験も行なわれた。類人猿はすぐにもらえる報酬よりもこれらの道具を好み、将来得られる利益を見越して、道具を手放さなかった。[13] また、とある革新的な実験で、科学者たちは、類人猿がそれまで目にしたこともない解決策を思い描けるかどうかを調べた。彼らは、中身は見えるが小さ過ぎて手が入らない入れ物を類人猿に与えた。入れ物の底には殻がついたままのピーナッツを置いておく。ピーナッツには手が届かないし、道具もない。彼は指をくわえてピーナッツを見つめるほかないのだろうか？　だが彼は解決方法を見つけた。蛇口の所に行き、口いっぱいに水を含み、入れ物の中に吐き出したのだ。ただしひと口では足りなかったので、何度か蛇口と入れ物の間を行き来し、浮いてきたピーナッツを指でつまんだ。ある類人猿にいたってはさらに独創的で、入れ物に排尿して目的を達した。[14]

未来を知り、死を認識すると、死ぬべき運命という感覚が生まれるかもしれない。だが、たとえ霊長類の近縁種が、私たちと同じ想像力や未来志向性をいくぶん持つとしても、自分自身の死を考えるかどうかは依然はっきりしない。その好例として、たとえば京都大学霊長類研究所のチンパンジー、レオの場合を挙げよう。レオは若い盛りに脊髄炎症を患って首から下が麻痺状態になった。食べたり飲んだりすることはできたが、体は動かなかった。体重が減り続け、床ずれが悪化するなか、半年にわたって獣医や学生が二四時間体制で世話をした。レオは回復したが、最も興味深いのは、寝たきりという苦境に対するレオの反応だった。

レオの世話に携わった者全員の目に明らかだったのは、全身が完全に麻痺していた間、物事に対するレオの態度がずっと変わらなかった点だ。若い学生たちに水を吐きかけてからかうこともたびたびあった——病気になる前とまったく同じように。自分の生をどう考えるかは、病気になってからも、病気になる前までと変わらなかった。レオが痩せ細り、床ずれだらけになってさえも、私たちは何ら変化を感じなかった。率直に言えば、レオは自分の将来について心配しているようには見えなかった。憂いに沈んだりはしなかった。私たちには、状況はきわめて深刻に見えたのだが。(15)

私たち自慢の想像力は、両刃の剣のようなものだ。類人猿なら心配せずにいられる状況でも、私たちは絶望を感じてしまう一方、想像力のおかげでより良い未来を思い描けるので、希望も得られる。実際、私たちははるか先を見据えているので、人生には終わりが来ることを承知している。それを理解することが、私たちのあり方に計り知れない影響を及ぼし、人生の意義の永続的な追求にも、「人生などろくでもないものだし、その挙句、死ぬんだ！」の類の悪態にもつながる。頭上に垂れ込めるこの雲がなければ、私たちは超自然的なことを信じるようになっていただろうか？　答えの一端は、人間は自らの死ぬべき運命を意識すればするほど、そして、それについて考えれば考えるほど、神を信じるようになるという研究結果から得られる。(16)いわば、人々はボートが揺れるのを感じて、嵐の海に漕ぎ出した旅人がたいていするように、人知を超える力に助けを乞うのだ。

とはいえ、死恐怖症に悩まされるという点で私たち人間は際立っていると結論する前に、重要な但し書きを加えておく必要がある。私はボスの「快楽の園」を見るたびに、それを思い知らされる。私たちはたいがい、死について考え込むかわりに、そうした考えは棚上げしてしまう。気の確かな人ならば、自分が死ぬべき運命にあることを真正面から否定したりしないのはもちろんだが、私たちの多くが永遠に生きるつもりであるかのように振る舞う。ボスの絵は、この幻想に対して大々的な警告を発している。「快楽の園」には、小さな喜びに心を奪われている中年の独り者があふれている。ある専門家が言うように、「明日のことなど考えない彼らの唯一の罪は、罪の意識を持たないことだ[17]」。裸の人々は、大勢集まった中にいても、孤独で内向的に見え、現代のティーンエイジャーと似ていなくもない。今の若者は集団で行動していても、それぞれのスマートフォンに釘付けだ。「快楽の園」の中央パネルに描かれた快楽主義者たちは、子供も育てないし、価値のあるものも生み出さず、パートナーを必要とする好色な情事にときおり耽るほかは、いわば実存の繭《まゆ》に閉じこもっている。これが肉欲の楽園であるならば、そこに

「快楽の園」では、喜びを求める大勢の人が各自の繭の中で生きている。このカップルを包む泡は、愛のはかなさを象徴する、ひびの入ったガラスだと解釈されている。だが、ひびは羊膜の血管のように見え、その羊膜が2人を外の世界から遮断している。その一方で右下の男性はガラスの管（錬金術を暗示している）を通してネズミを見ている。象徴的な意味合いははっきりしないが、私にはどうしても行動科学者に見えてしまう。

は目的も達成もない。彼らは必ず降りかかる死や破滅も含む、より大きな世界は頭にないようだ。不死身のように振る舞っている。それにひきかえ、絵を観賞する私たちは、右側のぞっとするようなパネルが目に入り、その一寸先を知る。

トルコの作家エリフ・シャファクが、あるラジオ番組で「世の中を変えるアイディアを六〇秒で」示してほしいと求められたとき、着想の源にしたのは、死ぬ前に少しばかり死を味わってみよというイスラムの神秘主義の勧めだった。(18) 仏教でもその重要性が知られており、自らの死を受け容れると解《げ》脱《だっ》できるとされている。シャファクによると、現代社会は死の否定に基づいているため、私たちはみな、ヘアサロンのようなサロンに行き、そこで一時間、死を、自分自身の死を味わう必要があるという。そうすれば心がより穏やかになり、生のありがたみが増すというのだ。私たちは、死を免れないことは承知しているが、その知識を生活に組み込むのに苦労している。私はシャファクの提案を聞いたとき、中年向けには素晴らしいが、私と同年配の人には不要に思えた。私の世代の人は、すでに親の死を見届けている。あるいは、いつそうなってもおかしくないという覚悟ができている。兄弟姉妹、友人、配偶者、ひょっとすると子供さえも亡くした経験がある。パーキンソン病や癌やアルツハイマー病などの恐ろしい病気に見舞われた友人もいる。年齢を重ねれば重ねるほど、加齢による体の衰えを経験し、私たちがこの世で過ごせる時間が限られていることを痛切に意識するようになるのだ。

ピーテル・ブリューゲルはこの点を、たった一枚の絵の中で可能なかぎり明確かつ恐ろしいかたちで表現した。荷馬車に頭蓋骨が山と積まれ、その一方で、あらゆる境遇の人（農夫から聖職者、貴族に至るまで）が、分け隔てなくあの世へと連れていかれる。食い止めようのない軍隊のように死者が生者に向かって押し寄せ、彼らを巨大な扉の中へと導く。また、遠くでは火が燃え拡がっている。はるか彼方で絞首刑が執り行なわれ、犬が死んだ女性の顔を食べ、首にひき臼をくくりつけられた男性が水の上に逆さ吊りにされかかっている。晩餐の卓に集う客は剣を抜いたり、迫り来る屍から逃れたりしようとして、空しい悪あがきをする。その一方、右下の隅では、恋をする男性が周囲の様子など意に介さず一人の女性のためにリュートを奏で、その女性の背後では骸骨がリュートに合わせて楽器を掻き鳴らす。この胸の悪くなるような死の軍隊と破滅をブリューゲルが描いたのは一五六二年で、この世の地獄という着想のもととなった「快楽の園」の半世紀ほどあとだ。「死の勝利」という、打ってつけのタイトルがついている。

現代の作品でこの絵に匹敵するのが、「生者の心における死の物理的不可能性」と題するディスプレイで、イギリスの芸術家ダミアン・ハーストの手になる作品だ。イタチザメのホルマリン漬けが展示用ガラスケースに収まっている。サメは巨大で、ぱっくりと開けた口の中には歯がずらりと並んでいるので、死という行く末を身近に感じさせる。このサメがニューヨークに上陸し、メトロポリタン美術館で公開されたときには、次のように紹介された。「水槽の中に浮かび、静止しているその姿を実際に目で見るまではよく理解できないかたちで、生と死を同時に体現している」(19)。もっともこの芸術作品は、フライドポテトが添えられていない法外な値段のフィッシュフライとも評された。

死はなんとも受け容れ難いため、私たちは死について考えまいとし、まるで、死んだ人はより良い場所へと旅立ち、自分もいつかそこで再会するかのように振る舞う。手の込んだ埋葬は祖先のクロマニョン人の時代までさかのぼる。クロマニョン人は、象牙の玉や腕輪や首飾りといった装飾品を身につけさせて死者を送り出した。死後の生を信じていなければ、貴重な品をそれほど多く墓に残したりしない。この手の儀式を行ない、その儀式によってもたらされる癒しを味わうのは私たち人間だけだが、自分が死ぬことに気づいているのが人間だけという見方には、私はまだ完全には納得が行かない。先述のチンパンジーのレオは若い大人のオスであり、最適の例ではなかったかもしれない。レオの年齢では、差し迫る死を受け容れることはめったにない。多くの種では、年老いた者は若い者よりもずっと賢いようだし、何年もかけて生命力を徐々に失っていくことは、レオに降りかかった、突然体が動かなくなる事態とはまったく異なる経験だ。年老いた類人猿は木に登るのがどんどん難しくなっていくのに気づいたとき、またゾウは群れについていくのがますますつらくなってきたとき、それまで生や死について学んできたことを自分の体に当てはめはしないのだろうか？

何とも言えないが、きっぱり否定するわけにはいかない。

フロイトのためらい

誰もが満足するように宗教とは何かを言葉で説明するのはとうてい不可能だ。以前、アメリカ宗教学会のフォーラムに出席したとき、まずは宗教を定義しようと、ある参加者が提案した。至極妥当な意見ではあったけれど、別の参加者がただちに却下し、前回、宗教を定義しようとした際に、参加者の半数が憤然と会場をあとにしたではないかと一同に訴えた。宗教の名を冠する学会でさえこのありさまだ！　だから、次のように言うにとどめておこう。宗教は「超自然的なもの、神聖なもの、あるいは霊的なものに対して共有される畏敬の念であるとともに、そうしたものと結びついた象徴や儀式、礼拝でもある」。この定義では霊性と宗教の区別がつかないが、「共有」された畏敬の念である点を強調することによって、個々人の取り組みを排除し、集団的現象のみを対象とする。宗教をこのように定義すれば、人間の普遍的特質となる。

これまでに挙げられている例外は、ブラジルの森に棲むピダハン族だけだ。もっとも、ピダハン族が宗教を持たないという主張（彼らは「無神族」と呼ばれてきた）は、一次資料を精密に調べると、正しいとは言えない。ピダハン族とともに暮らしたアメリカの元宣教師ダニエル・エヴェレットは、彼らが霊に話しかけ、霊のために踊る様子を次のように説明している。ピダハン族は、種子や歯、羽根、ビール缶のプルトップで作った首飾りを身につける。その首飾りは、「装飾性など二の次で、主要な目的は彼らがほぼ日常的に目にしている悪霊を撃退すること[20]」だ。そして彼らには霊が見えるだけではない。彼らは裏声で話している間に霊と交信するのだ。ただし、ピダハン族は悪霊を恐れるあまり、けっしてその名を口にしたがらない。霊と交信した直後であっても、「知らない。そんなものは見えなかった」などと、霊の存在を否定する。こうした恐れのために、ピダハン族が本当は何を信じているのか、西洋人には突き止め難いが、何かを信じているのは間違いない。ただ、それが私たちにはなじみのないものであるというだけの話だ。

宗教が広く受け容れられているとすれば、次に疑問となるのは、なぜ宗教は発達したのかだ。生物学者はいつも生存価に思いを巡らせる。宗教はどんな利点をもたらすのか？　これまでこの疑問に答えるため、初期のキリスト教徒と周囲のローマ人たちが比較されてきた。二つの伝染病がローマ帝国を襲い、それぞれ人口の三分の一の命を奪ったが、キリスト教徒はローマ人よりはうまく切り抜けた。

キリスト教徒は病が重くて手助けが必要な人たちのもとに水と食糧を運び、キリストの名のもとに病人の世話をしたが、ローマ人は自分が感染するまいと、最愛の人たちをまだ息のあるうちに早々と見捨てたのだ。キリスト教徒は感染の危険を冒したのにもかかわらず、ローマ人より長生きしたことが、墓碑銘の研究から明らかになっている。

だが、これは正当な比較だろうか？　不備な点を挙げよう。第一に、ローマ人も大変信仰が篤く、マールスやウェヌスといったローマの神や女神を熱心に鎮め、喜ばせようとした。したがって、じつは私たちは宗教を持つ人と持たない人を比較しているわけではないのだ。第二に、初期のキリスト教徒は、どこにでもいたわけではなく、迫害を受ける少数派だったので、共通の敵と闘う緊密なコミュニティに属していた。そのため共通の目的を持っていたに違いなく、それが健康面でも有益な影響をもたらしたのかもしれない。残念ながら、宗教の成功の原因を特定しようとするのは、言語を持つ利点を問うようなものだ。言語に利点があるのは間違いないだろうが、人類はみな言語を持っているから、どうにも比較材料がない。宗教についても、私たちはみな同じ境遇にある。ただ一つ言えるのは、宗教を廃止したり妨げたりする試みは、悲惨な結果を招いてきたということだ。

これはソヴィエト連邦のスターリンや、中華人民共和国の毛沢東、カンボジアのクメール・ルージュのポル・ポトにも当てはまる。彼らはみな、自国の何百万という人を拷問したり、殺害したり、餓死させたりした。クメール・ルージュは宗教をいっさい禁じ、罪を問われた一般大衆に、「生かしておいても得にならない。殺したところで失うものもない」という身の毛もよだつスローガンを掲げた。こうしたイデオロギーは格別に健全な社会を生み出しはしなかったし、生物学的見地に立てば大失敗だった。その一方で、このような反宗教的な態度は、もっと大きな動きの一端だった。三か国とも既成の秩序の転覆を経験しており、そのため、すでに確立された宗教の力を制限する必要が生じたのかもしれない。したがって私は彼らの残虐行為を必ずしも無神論そのもののせいにするつもりはない。同じように、神の名のもとに人を殺すこと、たとえば、十字軍遠征や一六世紀のスペインによるメキシコとペルーの征服における殺人は、政治的野心や植民地主義的野心の隠れ蓑だった場合が多い。コロンブスの黄金に対する欲望は神への愛に劣らぬほど強かったのだ。したがって、宗教だけをその原因として糾弾するのには問題がある。肝心なのは、人間は、神の名のもとにであろうと神の存在を否定してであろうと、信じられないほど残酷になれるということだ。

なぜ宗教が発達したのかという疑問に対しては、規模を狭めて考えれば答えが得られるかもしれない。たとえば、一九世紀のアメリカ合衆国におけるコミュニティの寿命を調べた研究がそれにあたる。集産主義のような非宗教的イデオロギーに基づくコミュニティは、宗教的原理に基づくコミュニティよりもはるかに速く崩壊した。数々のコミュニティが一年また一年と続いていくなかで、宗教的コミュニティは非宗教的コミュニティより四倍も生き残りやすかった。(21) 宗教が同じ人どうしであれば、劇的に信頼が増すのだ。ともに祈りを捧げ、同じ儀式を執り行なうといった、連携した活動が深い絆を生む絶大な効果を持つことはわかっている。これは、いっしょに行動すると関係が改善するという、霊長類に見られる原理と関連づけられる。この原理は、サルが自分の真似をする実験者を好むことから、大学代表のボート選手が独自に練習するよりもチームで練習したほうが身体的抵抗力がつく(たとえば痛みを感じづらくなる)(22) ことまで、さまざまな現象に表れる。笑い合うなど、人と人を結びつけるその他の作用についても言われているように、共同の行動もエンドルフィンの分泌を促進するのかもしれない。同調によるこうした好ましい影響を考えれば、宗教による団結力や、社会的安定性に対する宗教の効用も説明しやすくなる。

デュルケームは、宗教への帰依に由来する恩恵を、宗教の「非宗教的有用性」と名付けた。彼は、宗教ほど浸透していて、どこにでも見られるものは、何らかの目的にかなっているに違いないと確信していた——目的と言っても、道徳的に崇高で超自然的なものではなく、社会的な目的に。生物学者のデイヴィッド・スローン・ウィルソンも同じ立場をとり、初期のキリスト教徒についてのデータを分析して、宗教を、人間の集団が仲良く機能できるようにする適応と見なし、「宗教が存在するのは何よりも、人が独力ではなしえないことをいっしょに成し遂げるためである」としている。(23)

私たちにとって、宗教的なコミュニティの構築は、ごく自然なことだ。実際、これほど頻繁に宗教が科学に対峙させられるのだから、宗教が享受する莫大な利点を思い出してみるといい。科学は人工的であり、人為的に達成するものであるのに対し、宗教への帰依は歩行や呼吸と同じように、私たちにとってたやすい。これは『進化する神（*Evolving God*）』の中で、宗教へと私たちを衝き動かすものを所属願望と結びつけた、アメリカの霊長類学者バーバラ・キングから、宗教を直感的な能力だと考え、次のように記したフランスの人類学者パスカル・ボイヤーに至るまで、多くの書き手が指摘している。

科学的研究や理論化が行なわれたのはごく少数の人間社会においてのみだ。……科学的研究の結果はよく知られているかもしれないが、その結果を手に入れるために必要な知的様式をそっくり獲得するのはじつに難しい。それに対し、宗教的表現は私たちの知る人間集団すべてにおいて現れているし、簡単に獲得できて、維持するのもたやすく、その集団の誰もが、知性や訓練の程度にかかわらず理解できる。ロバート・マコーリーが指摘しているように、……宗教的表現は人類にとってごく自然であり、その一方で科学が自然でないことはきわめて明白だ。すなわち、前者は私たちが進化させた直感に沿うが、それにひきかえ、後者は私たちの持つ一般的な考え方のほとんどを保留すること、あるいは否定することすら求める。(24)

子供たちが宗教を受け容れるたやすさと、若者が三〇歳ぐらいで博士号を取得するまでにたどる長く苦しい道のりを比べてみてほしい。エモリー大学の同僚で哲学者のマコーリーは、社会が万一崩壊した場合に宗教と科学のうちどちらが残るかを選ばねばならないとしたら、科学ではなく宗教のほうに賭けると私に言った。「宗教は、私が『生まれつきの認知能力』と呼んでいる、自動的な思考、たいていは意識されない思考に圧倒的に依存している」。そしてこれを科学と対比させた。科学は「意識的で、通常は言語というかたちをとる。ゆっくりと時間をかけるもの、熟慮に基づいたものだ」(25)

数十人の子供たちを大人のいない島に置き去りにしたらどうなるか？　ウィリアム・ゴールディングには想像がついたとみえ、彼は『蠅の王』(平井正穂訳、新潮文庫、二〇一〇年、他)の中で残忍さや殺人事件を読者に突きつけた。それはイギリスの寄宿制学校での生活を基にした、見事な推定だったのかもしれないが、放置された子供たちがそうするという証拠は皆無だ。四歳か五歳の子供たちを部屋に残したら、子供たちは「そんなのひどいよ！」とか「あの子におもちゃを貸してあげたら？」といった道徳的な言葉を交わしながら互いに話し合って取り決めようとする。[26] もっとずっと長い間放っておくとどうなるかは誰にもわからないが、必ずや順位制を形成するだろう。ガチョウの子であろうと子犬であろうと、幼い動物はたちまち争って優劣の序列を確立するし、人間の子供も同じだ。観念的な平等主義にすっかり染まった心理学専攻の学生たちの顔から血の気が引いたのを私は覚えている。幼い子供たちが保育園に初めて行った日に叩き合うのを見て、面食らったのだ。私たちは序列を重んじる霊長類で、どれだけ隠そうとしても、幼いうちにそれがあらわになる。

島に取り残された子供たちは、象徴の領域にも入るかもしれない。一九八〇年代にニカラグアで、耳の聞こえない子供たちが、部外者にはわからないような簡単な手話でコミュニケーションを始めたのと同じようなかたちで、この子供たちもおそらく言語を発達させるだろう。たとえば文化など、他の多くの面も同じように発達させるはずだ。子供たちは習慣や知識を伝え、自分たちの作る道具や挨拶の仕方に体制順応主義を示す。また、財産権を持ち、所有権を巡る緊張も感じるだろう。そして、間違いなく宗教を発達させる。どんな種類のものかは知りようがないけれど、子供たちは超自然的な力（ひょっとすると神のように人格化された力）の存在を信じ、儀式を発達させてその力を鎮め、自分たちの意に添わせようとするだろう。

だが、子供たちは間違っても科学だけは発達させないはずだ。何をどう調べてみても、科学にはほんの数千年の歴史しかなく、したがって人類の歴史の中では明らかにごく最近のものであるという結果になる。科学は真の偉業であり、決定的に重要だが、宗教と同じ次元で扱うのは浅はかとしか言えない。科学と宗教の争いは、聖書の言葉を使えば、ダビデとゴリアトの戦いだ。宗教はこれまでずっと常に私たちとともにあり、けっして消えてなくなりそうにない。というのも、宗教はいわば私たちの社会的な皮膚の一部だからだ。それに対して科学は、最近買ったばかりの上着のようなものだ。なくしたり捨てたりする可能性がいつもつきまとっている。宗教と比べて科学がどれほど脆弱かを考えれば、社会における反科学勢力に対して不断の警戒が必要だ。両者が同等の基盤に乗って競い合っているかのように対比するのは奇妙な解釈違いで、それを説明するには、科学も宗教も同じ現象についての知識の源と無理やり見なすしかない。そうして初めて、一方が正しく、もう一方は誤りに違いないと主張できる。

物理的世界についての知識となると、どちらを選ぶべきかは明らかだ。誰もがラップトップを持ち歩き、空を旅する今の世で、なぜ相変わらず科学の正当性を主張しなくてはならないのか、なんとも腑に落ちない。生物医学がどれほど進歩し、その結果、私たちがどれだけ長生きになったかを考えてほしい。物事がどのように機能するか、人類がどこからやってきたか、宇宙がどのように誕生したかを知るには、科学のほうが優れた方法であることは明白なのではないのか？　私は日々科学者に囲まれているし、発見のスリルほど中毒しやすいものはない。たしかに謎はたくさん残っているが、科学はそれを解決するという唯一の現実的望みを与えてくれる。宗教をそうした類の知識の源だとし、新しい情報が雨あられと降りかかってくるにもかかわらず、昔から語り継がれる話に固執し続ける人たちが、どれだけ嘲笑されようと自業自得だ。とはいえ私は、科学と宗教とのこの衝突は単なる余興だとも考える。宗教はただの信念をはるかに凌ぐ。問題は、宗教が真か偽かではなく、宗教が私たちの生活をどのように形作っているのか、そして、アステカ族の神官が生贄《いけにえ》の乙女の胸を切り裂き、まだ動いている心臓をつかみ出すように、もし私たちが宗教を取り除こうとするなら、何がそれに取ってかわりうるかだ。ぽっかり開いたその穴を埋め、取り除かれた器官の機能を引き継ぐものは何なのか？

私は以前、オフブロードウェイで「フロイト最後のセッション（*Freud's Last Session*）」という舞台を観た。劇中、精神分析医フロイトは咳をし、葉巻を吸いながら、すでに信心深いキリスト教徒になっていたずっと年下のC・S・ルイスと向かい合い、彼の信念の正当性に異議を唱えていた。懐疑主義がこれでもかとばかり描き出されていたため、観劇後、現実のフロイトの著作を読んだときには、彼がそこまで懐疑的でないことがわかり、目が覚める思いだった。フロイトは宗教を、人間の創作で単なる「幻想」として明確に退けているが、宗教を捨てるように勧めるのは気が進まなかった。そして、『幻想の未来』の最後で、ようやく自分のためらいを匂わせている。

私たちヨーロッパ人の文明から宗教を排斥したいと思うなら、別の教義体系を通じて行なうより他に方法はなく、その教義体系は初めから、宗教の持つ心理的特徴、すなわち宗教と同様の神聖さや硬直性や不寛容を引き継ぎ、また自己防衛のための思考も禁じ続けるだろう。(27)

共産主義という実験はそっくりそのまま、神のいない社会を求めることではなかったのか？　そして、まさしくフロイトの予見どおりになったのではなかったか？　ともに歌う集いを開き、行進し、誓いの言葉を復唱し、毛沢東語録を振りかざすなど、その動きはわざと宗教を真似ていた。教条主義、硬直性、邪悪な熱情が丸見えで、それが年を経るにつれて募り、やがて共産主義は自らの重みと、成功の欠如から崩壊した。フロイトはこの実験の初期段階を目の当たりにしていたので、その無益さを察したのかもしれない。

これとは別の、神なしで済まそうとする興味深い試みが一七九三年に行なわれた。当時、ノートルダム大聖堂では祭壇に替えて、山を模したものを設《しつら》え、その頂には哲学に捧げた神殿を据えた。そして傍らに「真理の松明《たいまつ》」を灯した。この理性信仰では、七日目の安息日である日曜日を廃し(かわりに一〇日目を休日とし)、聖人の祝日の名前をすべて非宗教化し、各墓地の門に「死は永遠の眠りである」と書き記すことで死後の生に対する希望を完全に打ち砕いた。また、この信仰には独自の「女神」がいた。ギリシア風の服を身につけた女性で、台座に座って担ぎ上げられ、シュロの葉を振る侍者の一団を従えながら、パリの街中を巡った。この行列は女神を大聖堂内の「山」に送り届け、女神は山頂でヴォルテールとルソーの胸像の間に腰掛けた。この信仰は不意に幕を閉じた。主導者たちがマクシミリアン・ロベスピエールによって処刑されたからだ。その後ロベスピエールは、自ら「司祭長」となって「最高存在」の信仰を始めた。そしてただちに、魂はあらためて不滅とされた。ロベスピエールが無実の人をどれほど多くギロチン台に送ったかを考えれば、賢明な判断だった。だがこの信仰も長続きせず、その「司祭長」と同じく短命に終わった。

西洋の思想において永遠に揺れ続ける振り子を、フロイトは明確に指摘した。この振り子は何世紀にもわたって揺れ動き、人々は不合理なものとして宗教を嘲笑したり、カール・マルクスが言う「人民のアヘン」と見なしたりした挙句、宗教を生活から消し去ったならどうなるかという懸念がそれに続いた。ネオ無神論者は、これまで何世紀もの間に蓄積された反宗教の議論を焼き直し尽くした感がある。ヒッチンスは、「宗教はすべてを毒する」と述べ、自分が真のマルクス主義者であることを示し、ハリスは「理性の宗教」を熱望してパリっ子たちの「真理の松明」を継承し(28)、ドーキンスの「妄想」はフロイトの「幻想」とさして変わらない。とはいえ、私たちは現在、そのサイクルのためらいの段階に否応なく入りつつある。無神論者が求める、神の除去という自己切断手術がそもそも私たちに可能なのかという疑問は脇に置くとして、より深刻な問題は、万一それに成功した暁には、神ほどの大きさの空白をどうやって埋めるのかだ。アラン・ド・ボトンは無神論者だが、普遍的な人間の欲求と弱点の理解という点で、しぶしぶながら宗教をほめている。一方で、フィリップ・キッチャーは無神論者や不可知論者に対して、信仰否認の段階にとどまらず、さらにその先まで進むように促す。宗教を批判するのは楽だが、かりそめにも思考力を持つ人間が無神論者の動きに加わろうとするときには、無神論は何を非とするかではなく何を是とするかを知る必要があるとキッチャーは言う。

私たちはそれぞれ、自らについての説明と、価値のあるもの、つまり、私たちが目指せるもの、生きる拠り所とできるものについての説明を必要としている。……非宗教的な思考は、哲学の黎明期にギリシア人が提起した従来の疑問から尻込みする。それは、何が人間の生命を、有限ながら意義深く値打ちのあるものにするのかという疑問だ。……信仰否認の主張はどんなに雄弁なものであろうと、こうした事実が認められないかぎり、非宗教的変革を達成することはできない。迷信を一時的に撲滅しても、宗教が担っている役割に注意を向けなければ、空白を生むだけで、その空白には直解主義的な神話の最も粗雑な形態が容易に侵入しうる……(29)。

監視する目

最近、ヴァンクーヴァーを訪ねた際、カナダの心理学者アラ・ノレンザヤンが新著のタイトルを教えてくれたので、私は即座に書き留めた――「Big Dogs」と。私は失読症の気があるのかもしれない。あるいは、それはフロイト的失言だったかもしれない。人間より動物が気になるたちなので。アラが口にした言葉は「Big Gods」だった。

アラは日常生活での宗教の役割を研究している。ある実験で、被験者に宗教的な思考の「プライミング」を行なうと、気前の良さにどのように影響するかを調査した。プライミングとは、先行する刺激によって無意識のバイアスを植えつけることで、この実験の場合には、「神」「預言者」「神聖な」といった言葉を含むいくつかの文章の文法の誤りを被験者に訂正させた。被験者はこうした言葉に出合っても、それ以上の情報を与えられていないので、実験の意図はわからない。このプライミングのあと、各被験者がテーブルの上を見ると一ドルコイン一〇枚があり、好きなだけ取るようにとの指示がある。自分が残した分が次の被験者に回るのだという。すると、目を見張るような結果が出た。プライミングを受けていない被験者は次の人のために平均一ドル八四セントしか残さなかったが、神や宗教についてプライミングされた人は平均四ドル二二セント残した。プライミングを受けたグループのおよそ三分の二が六枚以上のコインを残した。興味深いことに、信仰の篤さはあまり関係なかったようだ。宗教について尋ねられた被験者は、約半数が「無宗教」と答えたが、その多くが、それ以外の人と同じような振る舞いを見せたのだ。(30)

この影響はどう説明すればいいのか？　私たちのもののように大規模な社会では、高い水準の協力が確実に行なわれるようにするためには、想像上のものであれ現実のものであれ、監視が必要というふうに考えられる。互いの名も知らないような人の大集団の中では、ただ乗りすることはあまりにたやすい。先ほどの被験者は監視する神を頭に思い浮かべたのだろう。その神は親切をよしとし、ずるい行為には顔をしかめる。「監視されていると人間は親切になる」とアラは説明する。これで、敬虔なキリスト教徒の「日曜日効果」も説明できそうだ。敬虔なキリスト教徒は、日曜日になると大義名分のために寄付する額が増え、インターネットで観るポルノの量が減る(31)。

とはいえ、超自然的な監視者を擁するというのは最近の現象かもしれない。なぜなら、先史時代には監視者を本当に必要とはしていなかったからだ。人間以外の霊長類の群れと同じような小規模な集団では、誰もが互いを知っていた。血縁者や友人、コミュニティの他のメンバーに囲まれていたので、規則に従い、誰とも互いにうまくやっていくのが完全に理にかなっていた。誰もが自分の評判を守らなければならなかった。やがて私たちの祖先が、最初は数千人、やがては数百万人も集まって大規模の社会を構成するようになっていったときに初めて、人と人とが直接顔を合わせることを前提にした従来のメカニズムが破綻した。だからこそ、アラは、集団が大規模化したときに大きな神、つまり、タカのように頭上から私たちの一挙手一投足を監視する神が必要になったと考えているのだ。これは、道徳は宗教に先行し、今日の主要な諸宗教よりも確実に前からあるという私自身の考えと非常にうまく合致する。私たち人間は、小さな集団でサバンナをうろついていたころからとても道徳的だった。社会の規模がしだいに大きくなり、互恵性や評判の規則が揺らぎ始めてからようやく、道徳を説く神が必要となったのだ。

この見方をとれば、神が私たちに道徳性を与えたのではなく、道徳性が神を与えたことになる。神が取り入れられたのは、私たちがこう生きるべきだと感じているとおりに生きる後押しをするためであり、本章の冒頭に掲げた、人間には神をこしらえてやる必要があるというヴォルテールの名言もこれで裏付けられる。行動は神々がそれを愛するゆえに道徳的なのか、あるいは神々は道徳的な行動を愛するのかという、エウテュプロンへのソクラテスの疑問についても考えてみるといい。神の目的は、道徳的な行動を愛することに尽きる。人間は、小さな集団で暮らしていたころから従ってきた正しい生き方を自らに守り続けさせる能力を神に授けたのだ。

宗教がなくてはこの世界は向社会性を欠きかねないと示唆されて絶望する人たちのために、幾筋かの光が射している。第一に、アラの最初の実験は不完全だった。宗教的な概念だけをプライミングしたのであって、他の選択肢はなかったからだ。この欠点は次の実験で是正された。二回目の実験では、被験者はまず、「市民の」「陪審」「法廷」といった善良な市民に関連する用語に触れた。するとどうだろう。こうした用語でプライミングされた被験者は、宗教的な用語でプライミングされた人に劣らず利他的になり、テーブルの上に平均四ドル四四セント残したのだ。この結果から、非宗教的な社会に希望が持てる。宗教は効果的に気前の良さを引き出すが、コミュニティの価値観や社会的契約、法の執行に訴えかけることが、それと同じぐらい効果的ならば、宗教の持つ好ましい効果は、けっきょく別の手段でも挙げられるかもしれない。

第二に、最近の研究で、信仰者が他者を手助けする理由と無信仰者が他者を手助けする理由の比較が行なわれた。すると、無信仰者は他者の境遇により敏感で、思いやりの気持ちに基づいて利他行動をとることがわかった。これとは対照的に、信仰者は義務感と、宗教に従うためにどう振る舞うべきかという感覚に衝き動かされているようだった。行動として表れた結果は同じでも、その根底にある動機は異なるらしい。[32]明らかに、思いやりには多くの理由があり、宗教はその一つにすぎないのだ。

非宗教的なモデルは目下、北ヨーロッパで試されている。北ヨーロッパでは、非宗教的モデルがとても進歩しているので、「教会」という名の大きな建物にはなぜ「プラスマーク」が載っているのかと子供たちが無邪気に尋ねるまでになり、さらに人々は「問題から手を洗う」から「革袋の中の一滴のしずく」に至るまで、さまざまな表現が聖書に由来することをもはやまったく知らない。病人や貧しい人や年老いた人の面倒を見ることなど、もともと教会が果たしてきた機能の多くは、公共機関が引き継いだ。北ヨーロッパ諸国の人々の大半は、不可知論者か、あるいは信仰を実践していないかのどちらかだが、こうした役割をしっかりと支えている。これは経済的にも道徳的にも大がかりな実験であり、大規模な国民国家が宗教なしでうまく機能する道徳的契約を作り出せるかどうかが、そこからわかるかもしれない。私のように、道徳性はおおむね内から生まれたものであると信じるなら、この実験を支持する理由はいくらでもあるが、その成功には神の死亡証明書だけでは不十分そのものであるという点で、私はフロイトやキッチャーらの見解に賛成だ。

第八章
BOTTOM-UP MORALITY
ボトムアップの道徳性

竹馬に乗ってもしかたがない。相変わらず自らの脚で歩かねばならないのだから。そして、世界一高い玉座に腰掛けるときも、自らの尻に座っているにすぎない。

モンテーニュ[1]

マドリードにあるプラド美術館の五六号室に、わが人生で二度目に入ったとき、まるで聖堂に足を踏み入れたかのような気がした。「エル・ボスコ」についてはたっぷり読んでいたし、私の故郷にあるヒエロニムス・ボス美術センターを旧友たちとともに見て回ったばかりだったが、それでもなお、本物の「快楽の園」はなんと色彩豊かで華やかなのかと心地良い驚きを覚えた。緑と青の背景、赤い果実、目もあやな鳥、そして薄いピンク色をしたたくさんの裸体とわずかの黒い裸体が、輝かしく楽しげな雰囲気を醸し出していた。「死の勝利」が展示されている側から部屋に入ったから、なおさらそう思えた。「死の勝利」はぞっとする絵で、褐色に覆われてくすんでいるので、それを観ると人はすぐさまその場で死にたくなる。もちろんそれが描き手の狙いだ。ブリューゲルは目の覚めるような色を生み出すことも、苦もなくできたのだから。

五六号室は天井が高く、明るく照らされた部屋で、「快楽の園」の前にはロープが張られており、来館者はあまり近寄れない。私は、観光客の団体の頭越しに、無数の絵から成るこの傑作を念入りに鑑賞した。この作品は、Tシャツやカレンダーやスケジュール帳やマウスパッドに再現され、館内のギフトショップで販売されている。私がこのとき感じたものは、高名な神経科学者アントニオ・ダマシオが、著書『感じる脳』執筆のために、地理的には私と逆方向の巡礼をしたときに感じたものと同じに違いない。ダマシオはオランダのハーグとレインスブルフに、啓蒙主義の哲学者スピノザの住まいを見にいったのだ。

ダマシオはスピノザについてもっと知りたかった。スピノザはポルトガル系のオランダ人だ。両親はユダヤ人で、改宗を強いられまいと、故国ポルトガルでの異端審問を逃れてきたのだ。ダマシオ自身、ポルトガルの生まれなので、ごく自然にスピノザに親しみを覚えていた。そして、スピノザをカントと対比し、同じく哲学者であるカントは理性をもって情念の危険性と闘うことを望んだのに対して、スピノザは情念を自分の思考の原動力と考えたと述べている。ダマシオは、スピノザを生物学志向が特別強い哲学者の一人として描く一方で、スピノザがアブラハムの神について懐疑的であるため、その取り組み方が非難されると嘆いた。私の場合もほぼ同じように、プラド美術館を訪れて異郷に飾られたボスの作品を目にし、道徳性の起源とそこでの宗教の役割という問題について、ボスが私たちに語れることはまだたくさんあるのだと感じた。ボスもまた、正当に評価されることはめったにないのだけれど。彼はシュールレアリスムに強烈な影響を与えた。シュールレアリスムは彼の死から四世紀後、新しく刺激的で、拡張された意識の表れとして讃美された運動だ。ボスは夢を現実に変え、人間の永遠の弱点を描いた。彼と同時代に生きたロッテルダムのエラスムスが著作で行なったのと同じことを絵画でしてみせたわけだ。エラスムスは、その絶大な人気を誇る著作『痴愚神礼讃』(沓掛良彦訳、中公文庫、二〇一四年、他)の中で、人類はいかにうぬぼれが強く、生まれながらに愚かなのかを、博識なラテン語の文章で説明している。私は、被造物の頂点に立つ人間をもっと現実に即した姿に引き戻そうとするこうした昔の試みに同感せずにはいられない。

一つの好例が、五六号室に展示されている、ボスによるもう一つの三連祭壇画「乾草《かんそう》の車」だ。この絵には乾草を山と積んだ荷車が群衆を掻き分けて進むさまが描かれている。よく見ると、藁を巡って人々が争っている。中期オランダ語では、「hoy(乾草)」は虚栄心、無、空虚を象徴していた。(2) この絵は、たかが藁を巡って激しく争い、ナイフを突きつける人、拳骨でしたたかに殴る人、そんななかで車輪に押し潰されている人を描き出す。聖職者もこの無秩序な争いにしっかり加わっており、修道女たちが乾草を袋いっぱいに詰めるのを恰幅の良い修道士が待っている。貴族や教皇は馬に跨《また が》って威厳を保ちつつ荷車のあとに続き、持つ者は持たざる者に交じって欲しいものを手に入れる必要などないことを見せつける。荷車は進み、まるでハーメルンの笛吹男のように人々を右側のパネルの方におびき寄せるが、行く手には地獄が待ち受けている。強欲は醜く無益だというボスのメッセージを考えるなら、この三連祭壇画は「繁栄の福音」(忠実な信者たちに金銭面での祝福を約束するもの)を説く教会にとって、申し分のない話の種となる。ボスのメッセージが、キリスト教道徳のうちでも最古の部類であることは明らかで、金持ちが神の国に入るのは、ラクダが針の穴を通るより難しいというキリストの言葉にも反映されている。「乾草の車」は、物質的な富が持つ、人を堕落させる力を暴き、そのような富を追い求めるなら、文字どおり藁にも縋《すが》る人生を送ることになると説いているのだ。

それでもなお、私たちはボスをほとんど理解できていないことに変わりはない。彼の生涯については何も知らないに等しいし、考えや信念についてはなおさらわからない。私たちの推論が彼の意向に沿うという保証などまったくないまま、どうにかこうにか彼を解釈しているにすぎない。ドイツの偉大な美術史家エルヴィン・パノフスキーがボスについて結論しているように、「鍵のかかった部屋の扉にいくつか穴は開けたが、どうしたわけか、鍵は見つかっていないようだ(3)」

「快楽の園」の左側のパネルを念入りに見ていて、私は再び衝撃を受けた。驚いたことに、その楽園には神による天地創造以外の過程を経て人や動物が棲み始めたのかもしれないことがほのめかされていたのだ。ボスが進化論者だったということではない。現代の進化論の考え方が登場したのは、一八世紀のフランスやイギリスにおいてであり、ダーウィンの時代よりは前だが、ボスの時代のずっとあとだ。だから、ボスの三連祭壇画が参照しているのは進化論ではなく、アリストテレスの「自然発生説」で、この説に従えば、水や泥や汚物の腐りかけた混合物から、命ある(だが、ときとして異形の)生き物が誕生しうることになる。「快楽の園」では二か所に原始スープを思わせる池が描かれ、そこから、羽毛が生えたひれ足の獣、翼のある魚、泳ぐ一角獣、三つの頭を持つ鳥、前脚のあるアザラシ、水陸両棲のさまざまな動物が出現している。当然ながら、水はたえずオランダ人の頭にある。なぜなら、彼らは海面よりも低い土地で暮らしているからだ。ボスが邪悪さを示唆するためによく選んだのが動きのない水だが、それがこの絵では生命を生み出している。このような光景を描いた絵画を私は他に知らないが、生物学者としては胸を打たれずにはいられない。出色なのは、アヒルのような嘴を

ボスは「快楽の園」のこの部分(若干修正を加えた)で、濁った池から奇妙な生き物や異形の生き物たちが自然発生するさまを描いた。さらにこの場面には、2か所で捕食が見られる。ボスはこの、進化論風の情景をアダムとイヴのすぐ足元に描くことで、見る者を挑発しようとしていたのだろうか?

持ち、静かに本を読む生き物で、これは知識の果実が、じつは楽園の泥の中で手に入ることを示している。

新たに出現する生き物たちをアダムとイヴのそばに配することで、ボスは卑小な生き物と人間の創造との結びつきを暗示しているようだ。ボスは敬虔なキリスト教徒とされることが多いが、それでもその作品には無神論の種が散りばめられている。

卑しい出自

ぬかるみから這い出してくる動物は、私たちの卑しい出自を想起させる。あらゆるものの始まりは単純だった。これは、胸びれが発達して手になり、浮き袋が発達して肺になったというような、身体的な面に限ったことではなく、知性や行動にも言える。道徳性の起こりは、ともかくもこんなお粗末なものではないという信念を私たちに教え込んだのは宗教で、その信念を歓迎したのは哲学だ。ところがその信念は、直感や情動の優越について現代科学が物語る事柄とは明らかに合致しない。また、人間以外の動物について知られている事柄とも食い違う。動物はあるがままであるのに対して、私たちは理想を追い求めると指摘する人もいるが、それが誤りであるのはたやすく証明できる。私たちには理想がないからではなく、人間以外の種にも理想はあるからだ。

　なぜクモは巣を修復するのか？　それは理想的な構造が頭に入っているからであり、巣がその理想的構造から逸脱すると、たちまち懸命に元の形に戻そうとする。「ママ・グリズリー[4]」はどうやって子供の安全を守るか？　この大型のクマのメスと子供たちの間に割って入ってみれば必ず気づくだろうが、ママの頭の中には理想的な位置関係があり、それを邪魔されたくはないのだ。動物の世界では、ビーバーの巣やアリ塚から、縄張りや序列まで、修復と修正がたえず行なわれている。下位のサルが序列に従いそこね、既定の順序を覆せば、大混乱になる。修正というのは、当然、規範あってのもので、物事がどうあるべきだと動物が感じているかを反映している。道徳性もまた規範あってのもので、その道徳性にとって最も関連が深いのだが、社会的な哺乳類は仲の良い関係を築こうと努める。可能なときはいつでも、なんとか争いは避けようとする。自然は闘争的だとする見方は明らかに間違っている。フィールドでのある実験で、十分に成育した二頭のオスのヒヒの間にピーナッツを投げると、二頭ともピーナッツが自分の足元に落ちるのを目にしていたにもかかわらず、それに触れようとしなかった。ハンス・クンマーという、生涯を野生のマントヒヒの研究に捧げたスイスの霊長類学者によると、二つのハーレムのリーダーたちが、たまたま同じ果樹の上で出くわし、その木が小さ過ぎて双方の家族が食糧を得るのは不可能だと気づき、このままでは必ず起こるだろう争いを回避するために、逆方向へ文字どおり走り去ったという。それぞれのメスたちや子供たちがあとに続き、果実は手つかずで残された。ヒヒには大きくて鋭い犬歯があるが、戦ってまで獲得したいものはほとんどないのだ。[5] チンパンジーのオスも同様のジレンマに直面する。私のオフィスの窓から、性皮が膨らんだメスの周りを数頭のオスがうろつく場面が頻繁に見られる。彼らは争うよりも、平和を保とうとしている。しきりにメスを見遣《みや》りながら、オスどうしでグルーミングをして過ごす。全員が存分にリラックスしたときにようやく、一頭が交尾を試みるのだ。

性的魅力のあるメス（左）の近くで、3頭の大人のオスチンパンジーがグルーミング「取引」をしている。下位のオスは上位のオスをグルーミングしたあとは、咎められることなく交尾できる可能性が高まる。

現に喧嘩が起こると、霊長類は、巣が破れたクモと同じように反応し、修復モードに入る。仲直りしようとするのは、社会的関係が重要だからだ。じつにさまざまな種についての研究からわかっているのだが、個体どうしが親しければ親しいほど、そして行動を共にする機会が多ければ多いほど、攻撃的な行為のあとに仲直りをする可能性が高い。[6] 彼らの行動は、友情や家族の絆の価値を認識していることの表れだ。そうした行動をとるには、恐れを乗り越えたり攻撃性を抑制したりする必要がある場合が多い。もし仲直りする必要がないのなら、類人猿にとってさっきまで敵だった相手とキスしたり抱き合ったりしたところで意味がない。相手と距離を保つほうが賢明だろう。

こうして、道徳性はボトムアップであるという私の見方に戻ってくる。道徳律は上から押しつけられるものでも、熟慮のうえでたどり着いた原理から来るものでもない。むしろ、原初から存在する根深い価値観から現れ出てきた。最も根本的な価値観は集団生活の生存価に由来する。集団に所属し、仲良くやっていき、愛し愛されたいという願望があるから、私たちは全力を挙げて、自分が依存する人たちと良好な関係を保とうという気になる。人間以外の社会的な霊長類もやはりこの価値観を持ち、情動と行動を隔てる同じフィルターに頼りつつ、双方にとって好ましい生活様式にたどり着く。このフィルターが働いているとわかるのは、チンパンジーのオスどうしがメスを巡る喧嘩をするのを避けるときや、ヒヒのオスがピーナッツに気づかないふりをするときだ。けっきょくは、抑制に尽きる。

ヤーキーズのチンパンジー・コロニーで最年少のメスのタラには悪い癖があり、年長のメスをひどくいらだたせる。ときおり、死んだネズミを屋外の放飼場で見つけてきたり、古い巣穴から掘り出してきたりする。そして、その死体の尻尾をつまみ、自分の体には近づけないように注意しながら持ち運び、眠っている仲間の背中や頭の上にこっそり載せる。やられたほうは、ネズミの死体の感触（あるいはその臭い）に気づくとすぐに飛び起きて、やかましい悲鳴を上げ、やみくもに体を揺すって、そのおぞましい死体を振り落とそうとする。草を握り締めてネズミが載っていた所を擦り、臭いをすっかり拭い去ろうとさえすることがある。タラはすぐさまネズミを拾い上げて次の標的の所に向かう。何よりも驚きなのは、罰がいっさい与えられないことだ。被害者たちはひどく動揺するし、タラは一番の下っ端なのに、まったく報いを受けない。大人たちは幼い者には極端なまでに忍耐強いので、タラはそれに乗じているのだ。

情動が制御できれば、生死を分ける場面で役に立つ。たとえば、シドニーのタロンガ動物公園の上級飼育員アラン・シュミットがこんな話をしてくれた。この動物公園は世界でも有数のチンパンジーの展示を誇っている。そこで飼育されていた二歳のチンパンジー、センベがある日、輪になったロープに絡まってしまった。当然センベはパニックに陥り、その叫び声を聞きつけ、母親のシバがすぐに助けにやってきた。シバはセンベに絡みついたロープをどうにか解き、娘を地面に下ろすと、抱き締めてなだめてやった。そして、センベが落ち着きを取り戻すと、再びロープを上って、娘が絡まった輪を噛み切り、禍根を断った。命を奪いかねないロープから幼い子を解放してやるのに必要な能力を考えてほしい。まずは咄嗟にロープか子供を引っ張ろうとするのは間違いないが、これでは確実に事態が悪化する。シバはそうはせず、ロープを緩めるという適切な助け方をした。これは、この場合の危険を理解していることの表れだ。このように危険を理解していたからこそ、そのあと安全策を講じることもできたのだ。

私たちは哺乳類で、哺乳類は互いの情動に対する感受性を特徴とする動物の一グループだ。私は霊長類の例を好みがちではあるものの、本書の説明の多くは他の哺乳類にも当てはまる。たとえば、アメリカの動物学者マーク・ベコフの研究を取り上げよう。彼は、犬、オオカミ、コヨーテが遊ぶ様子を収めたビデオを分析した。そして、イヌ科の動物の遊びは規則に従い、信頼を構築し、他者への配慮を必要とし、幼い者に振る舞い方を教えるものだと結論している。きわめて型通りの「遊びのお辞儀《プレイ・バウ》」(前肢を地面にぴったりつけて頭を下げ、お尻を高く上げる)のおかげで、遊びを交尾や争いと区別できる。この三つは混同される危険があるからだ。ただし、遊びは一方があるまじき振る舞いを見せたり、誤って相手を傷つけたりすれば、唐突に幕切れを迎える。規則違反を犯した者があらためてプレイ・バウして「謝罪」すると、相手も違反を「許し」、遊びを再開する気になりうる。役割交替があると、遊びはなおさら胸躍るものになる。たとえば、群れの上位の者が、子供の前で仰向けに転がって、服従の印として腹を見せたりするのもそうだ。こうして幼い仲間に「勝たせる」のだが、そんなことは実生活ではけっして許さない。ベコフも、道徳性との関係を次のように見てとっている。

社会的な遊びを通して、比較的安全な環境で各自が楽しむ一方で、他者に受け容れられる基本原則（どれだけ強く嚙んでいいのか、どれだけ乱暴に接していいのか、など）と、争いの解決法を学ぶ。大切なのは、公平に振る舞い、他者もそうしてくれると信じることだ。何が許されて何が許されないのかを規定する社会的行動規範があり、その規範の存在が道徳性の進化に関係している可能性がある。(7)

ベコフにとっては、公平な振る舞いは、犬が好ましい遊び相手となるための振る舞い方を指している。大きな犬が小さな犬を追いかけているときには手心を加える必要があるし、どんな犬も嚙みつき方を自制しなくてはならない。こうした原則から構成されるのが、私の言う「一対一の道徳」だ。だが、公平性は他のかたちでも作用する。資源の分配に関するものだ。分配における正義について、ありとあらゆる種類の高尚な原理が考案されてきたとはいえ、その根底にある情動は、ここでも、一般的に思われているよりも基本的なものだ。つまるところ、幼い子供でも、兄弟より自分のピザの取り分が少なければ腹を立て、「そんなのずるいよ！」と声高に訴える。子供たちは「一次の公平性」を示しているのであり、これはもらったものが他の人よりも少ないことに対する憤りだ。この情動がなければ、ものがどう分配されるかを気にする人などいないだろう。

狩猟採集民が平等主義である事実からは、資源の分配に対する私たちのこだわりには長い進化の歴史があることが窺える。狩猟者は自ら仕留めた獲物を切り分けることさえ許されない。家族や友人に便宜を図ることがないようにするためだ。人類学者はこれまで、世界各地の人々に最後通牒ゲームをやらせ、人類はどこで暮らしていても公平性に関心を抱いていることを突き止めた。最後通牒ゲームでは二人のプレイヤーが、ある額のお金を分け合う。だが二人がともに自分の取り分の額を受け容れた場合にしか、お金はもらえない。一般に、私たちの種は均等な分割を好むが、それはおそらく、分割を提案する側が、不公平な申し出をしたら受け容れられないのを承知しているからだ。不公平な提案を突きつけられたプレイヤーの脳をスキャンしてみると、軽蔑や怒りのような負の情動が起こっていることが明らかになる[8]。

最後通牒ゲームでの人間のプレイの仕方はきわめて複雑だ。というのも私たちは、一次の公平性(取り分が少ないことに対する抗議)を示すだけでなく、他者も同じ反応を示すことを見越し、それを未然に防ごうとするからだ。そのために、積極的に公平性の促進に努め、それによって「二次の公平性」に到達する。二次の公平性とは、公平な結果に対する一般的な好みだ。争いの回避が果たす重要な役割は、トマス・ホッブズがすでに示唆していた。「誰もが、自分に好都合なものを自然に求めると思われる。そして公正なものは、ただ平穏のために、それも図らずも求めるのだろう[9]」。私はこの政治哲学者に同意する。ただし、私なら「図らずも」という表現は絶対に使わないだろう。これほど顕著かつ普遍的な人間の性質は、それなりの理由があるから存在しているに違いない。

この傾向がどれほど古いものかは、サラ・ブロスナンと行なった実験でオマキザルにもそれを見出したときにはっきりした。この実験はたいへんな人気を博することになった。実験では、同じ課題に対して、一頭のサルにはキュウリをひと切れ与え、別のサルにはブドウをひと粒与えた。サルたちは、どれほどの価値の報酬であっても、同じものを受け取っているうちは問題なく課題を行なったが、報酬に差がつくと断固拒んだので、サルたちがどう感じているかには疑いの余地がなかった。私は講演するときよく、サルたちの反応を収めたビデオクリップを見せる。すると聴衆は抱腹絶倒する。これは意外なことを認識した証だと私は解釈している。(10) 彼らはそれを見て初めて、自分の情動とサルの情動とがこれほど似ていることを悟るのだ。キュウリをもらったサルはひと切れ目を満足そうにムシャムシャ食べるが、相棒がブドウをもらっているのに気づくと、癇癪《かんしゃく》を起こす。それからは、味気ないキュウリを投げ捨て、ひどく興奮して実験用の檻を揺すり始めるので、檻が今にも壊れてしまいそうなほどだった。この行動の根底にある動機は、人間が高い失業率や低い賃金に抗議して路上でデモを行なう場合とあまり変わらない。ウォール街占拠運動はけっきょく、ブドウが転がり込んでくる人たちもいるのに、そうでない人たちはキュウリばかりで生活しなくてはならないから起こったのだ。

他者のほうが良い目を見ているからといって、申し分のない食べ物をきっぱり拒むところは、最後通牒ゲームでの人間の振る舞いに似ている。経済学者に言わせると、何もないよりは何かあるにこしたことはないのだから、この反応は「不合理」ということになる。そして、サルは他の状況では食べるだろうものを拒むべきではないし、人間はどれほど少ない額を提示されても拒否するべきではないと彼らは言う。お金はお金なのだ。いずれにせよ、こうした反応が不合理であるというなら、それは種の垣根を超えた不合理性だ。サルにもありありと見てとれるのだから、人間の公平さの感覚とは、私たちが誇る合理性の産物ではなく、基本的情動に根差したものであるのがとてもよくわかる。

ただし、付け加えておくべきことがある。私たちがサルを使って行なった実験では、二次の公平性は観察できなかった。ブドウを手にしたサルが、キュウリを手にしたサルに自分のブドウを分け与える様子はついに見られなかった。とはいえこれは、高度の公平性が人間特有のものということではない。人間にとっていちばんの近縁種である類人猿も考慮に入れるべきだ。まず、類人猿はたいてい、自分のものではない食べ物を巡る争いを解決する。かつて、葉の茂った枝を巡る二頭の子供の喧嘩に、ある若いメスが割って入るのを見たことがある。二頭から枝を取り上げ、二つに折ると、一本ずつそれぞれに渡したのだ。そのメスは、ただ喧嘩を止めたかったのだろうか？　それとも、分配について何か理解していたのだろうか？　高位のオスたちもたびたび、喧嘩の引き金となった食べ物に少しも手をつけずに争いをやめさせる。パンバニーシャというボノボの観察結果もある。パンバニーシャは自分が特別扱いされたときに気を揉んだ。認知能力研究室での実験の間、パンバニーシャはミルクとレーズンをたっぷり与えられたが、離れた所から仲間や家族の羨むような視線が注がれるのを感じていた。しばらくすると、彼女はご馳走をいっさい拒否した。実験者をじっと見て、家族や友人のほうを身振りで指し示し続け、彼らにもご馳走が与えられるまでそれをやめなかった。それからようやく自分の分を食べ終えた。類人猿には先を読む能力がある。もしパンバニーシャがみなの前で思う存分食べたなら、その日、しばらくして仲間たちのもとに戻ったときに反発を受けたかもしれない。(11)

だが、二次の公平性を示す最も有力な証拠は、サラによるチンパンジー研究から得られた。批判的な人たちが求めていた追加実験を私たちがすべてこなし、サルが本当に不公平を気にすることを証明すると、その次にサラは大規模なチンパンジーのプロジェクトを企画した。公平性に対する感受性が働くのは労力を使うときに限ることは、すでにわかっていた。[12] 霊長類に食べ物を不公平に与えるだけではネガティブな反応は何も起こらない。食べ物を作業に対する報酬として与える必要があるのだ。これを念頭に置き、チンパンジーに単純な課題をやらせてブドウの粒かニンジンの小片を報酬として与えた。チンパンジーもブドウのほうが好きだ。予想どおり、相棒にブドウが与えられると、ニンジンを与えられたほうは課題の実行を拒んだり、与えられたニンジンを捨てたりした。ここまでは、サルでの実験を裏付ける結果だった。ただし、ブドウを与えられたチンパンジーまで動揺するとは誰も予測していなかった。サラが報告書に書いているように、「意外にもチンパンジーは、相棒のチンパンジーにもブドウが与えられたときよりも、相棒には価値の低いニンジンが与えられたときのほうが、価値の高いブドウを拒む可能性が高かった[13]」

したがって、公平性と公正さははるか昔から備わっている能力と考えるのが最も妥当だ。それは、資源を巡る競争に直面したときに調和を保つ必要性にもとをたどれる。私たちは、一次と二次という二つの公平性の段階を類人猿と、一次の公平性をサルや犬と共有している。ウィーン大学でフリーデリケ・ランゲは次のような発見をした。犬は相棒が報酬をもらっているのに自分は何ももらえないと、人間に「お手」をするのを拒む。[14] 犬がこのような反応をすることに驚いてはいけない。犬は協力的な動物の長い系統に連なっているのだから。他者が何をもらうか気にするのは料簡が狭いと思えるかもしれないが、長い目で見れば、そのおかげで騙されずにいられる。この反応を「不合理」呼ばわりするなど、的外れだ。あなたと私がよくいっしょに狩りをし、あなたがいつも肉のいちばん良い部分を取っていたら、私には別の相棒が必要だ。不公平を嫌う三種類の動物（チンパンジー、オマキザル、イヌ科の動物）がすべて肉を好み、集団で狩りをするのはおそらく偶然ではないだろう。報酬の分配に敏感ならば、労力に見合った利益が得やすくなるからだ。これは協力関係を維持するうえで決定的に重要だ。

これで道徳性の次のレベルに進める。ここから私たちは他の霊長類に抜きん出る。私たちは集団のレベルを強烈に気にかけ、自分たちや近親だけでなく周りの誰に対しても善悪の概念を抱くようになる。このレベルは類人猿にはまったく見られないというわけではない（これを私は「コミュニティへの気遣い」としてすでに論じた）が、抽象化という、より高度な力が必要だし、さらに、自分に直接的にはまったく影響を及ぼさない振る舞いでも、他人にそれを許したら何が起こるのか見通せなくてはならない。その振る舞いが全体の利益に対してどう影響するかを想像する能力が、私たちには備わっているのだ。その根底にある価値観もさほど複雑ではない。というのも、コミュニティが機能すればメンバー全員の利益にかなうのは間違いないからだが、それに匹敵するものを人間以外の動物に見つけるのは難しい。私たちは正直で信頼できるという評判を築き、ずるい人や非協力的な人を非難し、追放さえする。私たちの目的は、全員に規則を守らせ、自己中心的な利益よりも集団の利益を優先させることだ。道徳性は集団生活の恩恵を行き渡らせ、強力なエリートによる搾取を防ぐのに役立つ。ここで私は、ダーウィンにまでさかのぼる、内集団現象としての道徳性という、生物学における従来の見方に従っている。クリストファー・ベームは次のようにまとめている。

私たちの道徳規範がそっくり当てはまるのは集団内だけで、それは、言語集団でも、文字は持たず同じ土地や同じ民族的アイデンティティを共有する集団でも、国家でも同じことだ。どうやら、他の文化圏から来た者たちに対しては、特別で軽蔑的な道徳上の「斟酌《しんしゃく》」をするようだ。彼らは完全な人間とさえ見なされないことが多い……。(15)

ただし、道徳性は集団内の事情で進化しており、人類全体をあまり考慮に入れてはいないことがほぼ間違いないとしても、必ずしもその状態にとどまらなければならないというわけでもない。今日、私たちは必死になって、道徳的偏狭を克服する努力を重ね、尊厳ある人間生活について学んできたことを、見知らぬ人や、さらには敵さえも含めたより広範な世界に適用しようとしている。敵にも権利があるというのは斬新な概念だ。ジュネーヴ条約の一つで、「俘虜の待遇に関する条約」が締結されたのは、一九二九年にすぎない。私たちは道徳性の及ぶ範囲を拡げれば拡げるほど、自らの知性にますます依存せざるをえなくなる。なぜなら、私は道徳性が情動に深く根差していると信じているもの、生物学的には、私たちが現代世界の規模での権利や義務に対応するようにできているとは言い難いからだ。私たちは集団性の動物として進化したのであって、国際人として進化したのではない。それにもかかわらず、私たちは普遍的人権といった問題の検討をかなり進めており、本書が提唱する、進化の過程で自然に生まれた倫理を、逃れがたい監獄と見なす理由などない。この倫理は、私たちがどのようにしてここまでたどり着いたのかを説明してくれるが、私たち人間には、古くからある基礎の上に新しい構造を築き上げるという長い歴史があるのだ。

ボノボと無神論者

ボノボは無神論者に何を教えてくれるだろうか？　私は世界で最も言語に堪能なボノボ、カンジに会ったことがある。カンジは以前、アトランタで妹のパンバニーシャといっしょに暮らしていた。英語の話し言葉に対する理解力は驚くべきもので、私がこれまでに出会ったボノボのなかでいちばん賢くはあるものの、（コンピューターと連結したシンボル表示パネルを介しての）彼の発話は学術的な議論をする水準には達していない。だが、達しているということにして話を進めよう。

ボノボは何よりも、無神論者に「猛々しく眠る」のをやめるように促すだろう。あるもの、とりわけ神のようにさまざまな解釈が可能なものが存在しないことを証明しようと躍起になったところで意味はない。無神論者であることを自ら公言すると不名誉になるのであれば（残念ながらアメリカではそれが事実なのだが）、欲求不満に陥るのも無理はない。だが、憎しみは憎しみを生む。だから無神論者のなかには宗教を罵《ののし》り、宗教などなくなれば苦しみがおおいに軽減されるかのように言う人もいる。宗教はじつに深く根づいているので、けっして排除できないことや、力ずくで根絶しようという企てがこれまでにもあったが悲惨な結果を招くばかりだったことなど、おかまいなしなのだ。時間をかけて穏やかにやれば、宗教を消し去りうるかもしれないが、そのためには少なくともある程度まで、宗教的伝統の真価を認めて尊重しなくてはならない。たとえ、そのような伝統は時代遅れだと考えていてもだ。宗教は船のようなもので、そのおかげで、私たちは大洋を渡りつつ、うまく機能する道徳性を備えた巨大社会を築くことができたのかもしれない。陸地が見えてきた今、上陸に備えている者もいる。だがその陸地が見た目どおりの堅固なものだと、誰に言いきれるだろう?

私は、宗教の役割を軽減し、全能の神にこれまでほど重きを置かず、人間の可能性をもっと重視することには諸手を挙げて賛成する。もちろん、これは何も目新しいことではなく、ヒューマニストの指針だ。今日、ヒューマニズム*は反宗教的と見なされることが多いが、最初からそうだったわけでは断じてない。(16)初期のヒューマニズムは、たしかに教会の神学を、実生活からかけ離れたものとして批判したが、概してキリスト教の価値観と共存できていた。ただし、ここで私は慎重を期さなければならない。というのも、どんな価値観であれ「宗教的」と呼ぶのは問題を孕んでいるからだ。むしろ、人間の普遍的な価値観をさまざまな宗教が拝借し、それぞれが独自の物語で裏付け、わがものにしてきたように見える。一八世紀になってようやく、ヒューマニズムが宗教に代わりうる存在にまで発展し、超自然的なものではなく理性に基づいた倫理的な生活態度を示して一般大衆への訴求力を獲得した。それでも、ヒューマニズムが反宗教的ではなく非宗教的である事実に変わりはない。宗教に対して寛容であれば、たとえ宗教がそれに対していつも寛容に応じてくれるわけではなくても、ヒューマニズムは最も重要なこと、つまり人間が生まれ持った能力に基づいてより良い社会を作ることに集中できる。その結果が、しだいに非宗教化するという、西洋社会で進行中の実験だ。構造プレートの動きのように、その変化は極端に緩やかだ。人間としての特性はただちに変わることはないだろうし、変われもしない。それに、宗教は私たちにとってまったく異質の影響をもたらしてくるわけでもない。宗教は、私たち自身が創り出したものであり、私たちの本質的要素でもあり、それぞれの文化にしっかり結びついているのだ。だから、宗教と良好な関係を保ち、宗教から学んだほうがいい。たとえ、私たちの目的が最終的には新たな道を歩み始めることだとしても。

ボノボは無神論者に、同様の長期的視点に立つよう促すだろう。幸い、道徳的社会のおもな構成要素はみな宗教を必要としない。どれも私たちの内面に由来するからだ。ヒューマニズムは理性を重視するとはいえ、人間のことを知性とともに情念も持つ生き物と考えている。これに関しては、ボノボは人間との接点を難なく見出せる。私たちには社会的動物の情動がある。それも、ただの動物ではなく哺乳類の情動が。人間の行動を生物学的に説明しようというこれまでの試みは、遺伝子にあまりに重きを置き過ぎたり、社会性昆虫との比較をし過ぎたりするところが欠点だった。どうか、誤解しないでほしい。アリやミツバチは素晴らしい協力関係を見せるし、彼らを研究することで利他行動の理解がおおいに深まった。これは進化論の勝利なのだ。その論理がこれほど多様な種に当てはまるのだから。とはいえ、哺乳類が共感や思いやりのために進化させた神経回路網を、昆虫はいっさい持っていない。昆虫の振る舞いは、たとえ表面的には私たちの振る舞いに似ていても、同じプロセスに依存してはいない。コンピューターがチェスをするところと人間の名人がチェスをするところを比べるようなものだ。同じ手を指すかもしれないが、そこに至る道筋はまったく異なる。

＊訳注　本書で言うヒューマニズムとは、超自然的な力や超自然信仰を受け容れず、神や聖典ではなく人間の尊厳と価値、理性を重視する主義や態度、生活様式、運動。もともとは、中世にカトリック教会の権威から人間を解放し、古典の研究によって人間の価値や本質、理性に焦点を当てて人間の尊厳を確立し、伝統的な宗教に取ってかわる選択肢をもたらすことを目指した運動。人道主義ではなく人文主義。ヒューマニストとは、この主義の信奉者や実践者。

ボノボは嬉々として、自分も昆虫ではないと言う。私たちは自らを仲間の霊長類と重ね合わせれば、人間を本能の奴隷と考えるような還元的な企てをしたりせずに済む。そのような還元的な思考をする人は、人間が進化の基本路線に従いそこなうたびに、すぐに「間違い」という言葉を投げつける。人間のせいにするほうが、自説を見直すより簡単に思えるからだ。問題は、遺伝子と行動の間、つまりタンパク質をコードすること（遺伝子が行なうこと）から神経のプロセスや心理的作用に至るまでには、いくつもの層がある点だ。私たちは生まれつきの価値観や情動に動かされるが、それらは行動を指示するというより誘導しているのだ。ある方向へと背中を押しはするが、自由裁量の余地はたっぷり残す。そのおかげで、お返しをすることのできない人の面倒を見たり、血のつながりのない子供を引き取ったり、見知らぬ人と協力したり、異なる種の生き物に共感したりする能力が私たちには備わっている。しかも、それは私たちに限らない。最近の例としては、シャチから子供を守ろうとしているコククジラの母親に、ザトウクジラが救いの手を差しのべた事例が挙げられる。(17) 哺乳類は他者の苦しみを目にすると心を動かされ、遺伝子を中心に据えた諸説による予測をはるかに上回る水準の利他行動に導かれるのだ。

これは、進化と道徳性は相容れないものとする人にボノボが賛同しない理由でもある。たとえば、アメリカの有名な神経外科医ベンジャミン・カーソンもその一人で、彼は「つまるところ、進化論を受け容れるならば倫理は退けられ、一連の道徳規範に従う必要性は失われ、自らの願望に従って自らの良心を定めればいいことになってしまう(18)」と主張した。この種の発言には問題がある。ありとあらゆるところで人間が善悪の感覚を生み出すのなら、私たちの根源的な願望の一つは、道徳的な世界に住みたいというものにならざるをえない点だ。カーソンは、道徳性は私たちの本性に反し、私たちの願望はすべて悪であると決めてかかっているが、本書の主眼はまさにその正反対を主張することだ。幸いにも私たちは他の類人猿と、集団性の動物という背景を共有しており、そのおかげで私たちは社会的なつながりを重んじる。この背景がなければ、宗教が精根尽き果てるまで美徳と悪徳について説教を続けても、私たちにはその趣旨がまったくつかめないだろう。私たちがそうした説教を受け容れるのはひとえに、結びつきの価値や協力の恩恵、信頼と正直の必要性などに対する理解が発達しているからだ。公平さの感覚までもが、この背景に由来する。

この点でボノボは無神論者の肩を持ち、道徳性における宗教の役割が何であろうと、それは新参者の役割だと主張するだろう。道徳性が先に生まれ、現代の宗教がそれをうまく取り込んだ。宗教が私たちに道徳律を与えたのではなく、大がかりな宗教が創り出されて、道徳性を増強したのだ。人々を結びつけ、善行を強いることによって、宗教がどのように道徳性を増強するのか、私たちはその方法を探究し始めたばかりだ。私には、宗教のこの役割を見くびるつもりなどさらさらない。宗教の役割は過去には必要不可欠だったし、当分はそうあり続けるかもしれないが、宗教は間違っても道徳性の源泉ではない。

最後に、ボノボは「である」と「べきである」を切り離して考えようという不条理極まりない試みを笑う。それを試みるがために、道徳的進化を巡る議論は必ず厄介なものになる。哲学の世界では、人間や動物が現在ある姿から道徳的理想には話を進められないというのが定説になっている。現在の姿、すなわち「である」は記述的で、理想、すなわち「べきである」は規範的だというのだ。これは真摯に考慮すべき問題であって、簡単に解決するものではないが、手始めに、前提を筋道の通ったものにするのが得策だろう。動物は単に「好き勝手」で、自然に与えられた衝動を制御できないと考えているのなら、それは間違っている。動物は人間と同じように特定の結果を好むし、規範から少しでも逸脱する者には恐れや暴力というかたちで反応する。ボノボだからといって、何でも思いどおりにできるはずがないではないか。セックスに関してでさえ、ボノボは人間ほど制約を受けないとはいえ、乗り気の相手がいて、上位のオスたちが居合わせないことが必要条件だ。ボノボには、こう振る舞って当然という縛りがたくさんあり、赤ん坊を怖がらせたり、メスの食べ物を盗んだりしようものなら、たちまち他者がそうした規範の存在を躊躇なく思い知らせるだろう。たとえボノボは、各自の置かれた状況を超越した善悪の概念を欠いていても、彼らの価値観は人間の道徳性の根底にある価値観とたいして違わない。ボノボもまた、仲間にうまく溶け込み、社会規範に従い、他者に共感し、壊れた関係を修復し、不公平な取り決めは拒む。私たちはそれを道徳性とは呼びたくはないかもしれないが、ボノボの行動は規範と無縁ではないのだ。

この助言をもって、ボノボは無神論者へのアドバイスを締めくくる。ボノボの目には、無神論者は擁護者ではなく抗議者と映っている。大きな課題は、宗教の域を出ること、とりわけ、トップダウンの道徳性よりも先へ進むことだ。最もよく知られている「道徳律」は、私たちが道徳的と考えているものについて、あとから手際良くまとめた概要を提供してくれるが、範囲は限られているし、穴だらけでもある。道徳性の始まりは、従来想定されていたよりもはるかに卑小で、それは他の動物の行動にも見られる。ここ数十年間で科学が突き止めてきたことはどれも、道徳性は人間の忌まわしい本性を覆い隠す薄いベニヤ板であるという悲観的な見方に異を唱えている。事実はそのような見方とは逆で、私たちの進化的な背景は強力な支援の手を差し伸べてくれているのであり、それがなければ私たちはとうていここまでたどり着けなかっただろう。

謝辞

霊長類の行動から宗教やヒューマニズムへと話を進めるのには無理があると思えるかもしれないが、そこにはそれなりの論理がある。これらの問題に私が関心を持ったのは、霊長類の協力や争いの解決の研究がきっかけで、そこから私は共感の進化と、最終的には人間の道徳性の進化について考えるに至った。このテーマに関して初めて執筆した『利己的なサル、他人を思いやるサル』では、宗教にはほとんど触れなかったが、多くの人にとって道徳性と宗教は切り離せないものである一方で、両者の結びつきに異議を唱える人もいる。私は、宗教的人生観と非宗教的人生観も議論に加える時期が来たと感じた。どちらの人生観も、私たちの種がなぜこれほど行動を善と悪に分類したがるのかという疑問に答えるために欠かせない。

それに加えて、今回はヒエロニムス・ボスも議論に取り込んだ。私にとって、ボスは背景として常に身近な存在だった。私はボスにちなみ、アーネムのチンパンジーの一頭にイェルーンという名前をつけた。ボスの名はオランダ語でイェルーンなのだ。一九七〇年代にいっしょに研究を進めていた学生たちは、私がボスをとても気に入っているのを知っていたから、私が博士号の試問を受けたあとで、ボスに関する豊富な図版入りの本を思いがけず贈ってくれた。マリアン・オテルというドイツ人ジャーナリストは、自身、画家でもあり、人間の本質に関する私の見方とボスとの結びつきを浮かび上がらせてくれたので、私はさらに関心を深めた。オテルはボスをヒューマニストの先駆けと見ていたし、本書では私もその方向でボスを描いている。

二〇〇九年、アメリカの人類学者サラ・ハーディと私は、オランダのユトレヒトにある人文主義大学から名誉博士号を授与された。これでヒューマニズムの観点からの探究にさらに弾みがつき、哲学者ハリー・クンヌマンらとの討論につながった。とはいえ、言うまでもなく、道徳性に迫る私の探究方法の主たる拠り所は常に、動物の行動の向社会的側面に関する私自身の科学的研究だった。本書に取り込んだ数十年に及ぶ研究を行なうにあたって協力を仰いだ共同研究者や学生は数知れず、資金提供者も多過ぎて、とても紹介しきれない。そこで、ごく最近の協力者とチームメンバーを紹介することにしよう。彼らは本書で報告した研究成果を得るのに貢献したり、私の説明に精彩を加える実例を提供したりしてくれた。クリスティン・ボニー、サラ・ブロスナン、サラ・カルカット、マシュー・キャンベル、デヴィン・カーター、ザナ・クレイ、マリエッタ・ディンド、ティム・エプリー、ピア・フランチェスコ・フェラーリ、ケイティ・ホール、ヴィクトリア・ホーナー、クリスティ・レイングルーバー、タラ・マッケニー、テレサ・ロメロ、マリーニ・サチャック、ジョシュア・プロトニック、ジェニファー・ポコルニー、エイミー・ポリック、ダービー・プロクター、ダイアナ・ライス、テイラー・ルービン、アンディ・ホワイトゥン、服部裕子に感謝する。そして、研究を行なう機会を与えてくれた、エモリー大学のヤーキーズ国立霊長類研究センターに感謝するとともに、その研究に参加し、私の人生の一部となった、大勢のサルや類人猿たちにもお礼を言いたい。

私は長年の間に、何人もの哲学者と接してきた。彼らのおかげで哲学分野での道徳性の探究方法に対する感覚が研ぎ澄まされた。哲学者は数千年にわたって道徳性について考察を重ねているのに対して、生物学者の探究はまだ緒に就いたばかりだ。私はこれらの哲学者全員をはじめ、私の原稿のさまざまな部分に助言や意見を述べてくれた以下の専門家や友人たちにも感謝する。イザベル・ベーンケ、ネイサン・バップ、パトリシア・チャーチランド、ベッティーナ・コスラン、ピーター・ダークス、アーシュラ・グッドイナフ、オリン・ハーマン、サラ・ハーディ、フィリップ・キッチャー、ハリー・クンヌマン、ロバート・マコーリー、アラ・ノレンザヤン、ジャレド・ロスタイン、クリストファー・ライアン。デン・ボスにあるヒエロニムス・ボス美術センターのトマス・ヴリーンズは、ボスについて述べたいくつかの項の事実関係を確認してくれた。ただし、それらの解釈についての責任は、すべて私自身に帰するのは言うまでもない。

たゆまぬ支援を与えてくれたエージェントのミシェル・テスラーと、厳しい目で原稿を点検してくれたノートン社の編集担当アンジェラ・ファン・デル・リッペにも謝意を表する。もっとも、いつもながら最高の批評家だったのは妻のカトリーヌで、私の日々の成果に熱心に目を通し、率直な意見を述べ、原稿の改善をおおいに助けてくれた。そのうえ、気ままな私をいつも大目に見てくれるのだから、こんな幸せなことはあるだろうか？

訳者あとがき

私たちは誰かが非道な振る舞いを見せると、「獣《けだもの》のような」などと口走ってしまう。だが著者も指摘しているとおり、その手の比喩は「恐ろしい侮辱」だ――動物たちに対して！　人間は崇高で理性的・道徳的であり、動物はすべて衝動を抑えられず、本能の命ずるままに勝手放題のことをしているというのは、たいへんな勘違いであり思い上がりなのだ。動物に身近に接している人、そして、人間をよく観察している人なら、人間と動物の境界（とりわけ霊長類との境界）が、そこまで単純で確固たるものでないのを知っているはずだ。また、動物たちも自分を律し、他者への気遣いを見せることは、わざわざ言われるまでもないだろう。ようするに、人間も動物なのだが、だからといって動物と同じわけでもない。キーワードは「連続性」と「進化／変化」だ。

著者のフランス・ドゥ・ヴァールは、霊長類の社会的知能研究の第一人者とされる動物行動学者であり、ジョージア州のエモリー大学で教えながら、同大学のヤーキーズ国立霊長類研究センターのリヴィング・リンクス・センター所長も務める。出身地はオランダで、アーネムの動物園でチンパンジーを相手に研究者の道を歩みだし、その後アメリカに移り住んでからも、フィールドワークを交えながら、チンパンジーに加えてマカクやボノボなどの霊長類を一貫して研究してきたのだから、ここにも一つの連続性がある。最初に注目を浴びたのは、チンパンジーのおべっか戦術や権謀術数の研究で、その後も霊長類の社会的関係を追究しているものの、権力闘争や仲直りから、近年では共感や道徳性、人間や社会の在り方へと関心が拡がっているようで、それは『チンパンジーの政治学』『仲直り戦術』『あなたのなかのサル』『共感の時代へ』といった、数ある邦訳のタイトルにも反映されており、これもまた一つの進化／変化と言えるだろう。

前作『共感の時代へ』では共感の起源を進化の歴史の中にたどり、生存のために共感が果たす重要な役割を浮かび上がらせ、共感能力を活かせば、より公正な社会の実現につなげうるとした。この路線をさらに発展させた本書で焦点を当てたのが、道徳性だ。「霊長類の行動から宗教やヒューマニズム〔人文主義。二九九ページの訳注参照〕へと話を進めるのには無理があると思えるかもしれないが、そこにはそれなりの論理がある。これらの問題に私が関心を持ったのは、霊長類の協力や争いの解決の研究がきっかけで、そこから私は共感の進化と、最終的には人間の道徳性の進化について考えるに至った」と著者は言う。そこに見られる連続性と進化／変化を軸に、本書は私たち人間がどこから来て、どこへ向かおうとしているのかという、壮大なテーマに取り組む。

すでに述べた動物との連続性という視点に立てば、道徳性が人間や文明の誕生とともに忽然と現れたのでないことは論をまたない。道徳性の基盤は共感や思いやり、他者やコミュニティへの気遣いであり、社会的な動物が集団での暮らしを円滑に行ない、生存と繁殖の可能性を高めるのを助けるものだ。この基盤は、程度の差こそあれ、霊長類はもとより、哺乳類や鳥類、一部の爬虫類とその祖先に共有されている。したがって、宗教がもたらしたのでもなければ、近世に合理的に作られたのでもない。

道徳性の由来を人間に連なる過去と動物たちに見出したあと、連続性をたどる著者の目は、ごく自然に未来へと向かう。宗教こそ道徳性の源泉であるという考え方や、権威ある絶対神が人間に道徳を授けたというトップダウンの発想（著者が宗教と言うときは、絶対神を戴く、ユダヤ教やキリスト教のような宗教をおもに念頭に置いているようだ）、科学と違い、証拠が見つかったからといって変わることがめったにない、といった性質を伴う宗教的伝統は、生物学的特質に基づいておらず、私たちを誤った方向に導き、人間よりも原理を優先する危険を孕んでおり、未来の世界にはなじまないと著者は見る。宗教の提供する道徳は、適用できる範囲は限られているし、穴だらけでもあるから、「宗教の域を出ること、とりわけ、トップダウンの道徳性よりも先へ進むこと」が大きな課題であると著者は主張する。

とはいえ、道徳性という、人間の生まれ持った特定の傾向を是認し促進するうえで、宗教が貢献してきたことは、著者も十分認めるところで、一部のネオ無神論者のように宗教を目の敵にして、さっさと排除すれば社会が良くなるなどとは思っていない。神が不在になったら、いったい何がその空白を埋められるのか、と著者は問う。科学には無理だ。「科学は人生の意味を明らかにするためにあるのではない。まして、私たちに生き方を指南することなど科学には不可能だ。……科学や、自然科学の立場に基づく世界観が宗教の穴を埋め、人を善に向かわせるインスピレーションになるとはとうてい思えない。……道徳性がどのように機能するかを十分理解するために科学が役立つとしても」

では、今後人間は何を生きる拠り所にすればいいのか？　幸い、神不在の空白は、埋めるのが不可能ではない。なにしろ、「道徳的社会のおもな構成要素はみな宗教を必要としない。どれも私たちの内面に由来するから」で、事実、「コミュニティの価値観や社会的契約、法の執行に訴えかけることが」宗教と「同じぐらい効果的」であることは、実験で裏付けられている。著者が期待をかけているのはヒューマニズムだ。著者は「全能の神にこれまでほど重きを置かず、人間の可能性をもっと重視することには諸手を挙げて賛成する」。ただし、ネオ無神論者とは一線を画し、「宗教と良好な関係を保ち、宗教から学」びながらという姿勢は保つ。その結果、「人間が生まれ持った能力に基づいてより良い社会を作ること」ができ、現に西洋社会ではそれが進行中だという。この展望をもって、著者は連続性と進化／変化の物語を締めくくる。

著者の長年に及ぶ研究を支えてきたものとしては、鋭い観察眼、幅広い知識と視野、観念論で自己満足するのではなく、フィールドワークも含めて自ら動物に接していることから来る自信、不屈の闘志、ユーモアのセンスや茶目っ気など、数多くのものが挙げられる。それらが本書にも余すところなく発揮され、中身の濃い文章に彩りを添えている。本人の言葉を借りれば、二〇世紀最後の三〇年間は「便器の中のカエル」として、不条理な批判や処遇を受け、ずいぶんとつらい目を見てきたようで、それがときに皮肉や当てこすりとなって飛び出すが、性善説を信じ、人間や動物たちを温かい目で見つめる著者の人柄が随所に滲《にじ》み出ている。本書の内容もさることながら、著者のそんな魅力も楽しんでもらえたら幸いだ。

楽しむと言えば、本書に何度となく登場するヒエロニムス・ボスの「快楽の園」にも目を見張らされる。二〇一六年の没後五〇〇年に向けて目下さまざまな催しが行なわれたり準備されたりしているようだが、本書を読みながら、自らの目で「快楽の園」を読み解くというのも一興だろう。

最後に謝辞を。前作に続いて、今回の翻訳にあたっても、私の度重なる質問に辛抱強く回答してくださった著者に深く感謝したい。本書翻訳の企画を実現させてくださった紀伊國屋書店出版部、私が見落としていた点や思い至らなかった点の数々に配慮して訳の改善におおいに力を貸してくださった同出版部の和泉仁士さん、デザイナーの芦澤泰偉さんと五十嵐徹さんをはじめ、刊行までにお世話になった大勢の方々にも、心からお礼を申し上げる。

二〇一四年一〇月

柴田裕之

- Walker, R. S., M. V. Flinn, and K. R. Hill. 2010. Evolutionary history of partible paternity in lowland South America. *Proceedings of the National Academy of Sciences USA* 107:19195-200.
- Warneken, F., B. Hare, A. P. Melis, D. Hanus, and M. Tomasello. 2007. Spontaneous altruism by chimpanzees and young children. *PLoS Biology* 5:1414-20.
- Westermarck, E. 1912 [orig. 1908]. *The Origin and Development of the Moral Ideas*. Vol. 1. 2nd ed. London: Macmillan.

———. 1917 [orig. 1908]. *The Origin and Development of the Moral Ideas*. Vol. 2. 2nd ed. London: Macmillan.
- Whiten, A., V. Horner, and F. B. M. de Waal. 2005. Conformity to cultural norms of tool use in chimpanzees. *Nature* 437:737-40.
- Wilkinson, A., N. Sebanz, I. Mandl, and L. Huber. 2011. No evidence of contagious yawning in the red-footed tortoise, *Geochelone carbonaria*. *Current Zoology* 57:477-84.
- Williams, G. C. 1988. A sociobiological expansion of "Evolution and Ethics." In *Evolution and Ethics*, ed. J. Paradis and G. C. Williams, pp. 179-214. Princeton, NJ: Princeton University Press.［『進化と倫理――トマス・ハクスリーの進化思想』小林伝司・小川眞里子・吉岡英二訳、産業図書、1995］
- Wilson, D. S. 2002. *Darwin's Cathedral: Evolution, Religion, and the Nature of Society*. Chicago: University of Chicago Press.
- Woods, V., and B. Hare. 2010. Bonobo but not chimpanzee infants use socio-sexual contact with peers. *Primates* 52:111-16.
- Wrangham, R. W., and D. Peterson. 1996. *Demonic Males: Apes and the Evolution of Human Aggression*. Boston: Houghton Mifflin.［『男の凶暴性はどこからきたか』山下篤子訳、三田出版会、1998］
- Wright, R. 1994. *The Moral Animal: The New Science of Evolutionary Psychology*. New York: Pantheon.［『モラル・アニマル（上・下）』小川敏子訳、講談社、1995］
- Yamamoto, S., T. Humle, and M. Tanaka. 2012. Chimpanzees' flexible targeted helping based on an understanding of conspecifics' goals. *Proceedings of the National Academy of Sciences USA* 109:3588-92.
- Yerkes, R. M. 1925. *Almost Human*. New York: Century.

economic game. *Psychological Science* 18:803-9.
- Shepard, G. H. 2011. The Mark and Olly Follies. *Anthropology News*, May, p. 18.
- Silk, J. B., S. F. Brosnan, J. Vonk, J. Henrich, D. Povinelli, and A. S. Richardson. 2005. Chimpanzees are indifferent to the welfare of unrelated group members. *Nature* 437:1357-59.
- Silk, J. B., et al. 2009. The benefits of social capital: Close social bonds among female baboons enhance offspring survival. *Proceedings of the Royal Society of London B* 276:3099-114.
- Skinner, B. F. 1965 [orig. 1953]. *Science and Human Behavior*. New York: Free Press.［『科学と人間行動』河合伊六他訳、二瓶社、2003］
- Skoyles, J. R. 2011. Chimpanzees make mean-spirited, not prosocial, choices. *Proceedings of the Academy of Sciences USA* 108:E835.
- Smith, J. 1938. *Teachings of the Prophet Joseph Smith*. Edited by J. F. Smith. Salt Lake City: Deseret Book.
- Smuts, B. B. 1985. *Sex and Friendship in Baboons*. New York: Aldine.
- Sosis, R., and E. R. Bressler. 2003. Cooperation and commune longevity: A test of the costly signaling theory of religion. *Cross-Cultural Research* 37:211-39.
- Steinbeck, J. 1995 [orig. 1951]. *The Log from the Sea of Cortez*. New York: Penguin.［『コルテスの海』吉村則子・西田美緒子訳、工作舎、1992、他］
- Strawbridge, W. J., R. D. Cohen, S. J. Shema, and G. A. Kaplan. 1997. Frequent attendance at religious services and mortality over 28 years. *American Journal of Public Health* 87:957-61.
- Subiaul, F., J. Vonk, J. Barth, and S. Okamoto-Barth. 2008. Chimpanzees learn the reputation of strangers by observation. *Animal Cognition* 11:611-23.
- Tan, A. 2005. *Saving Fish from Drowning*. New York: Ballantine.
- Tannen, D. 1990. *You Just Don't Understand: Women and Men in Conversation*. New York: Ballantine.［『わかりあえる理由わかりあえない理由――男と女が傷つけあわないための口のきき方8章』田丸美寿々訳、講談社、2003、他］
- Teleki, G. 1973. Group response to the accidental death of a chimpanzee in Gombe National Park, Tanzania. *Folia primatologica* 20:81-94.
- Thornhill, R., and C. T. Palmer. 2000. *The Natural History of Rape: Biological Bases of Sexual Coercion*. Cambridge, MA: MIT Press.［『人はなぜレイプするのか――進化生物学が解き明かす』望月弘子訳、青灯社、2006］
- Tokuyama, N., et al. 2012. Bonobos apparently search for a lost member injured by a snare. *Primates* 53:215-19.
- Tolstoy, L. 1961 [orig. 1882]. *A Confession*. Translated by A. Maude. London: Oxford University Press.［この邦訳ではないが、原著の邦訳に『懺悔』北御門二郎訳、ヤースナヤ・ポリャーナ書肆、1994、他］
- Trivers, R. L. 1971. The evolution of reciprocal altruism. *Quarterly Review of Biology* 46:35-57.
- Turnbull, C. M. 1961. *The Forest People*. Garden City, NY: Natural History Press.［『森の民』藤川玄人訳、筑摩書房、1976］
- Ury, W. 1993. *Getting Past No: Negotiating with Difficult People*. New York: Bantam.［『ハーバード流"NO"と言わせない交渉術　決定版』斎藤精一郎訳、三笠書房、2010］
- van Wolkenten, M., S. F. Brosnan, and F. B. M. de Waal. 2007. Inequity responses of monkeys modified by effort. *Proceedings of the National Academy of Sciences USA* 104:18854-59.
- Voltaire. 1768. In *OEuvres Complètes de Voltaire*. Vol. 10. Paris: Garnier, 1877-85.
- von Rohr, C. R., et al. 2012. Impartial third-party interventions in captive chimpanzees: A reflection of community concern. *PLoS ONE* 7:e32494.

- PLoS Medicine Editors. 2011. Medical complicity in torture at Guantánamo Bay: Evidence is the first step toward justice. *PLoS Medicine* 8:e1001028.
- Plotnik, J. M., F. B. M. de Waal, and D. Reiss. 2006. Self-recognition in an Asian elephant. *Proceedings of the Academy of Sciences USA* 103:17053-57.
- Plotnik, J. M., R. C. Lair, W. Suphachoksakun, and F. B. M. de Waal. 2011. Elephants know when they need a helping trunk in a cooperative task. *Proceedings of the Academy of Sciences USA* 108:5116-21.
- Prinz, J. 2006. The emotional basis of moral judgments. *Philosophical Explorations* 9:29-43.
- Prüfer, K., et al. 2012. The bonobo genome compared with the chimpanzee and human genomes. *Nature* 486:527-31.
- Pruetz, J. D. 2011. Targeted helping by a wild adolescent male chimpanzee (*Pan troglodytes verus*): Evidence for empathy? *Journal of Ethology* 29:365-68.
- Pruetz, J. D., and S. Lindshield. 2011. Plant-food and tool transfer among savanna chimpanzees at Fongoli, Senegal. *Primates* 53:133-45.
- Range, F., L. Horn, Z. Viranyi, and L. Huber. 2008. The absence of reward induces inequity aversion in dogs. *Proceedings of the National Academy of Sciences USA* 106:340-45.
- Renouvier, C. 1859. *Essais de critique générale. Deuxième essai. Traité de psychologie rationnelle d'après les principes du criticisme.* Paris: Ladrange.
- Revel, J.-F., and M. Ricard. 1997. *Le moine et le philosophe*. Paris: Nil Editions. [『僧侶と哲学者——チベット仏教をめぐる対話』菊池昌実・高砂伸邦・高橋百代訳、新評論、2008]
- Ribberink, E., and D. Houtman. 2010. Te ongelovig om atheïst te zijn: Over de-privatisering van ongeloof. *Religie & Samenleving* 5:209-26.
- Ridley, M. 2001. Re-reading Darwin. *Prospect* 66:74-76.
- Rilling, J. K., J. Scholz, T. M. Preuss, M. F. Glasser, B. K. Errangi, and T. E . Behrens. 2011. Differences between chimpanzees and bonobos in neural systems supporting social cognition. *Social Cognitive and Affective Neuroscience* 7:369-79.
- Roes, F. 1997. An Interview of Richard Dawkins. *Human Ethology Bulletin* 12(1):1-3.
- Romero, M. T., M. A. Castellanos, and F. B. M. de Waal. 2010. Consolation as possible expression of sympathetic concern among chimpanzees. *Proceedings of the National Academy of Sciences USA* 107:12110-15.
- Ryan, C., and C. Jethá. 2010. *Sex at Dawn: The Prehistoric Origins of Modern Sexuality*. New York: Harper Collins.
- Sandin, J. 2007. *Bonobos: Encounters in Empathy*. Milwaukee, WI: Zoological Society of Milwaukee.
- Sanfey, A. G., J. K. Rilling, J. A. Aronson, L. E. Nystrom, and J. D. Cohen. 2003. The neural basis of economic decision-making in the ultimatum game. *Science* 300:1755-58.
- Saslow, L. R., et al. 2012. My brother's keeper? Compassion predicts generosity more among less religious individuals. *Social Psychological and Personality Science*. doi:10.1177/1948550612444137.
- Scherer, K. R. 1994. Emotion serves to decouple stimulus and response. In *The Nature of Emotion: Fundamental Questions*, ed. P. Ekman and R. J. Davidson, pp. 127-30. New York: Oxford University Press.
- Schwartz, G. 2009. Visual arts: The humanist meets the exorcist. *ArtsFuse*, 21 February.
- Semendeferi, K., A. Lu, N. Schenker, H. Damasio. 2002. Humans and great apes share a large frontal cortex. *Nature Neuroscience* 5:272-76.
- Shariff, A. F., and A. Norenzayan. 2007. God is watching you: Priming God concepts increases prosocial behavior in an anonymous

tions.［『ビッグ・サーとヒエロニムス・ボスのオレンジ』田中西二郎訳、文遊社、2012、他］

●Montaigne, M. 1902 [orig. 1877]. *Essays of Montaigne*. Translated by Charles Cotton. Vols. 1-4. London: Reeves & Turner.［『エセー（全3巻）』荒木昭太郎訳、中公クラシックス、2002・2003、他］

●Mukamel, R., A. D. Ekstrom, J. Kaplan, M. Iacoboni, and I. Fried. 2010. Single neuron responses in humans during execution and observation of actions. *Current Biology* 20:750-56.

●Muscarella, F., and M. R. Cunningham. 1996. The evolutionary significance and social perception of male pattern baldness and facial hair. *Ethology and Sociobiology* 17:99-117.

●Nevins, A., D. Pesetsky, and C. Rodrigues. 2009. Pirahã exceptionality: A reassessment. *Language* 85:355-404.

●Nietzsche, F. 2006 [orig. 1887]. *On the Genealogy of Morality and Other Writings*. Student Edition. Cambridge: Cambridge University Press.［『道徳の系譜学』中山元訳、光文社古典新訳文庫、2009、他］

———. 2007 [orig. 1889]. *Twilight of the Idols with the Antichrist and Ecce Homo*. Hertfordshire, UK : Wordsworth.［この邦訳ではないが、原著の邦訳に『ニーチェ全集14』原佑訳、ちくま学芸文庫、1994、他］

●Norenzayan, A., and I. G. Hansen. 2006. Belief in supernatural agents in the face of death. *Personality and Social Psychology Bulletin* 32:174-87.

●Norenzayan, A., and A. F. Shariff. 2008. The origin and evolution of religious prosociality. *Science* 322:58-62.

●Norscia, I., and E. Palagi. 2011. Yawn contagion and empathy in *Homo sapiens*. *PLoS ONE* 6:e28472.

●Nowak, M., and R. Highfield. 2011. *SuperCooperators: Altruism, Evolution, and Why We Need Each Other to Succeed*. New York: Free Press.

●Numbers, R., ed. 2009. *Galileo Goes to Jail and Other Myths about Science and Religion*. Cambridge, MA: Harvard University Press.

●Nussbaum, M. C. 2001. *Upheavals of Thought: The Intelligence of Emotions*. Cambridge, UK : Cambridge University Press.

●Osvath, M. 2009. Spontaneous planning for future stone throwing by a male chimpanzee. *Current Biology* 9:R190-R191.

●Osvath, M., and H. Osvath. 2008. Chimpanzee (*Pan troglodytes*) and orangutan (*Pongo abelii*) forethought: Self-control and pre-experience in the face of future tool use. *Animal Cognition* 11:661-74.

●Oxnard, C., P. J. Obendorf, and B. J. Kefford. 2010. Post-cranial skeletons of hypothyroid cretins show a similar anatomical mosaic as *Homo floresiensis*. *PLoS ONE* 5:e13018.

●Panofsky, E. 1966. *Early Netherlandish Painting: Its Origins and Character*. Cambridge, MA: Harvard University Press.［『初期ネーデルラント絵画——その起源と性格　図版篇・本文篇』勝國興・蜷川順子訳、中央公論美術出版社、2001］

●Parker, I. 2007. Swingers. *The New Yorker*, July 30.

●Parr, L. A., and F. B. M. de Waal. 1999. Visual kin recognition in chimpanzees. *Nature* 399:647-48.

●Paukner, A., et al. 2009. Capuchin monkeys display affiliation toward humans who imitate them. *Science* 325:880-83.

●Pearson, K. 1914. *The Life, Letters and Labours of Francis Galton*. London: Cambridge University Press.

●Perelman, P., et al. 2011. A molecular phylogeny of living primates. *PLoS Genetics* 7:e1001342.

●Perry, S. 2009. Conformism in the food processing techniques of white-faced capuchin monkeys (*Cebus capucinus*). *Animal Cognition* 12:705-16.

Philosophers: How Morality Evolved, ed. S. Macedo and J. Ober, pp. 120-39. Princeton, NJ: Princeton University Press.

———. 2009. Beyond Disbelief. In *50 Voices of Disbelief: Why We Are Atheists*, ed. R. Blackford and U. Schuklenk, pp. 87-96. Hoboken, NJ: Wiley-Blackwell.

———. 2011. *The Ethical Project*. Cambridge, MA: Harvard University Press.

●Konner, M. 2002. Some obstacles to altruism. In *Altruistic Love: Science, Philosophy, and Religion in Dialogue*, ed. S. G. Post et al., pp. 192-211. Oxford: Oxford University Press.

●Kummer, H. 1995. *The Quest of the Sacred Baboon*. Princeton, NJ: Princeton University Press.

●Lamarck, J. B. 1914 [orig. 1809]. *Zoological Philosophy*. Translated by Hugh Elliot. London: Macmillan.[『動物哲学』小泉丹・山田吉彦訳、岩波文庫、1954]

●Langergraber, K. E., J. C. Mitani, and L. Vigilant. 2007. The limited impact of kinship on cooperation in wild chimpanzees. *Proceedings of the Academy of Sciences USA* 104:7786-90.

●Langford, D. J., et al. 2006. Social modulation of pain as evidence for empathy in mice. *Science* 312:1967-70.

●Lee, R. B. 1969. Eating Christmas in the Kalahari. *Natural History* 78(12):14-22, 60-63.

●Levin, J. S. 1994. Religion and health: Is there an association, is it valid, and is it causal? *Social Science and Medicine* 38:1475-82.

●Linfert, C. 2003 [orig. 1972]. *Hieronymus Bosch*. New York: H. N. Abrams.[『ボッス』西村規矩夫・岡部紘三訳、美術出版社、1992、他]

●Lorenz, K. 1960. *So kam der Mensch auf den Hund*. Vienna: Borotha-Schoeler.[『人イヌにあう』小原秀雄訳、ハヤカワ文庫、2009、他]

●Macedo, S., and J. Ober, eds. 2006. *Primates and Philosophers: How Morality Evolved*. Princeton, NJ: Princeton University Press.

●Malenky, R. K., and R. W. Wrangham. 1994. A quantitative comparison of terrestrial herbaceous food consumption by *Pan paniscus* in the Lomako Forest, Zaire, and *Pan troglodytes* in the Kibale Forest, Uganda. *American Journal of Primatology* 32:1-12.

●Malhotra, D. 2010. (When) are religious people nicer? Religious salience and the "Sunday Effect" on pro-social behavior. *Judgment and Decision Making* 5:138-43.

●Marcus Aurelius. 2002 [orig. 170-180 CE]. *The Emperor's Handbook: A New Translation of The Meditations*. New York: Scribner.

●Matsuzawa, T. 2011. What is uniquely human? A view from comparative cognitive development in humans and chimpanzees. In *The Primate Mind*, ed. F. B. M. de Waal and P. F. Ferrari, pp. 288-305. Cambridge, MA: Harvard University Press.

●Mayr, E. 1997. *This Is Biology: The Science of the Living World*. Cambridge, MA: Harvard University Press.[『これが生物学だ——マイアから21世紀の生物学者へ』八杉貞雄・松田学訳、丸善出版、2012、他]

●McCauley, R. N. 2011. *Why Religion Is Natural and Science Is Not*. New York: Oxford University Press.

●Mendes, N., D. Hanus, and J. Call. 2007. Raising the level: Orangutans use water as a tool. *Biology Letters* 3:453-55.

●Mercader, J., et al. 2007. 4,300-year-old chimpanzee sites and the origins of percussive stone technology. *Proceedings of the National Academy of Sciences USA* 104:3043-48.

●Mercier, H., and D. Sperber. 2011. Why do humans reason? Arguments for an argumentative theory. *Behavioral and Brain Sciences* 34:57-111.

●Midgley, M. 2010. *The Solitary Self: Darwin and the Selfish Gene*. Durham, UK : Acumen.

●Miller, H. 1957. *Big Sur and the Oranges of Hieronymus Bosch*. New York: New Direc-

———. 2010. *The Moral Landscape: How Science Can Determine Human Values*. New York: Free Press.

●Hein, G., G. Silani, K. Preuschoff, C. D. Batson, and T. Singer. 2010. Neural responses to ingroup and outgroup members' suffering predict individual differences in costly helping. *Neuron* 68:149-60.

●Henrich, J., R. Boyd, S. Bowles, C. Camerer, H. Gintis, R. McElreath, and E. Fehr. 2001. In search of *Homo economicus*: Experiments in 15 small-scale societies. *American Economic Review* 91:73-79.

●Herculano-Houzel, S. 2009. The human brain in numbers: A linearly scaled-up primate brain. *Frontiers in Human Neuroscience* 3:1-11.

●Hitchens, C. 2007. *God Is Not Great: How Religion Poisons Everything*. New York: Hachette.

●Hobaiter, C., and R. W. Byrne. 2010. Able-bodied wild chimpanzees imitate a motor procedure used by a disabled individual to overcome handicap. *PLoS ONE* 5:e11959.

●Hobbes, T. 2004 [orig. 1651]. *De Cive*. Whitefish, MT : Kessinger. [『哲学原論——自然法および国家法の原理』所収「市民論」伊藤宏之・渡部秀和訳、柏書房、2012、他]

●Hohmann, G., and B. Fruth. 2011. Is blood thicker than water? In *Among African Apes*, ed. M. M. Robbins and C. Boesch, pp. 61-76. Berkeley: University of California Press.

●Horner, V., and A. Whiten. 2005. Causal knowledge and imitation/emulation switching in chimpanzees (*Pan troglodytes*) and children (*Homo sapiens*). *Animal Cognition* 8:164-81.

●Horner, V., D. J. Carter, M. Suchak, and F. B. M. de Waal. 2011a. Spontaneous prosocial choice by chimpanzees. *Proceedings of the Academy of Sciences USA* 108:13847-51.

———. 2011b. Reply to Skoyles: Misplaced assumptions of perfect human prosociality. *Proceedings of the Academy of Sciences USA* 108:E836.

●Horner, V., D. Proctor, K. E. Bonnie, A. Whiten, and F. B. M. de Waal. 2010. Prestige affects cultural learning in chimpanzees. *PLoS ONE* 5:e10625.

●Hrdy, S. B. 2009. *Mothers and Others: The Evolutionary Origins of Mutual Understanding*. Cambridge, MA: Belknap Press of Harvard University Press.

●Hume, D. 2008 [orig. 1739]. *A Treatise of Human Nature*. Sioux Falls, SD: NuVision. [『人間本性論　(全3巻)』木曾好能・石川徹・中釜浩一・伊勢俊彦訳、法政大学出版局、2011・2012、他]

●Huxley, L., ed. 1901. *Life and Letters of Thomas Henry Huxley*. Vol. 1. New York: Appleton.

———. 1916. *Life and Letters of Thomas Henry Huxley*. Vol. 2. New York: Appleton.

Huxley, T. H. 1989 [orig. 1894]. *Evolution and Ethics*. Princeton, NJ: Princeton University Press. [『進化と倫理』上野景福訳、育生社、1948]

●Jammer, M. 1999. *Einstein and Religion*. Princeton, NJ: Princeton University Press.

●Jensen, K., B. Hare, J. Call, and M. Tomasello. 2006. What's in it for me? Self-regard precludes altruism and spite in chimpanzees. *Proceedings of the Royal Society B* 273:1013-21.

●Johnson, M. 1993. *Moral Imagination: Implications of Cognitive Science for Ethics*. Chicago: University of Chicago Press.

●Joyce, R. 2005. *The Evolution of Morality*. Cambridge, MA: MIT Press.

●Kano, T. 1992. *The Last Ape: Pygmy Chimpanzee Behavior and Ecology*. Stanford, CA: Stanford University Press.

●King, B. J. 2007. *Evolving God: A Provocative View of the Origin of Religion*. New York: Doubleday.

●Kitcher, P. 2006. Ethics and evolution: How to get here from there. In *Primates and*

ture of human altruism. *Nature* 425: 785-91.

- Fehr, E., H. Bernhard, and B. Rockenbach. 2008. Egalitarianism in young children. *Nature* 454:1079-83.
- Fessler, D. M. T. 2007. From appeasement to conformity: Evolutionary and cultural perspectives on shame, competition, and cooperation. In *The Self-Conscious Emotions: Theory and Research*, ed. J. L. Tracy, R. W. Robins, and J. P. Tangney, pp. 174-93. New York: Guilford.
- Flack, J. C., L. A. Jeannotte, and F. B. M. de Waal. 2004. Play signaling and the perception of social rules by juvenile chimpanzees. *Journal of Comparative Psychology* 118:149-59.
- Flack, J. C., D. C. Krakauer, and F. B. M. de Waal. 2005. Robustness mechanisms in primate societies: A perturbation study. *Proceedings of the Royal Society of London B* 272:1091-99.
- Foerder, P., M. Galloway, T. Barthel, D. E. Moore, and D. Reiss. 2011. Insightful problem solving in an Asian elephant. *PLoS ONE* 6:e23251.
- Fouts, R., and T. Mills. 1997. *Next of Kin*. New York: Morrow. [『限りなく人類に近い隣人が教えてくれたこと』高崎浩幸・和美訳、角川書店、2000]
- Fränger, W. 1976 [orig. 1951]. *The Millennium of Hieronymus Bosch: Outlines of a New Interpretation*. New York: Hacker Art Books.
- Frankfurt, H. G. 1971. Freedom of the will and the concept of a person. *Journal of Philosophy* 68:5-20.
- Freedberg, D., and V. Gallese. 2007. Motion, emotion and empathy in esthetic experience. *Trends in Cognitive Sciences* 5:197-203.
- Freud, S. 2010 [orig. 1928]. *The Future of an Illusion*. Translated by W. D. Robson-Scott. Mansfield Centre, CT: Martino Publishing. [『幻想の未来／文化への不満』所収「幻想の未来」、中山元訳、光文社古典新訳文庫、2007、他]
- Furuichi, T. 2011. Female contributions to the peaceful nature of bonobo society. *Evolutionary Anthropology* 20:131-42.
- Ghiselin, M. 1974. *The Economy of Nature and the Evolution of Sex*. Berkeley: University of California Press.
- Goodall, J. 2005. Primate spirituality. In *The Encyclopedia of Religion and Nature*, ed. B. Taylor, pp. 1303-6. New York: Continuum.
- Goodenough, U. 1999. The holes in Gould's semipermeable membrane between science and religion. *American Scientist*, May-June.
  ———. 2000. *The Sacred Depths of Nature*. New York: Oxford University Press.
- Gould, S. J. 1997. Nonoverlapping Magisteria. *Natural History* 106(2):16-22.
- Grandin, T., and C. Johnson. 2004. *Animals in Translation: Using the Mysteries of Autism to Decode Animal Behavior*. New York: Scribner. [『動物感覚——アニマル・マインドを読み解く』中尾ゆかり訳、日本放送出版協会、2006]
- Gray, J. 2011. *The Immortalization Commission: Science and the Strange Quest to Cheat Death*. London: Allen Lane.
- Haidt, J. 2001. The emotional dog and its rational tail: A social intuitionist approach to moral judgment. *Psychological Review* 108:814-34.
- Hamlin, J. K., K. Wynn, and P. Bloom. 2007. Social evaluation by preverbal infants. *Nature* 450:557-59.
- Hare, B., and S. Kwetuenda. 2010. Bonobos voluntarily share their own food with others. *Current Biology* 20:R230-R231.
- Hare, B., et al. 2007. Tolerance allows bonobos to outperform chimpanzees on a cooperative task. *Current Biology* 17:1-5.
- Harman, O. 2009. *The Price of Altruism*. New York: Norton. [『親切な進化生物学者——ジョージ・プライスと利他行動の対価』垂水雄二訳、みすず書房、2011]
- Harris, S. 2006. *Letter to a Christian Nation*. New York: Knopf.

relations in the Arnhem chimpanzee colony. In *Coalitions and Alliances in Humans and other Animals*, ed. A. Harcourt and F. B. M. de Waal, pp. 23-57. Oxford: Oxford University Press.

———. 1996. *Good Natured*. Cambridge, MA: Harvard University Press.[『利己的なサル、他人を思いやるサル——モラルはなぜ生まれたのか』西田利貞・藤井留美訳、草思社、1998]

———. 1997a. *Bonobo: The Forgotten Ape*. Berkeley: University of California Press.[『ヒトに最も近い類人猿ボノボ』加納隆至監修、フランス・ランティング写真、藤井留美訳、TBSブリタニカ、2000]

———. 1997b. The chimpanzee's service economy: Food for grooming. *Evolution and Human Behavior* 18:375-86.

———. 1999. Anthropomorphism and anthropodenial: Consistency in our thinking about humans and other animals. *Philosophical Topics* 27:255-80.

———. 2000. Survival of the rapist. Review of Thornhill and Palmer, *A Natural History of Rape*. In *New York Times Book Review*, 2 April, pp. 24-25.

———. 2005. *Our Inner Ape: A Leading Primatologist Explains Why We Are Who We Are*. New York: Riverhead.[『あなたのなかのサル——霊長類学者が明かす「人間らしさ」の起源』藤井留美訳、早川書房、2005]

———. 2007 [orig. 1982]. *Chimpanzee Politics: Power and Sex among Apes*. Baltimore, MD : Johns Hopkins University Press. [『政治をするサル——チンパンジーの権力と性』西田利貞訳、平凡社ライブラリー、1994、他]

———. 2009. *The Age of Empathy: Natures Lessons for a Kinder Society*. New York: Harmony.[『共感の時代へ——動物行動学が教えてくれること』柴田裕之訳、西田利貞解説、紀伊國屋書店、2010]

- de Waal, F. B. M., H. Uno, L. M. Luttrell, L. F. Meisner, and L. A. Jeannotte. 1996. Behavioral retardation in a macaque with autosomal trisomy and aging mother. *American Journal of Mental Retardation* 100:378-90.
- Diamond, M. 1990. Selected cross-generational sexual behavior in traditional Hawai'i: A sexological ethnography. In *Pedophilia: Biosocial Dimensions*, ed. J. R. Feierman, pp. 422-44. New York: Springer.
- Dickson, M. 1999. The light at the end of the tunneling: Observation and underdetermination. *Philosophy of Science* 66:47-58.
- Dindo, M., B. Thierry, F. B. M. de Waal, and A. Whiten. 2010. Conditional copying fidelity in capuchin monkeys (Cebus apella). *Journal of Comparative Psychology* 124:29-37.
- Dixon, L. S. 1981. Bosch's Garden of Delights: Remnants of a “fossil” science. *Art Bulletin* 63:96-113.

——— 2003. *Bosch*. London: Phaidon.

- Douglas-Hamilton, I., S. Bhalla, G. Wittemyer, and F. Vollrath. 2006. Behavioural reactions of elephants towards a dying and deceased matriarch. *Applied Animal Behaviour Science* 100:87-102.
- Dray, P. 2005. *Stealing God's Thunder: Benjamin Franklin's Lightning Rod and the Invention of America*. New York: Random House.
- Dudley, S. A., and A. L. File. 2007. Kin recognition in an annual plant. *Biology Letters* 3:435-38.
- Edelman, B. G. 2009. Red light states: Who buys online adult entertainment? *Journal of Economic Perspectives* 23:209-20.
- Erasmus, D. 1519. *In Praise of Marriage*. In E. Rummel. 1996. *Erasmus on Women*. Toronto: University of Toronto Press.
- Evans, T. A., and M. J. Beran. 2007. Chimpanzees use self-distraction to cope with impulsivity. *Biology Letters* 3:599-602.
- Everett, D. L. 2005. Cultural constraints on grammar and cognition in Pirahã: Another look at the design features of human language. *Current Anthropology* 46:621-46.
- Fehr, E., and U. Fischbacher. 2003. The na-

- Buchanan, T. W., S. L. Bagley, R. B. Stansfield, and S. D. Preston. 2011. The empathic, physiological resonance of stress. *Social Neuroscience* 7:191-201.
- Byrne, R. 1995. *The Thinking Ape*. Oxford: Oxford University Press.［『考えるサル――知能の進化論』小山高正・伊藤紀子訳、大月書店、1998］
- Churchland, P. S. 2011. *Braintrust: What Neuroscience Tells Us about Morality*. Princeton, NJ: Princeton University Press.［『脳がつくる倫理――科学と哲学から道徳の起源にせまる』信原幸弘・樫則章・植原亮訳、化学同人、2013］
- Coe, C. L., and L. A. Rosenblum. 1984. Male dominance in the bonnet macaque: A malleable relationship. In *Social Cohesion: Essays toward a Sociophysiological Perspective*, ed. P. R. Barchas and S. P. Mendoza, pp. 31-63. Westport, CT: Greenwood.
- Cohen, E. E. A., R. Ejsmond-Frey, N. Knight, and R. Dunbar. 2010. Rowers' high: Behavioural synchrony is correlated with elevated pain thresholds. *Biology Letters* 6:106-8.
- Collins, F. 2006. *The Language of God: A Scientist Presents Evidence for Belief*. New York: Free Press.［『ゲノムと聖書――科学者、〈神〉について考える』中村昇・中村佐知訳、NTT出版、2008］
- Coolidge, H. J. 1933.*Pan paniscus*: Pygmy chimpanzee from south of the Congo River. *American Journal of Physical Anthropology* 18:1-57.
- Crockford, C., R. M. Wittig, R. Mundry, and K. Zuberbühler. 2012. Wild chimpanzees inform ignorant group members of danger. *Current Biology* 22:142-46.
- Damasio, A. 2003. *Looking for Spinoza: Joy, Sorrow, and the Feeling Brain*. Orlando, FL: Harcourt.［『感じる脳――情動と感情の脳科学 よみがえるスピノザ』田中三彦訳、ダイヤモンド社、2005］
- Danziger, S., J. Leva, and L. Avnaim-Pesso. 2011. Extraneous factors in judicial decisions. *Proceedings of the National Academy of Sciences USA* 108: 6889-92.
- Darley, J. M., and C. D. Batson. 1973. From Jerusalem to Jericho: A study of situational and dispositional variables in helping behavior. *Journal of Personality and Social Psychology* 27:100-108.
- Dart, R. A. 1953. The predatory transition from ape to man. *International Anthropological and Linguistic Review* 1:201-17.
- Darwin, C. 1981 [orig. 1871]. *The Descent of Man, and Selection in Relation to Sex*. Princeton, NJ: Princeton University Press.［『人間の進化と性淘汰（ダーウィン著作集1、2）』長谷川眞理子訳、文一総合出版、1999・2000、他］
- Dawkins, R. 1976. *The Selfish Gene*. Oxford: Oxford University Press.［『利己的な遺伝子』日高敏隆・岸由二・羽田節子・垂水雄二訳、紀伊國屋書店、2006、他］

———. 2006. *The God Delusion*. Boston: Houghton Mifflin.［『神は妄想である――宗教との決別』垂水雄二訳、早川書房、2007］
- de Botton, A. 2012. *Religion for Atheists: A Non-Believer's Guide to the Uses of Religion*. New York: Pantheon.
- de Bruyn, E. 2010. Hieronymus Bosch's Garden of Delights triptych: The eroticism of its central panel and Middle Dutch. In *Jheronimus Bosch: His Sources*, pp. 94-106. s'Hertogenbosch: Jheronimus Bosch Art Center.
- Dennett, D. 2006. Review of Richard Dawkins, *The God Delusion*. In *Free Inquiry*.
- Derkx, P. 2011. *Humanisme, Zinvol Leven en Nooit meer "Ouder Worden."* Brussels: VUBPress.
- Desmond, A. 1994. *Huxley: From Devil's Disciple to Evolution's High Priest*. Reading, MA: Perseus.
- de Waal, F. B. M. 1989. *Peacemaking among Primates*. Cambridge, MA: Harvard University Press.［『仲直り戦術――霊長類は平和な暮らしをどのように実現しているか』西田利貞・榎本知郎訳、どうぶつ社、1993］

———. 1992. Coalitions as part of reciprocal

参考文献

- Aknin, L. B., J. K. Hamlin, and E. W. Dunn. 2012. Giving leads to happiness in young children. *PLoS ONE* 7:e39211
- Allman, J., A. Hakeem, and K. Watson. 2002. Two phylogenetic specializations in the human brain. *Neuroscientist* 8:335-46.
- Alvard, M. 2004. The Ultimatum Game, fairness, and cooperation among big game hunters. In *Foundations of Human Sociality: Ethnography and Experiments from Fifteen Small-Scale Societies*, ed. J. Henrich et al., pp. 413-35. London: Oxford University Press.
- Anderson, J. R., A. Gillies, and L. C. Lock. 2010. Pan thanatology. *Current Biology* 20:R349-R351.
- Ardrey, R. 1961. *African Genesis: A Personal Investigation into the Animal Origins and Nature of Man*. New York: Simon & Schuster.［『アフリカ創世記——殺戮と闘争の人類史』徳田喜三郎・森本佳樹・伊沢紘生訳、筑摩書房、1973］
- Arsenio, W. F., and M. Killen. 1996. Conflict-related emotions during peer disputes. *Early Education and Development* 7:43-57.
- Bakewell, M. A., P. Shi, and J. Zhang. 2007. More genes underwent positive selection in chimpanzee evolution than in human evolution. *Proceedings of the National Academy of Sciences USA* 104:7489-94.
- Ballou, M. M. 1872. *Treasury of Thought*. Boston: Osgood.
- Barber, B. 1961. Resistance by scientists to scientific discovery. *Science* 134:596-602.
- Bartal, I. B.-A., J. Decety, and P. Mason. 2011. Empathy and pro-social behavior in rats. *Science* 334:1427-30.
- Bekoff, M. 2001. Social play behaviour cooperation, fairness, trust, and the evolution of morality. *Journal of Consciousness Studies* 8:81-90.
- Belting, J. 2005. *Hieronymus Bosch: Garden of Earthly Delights*. Munich: Prestel.
- Blanke, O., and S. Arzy. 2005. The out-of-body experience: Disturbed self-processing at the Temporo-Parietal Junction. *Neuroscientist* 11:16-24.
- Boehm, C. 2012. *Moral Origins: The Evolution of Virtue, Altruism, and Shame*. New York: Basic Books.［『モラルの起源——道徳、良心、利他行動はどのように進化したのか』斉藤隆央訳、白揚社、2014］
- Boesch, C. 2010. Patterns of chimpanzees intergroup violence. In *Human Morality and Sociality: Evolutionary and Comparative Perspectives*, ed. H. Høgh-Olesen, pp. 132-59. Basingstoke, UK : Palgrave Macmillan.
- Boesch, C., C. Bolé, N. Eckhardt, and H. Boesch. 2010. Altruism in forest chimpanzees: The case of adoption. *PLoS ONE* 5:e8901.
- Bowles, S., and H. Gintis. 2003. The origins of human cooperation. In *The Genetic and Cultural Origins of Cooperation*, ed. P. Hammerstein, pp. 429-44. Cambridge, MA: MIT Press.
- Boyd, R., and P. J. Richerson. 2005. Solving the puzzle of human cooperation. In *Evolution and Culture*, ed. S. Levinson, pp. 105-32. Cambridge, MA : MIT Press.
- Boyer, P. 2010. *The Fracture of an Illusion: Science and the Dissolution of Religion*. Göttingen: Vandenhoeck & Ruprecht.
- Brosnan, S. F., and F. B. M. de Waal. 2003. Monkeys reject unequal pay. *Nature* 425:297-99.
- Brosnan, S. F., et al. 2010. Mechanisms underlying responses to inequitable outcomes in chimpanzees. *Animal Behaviour* 79:1229-37.
- Brown, S. L., R. M. Nesse, A. D. Vinokur, and D. M. Smith. 2003. Providing social support may be more beneficial than receiving it: Results from a prospective study of mortality. *Psychological Science* 14:320-27.

31

Deepak Malhotra (2010) and Benjamin Edelman (2009).

32

Laura Saslow et al. (2012).

第八章　ボトムアップの道徳性

1

Michel de Montaigne (1877), vol. 3, p. 499.

2

15世紀のオランダでは、人生を「乾草とがらくたばかり」と表現した。

3

Erwin Panofsky (1966), p. 357.

4

「ママ・グリズリー」という表現は、2008年に副大統領候補サラ・ペイリンによってよく知られるようになった。

5

Hans Kummer (1995).

6

Frans de Waal (2000).

7

Marc Bekoff (2001), p. 85.

8

Joe Henrich et al. (2001) and Alan Sanfey et al. (2003).

9

Thomas Hobbes (1651), p. 36.

10

公平性に関するサルの実験のビデオは、私の2012年のTED講演の最後で紹介してある。
www.ted.com.talks で閲覧可能。

11

パンバニーシャを巡る出来事は、Frans de Waal (1997a) の中で、スー・サヴェージ=ランボーが語っている。彼女は、自分のボノボたちはみなが同じだけ受け取っているときに最も満足していると考えている。

12

Megan van Wolkenten et al. (2007).

13

Sarah Brosnan et al. (2010).

14

Friederike Range et al. (2008).

15

Christopher Boehm (2012).

16

Peter Derkx (2011).

17

Candace Calloway Whiting, "Humpback whales intervene in orca attack on gray whale calf," *Digital Journal*, 8 May 2012.
http://digitaljournal.com/article/324348 で閲覧可能。

18

Jonathan Gallagher, "Evolution? No: A conversation with Dr. Ben Carson," *Adventist Review*, 26 February 2004.

(2005) を推薦する。

42

ミルウォーキー郡立動物園のボノボの話は、類人猿の飼育係のバーバラ・ベルが Jo Sandin (2007) と私に語ってくれた。

第七章　神に取ってかわるもの

1

Voltaire (1768), p. 402:「神がいないのならば、こしらえてやらねば」

2

化膿が慢性化したので、マカリは指を獣医に切断してもらわなくてはならなかった。

3

Geza Teleki (1973).

4

James Anderson et al. (2010), p. R351.

5

Nahoko Tokuyama et al. (2012).

6

Bert Haanstra による1984年のフィルム・ドキュメンタリー *The Family of Chimps.*

7

Jeffrey Levin (1994) and William Strawbridge et al. (1997).

8

Jane Goodall (2005), p. 1304.

9

Victoria Horner and Andrew Whiten (2005).

10

Philip Dray (2005).

11

Richard Wrangham and Dale Peterson (1996) and Richard Byrne (1995) and Richard Byrne (1995).

12

Mathias Osvath (2009).

13

Mathias and Helena Osvath (2008).

14

Natacha Mendes et al. (2007).

15

Tetsuro Matsuzawa (2011), p. 304.

16

Ara Norenzayan and Ian Hansen (2006).

17

Carl Linfert (1972).

18

BBC, *The Forum*, 10 October 2010.

19

Roberta Smith, "Just when you thought it was safe," *New York Times*, 16 October 2007.

20

Daniel Everett (2005), p. 30. Andrew Nevins et al. (2009)　は、ピダハン族には神話や信仰がないという説に疑問を呈している。

21

Richard Sosis and Eric Bressler (2003).

22

Emma Cohen et al. (2010).

23

David Sloan Wilson (2002), p. 159.

24

Pascal Boyer (2010), p. 85.

25

Michael Fitzgerald, "Why science is more fragile than faith,"*Boston Globe*, 8 January 2012. Robert McCauley (2011) も参照のこと。

26

William Arsenio and Melanie Killen (1996).

27

Sigmund Freud (1928), p. 89.

28

サム・ハリスは、神のいない世界とはどのようなものになるだろうかという問いに対して、「理性の宗教が現れるだろう」と答えた。Gary Wolf, "The church of the non-believers," *Wired*, November 2006.

29

Philip Kitcher (2009).

30

Ara Norenzayan and Azim Shariff (2008), and Shariff and Norenzayan (2007).

16 ——

Patricia Churchland (2011).

17 ——

Eric de Bruyn (2010).

18 ——

Wilhelm Fränger (1951).

19 ——

Henry Miller (1957), p. 29.

20 ——

Philip Kitcher (2011), p. 207.

21 ——

イスラエルの判事が仮釈放の決定を下す可能性は、昼食休憩前はゼロに近いが、そのあとは約65パーセントに達する (Danziger et al., 2011)。

22 ——

Blaise Pascal (1669):「心には独自の理屈があるのに、理性はそれについて何一つ知らない」(パスカル『パンセ』より)Gutenberg ebook, www.gutenberg.org.

23 ——

Claudia von Rohr et al. (2012).

24 ——

Francys Subiaul et al. (2008).

25 ——

Victoria Horner et al. (2010).

26 ——

Edward Westermarck (1917), p. 238.

27 ——

Edward Westermarck (1912), p. 38.

28 ——

Christopher Boehm (2012).

29 ——

Richard Lee (1969).

30 ——

Michael Alvard (2004) and Joseph Henrich et al. (2001).

31 ——

Milton Diamond (1990), p. 423 を短くまとめたもの。

32 ——

ボノボとの比較も含め、人間の性的多様性については、Sarah Hrdy (2009), Christopher Ryan and Cacilda Jethá (2010), Robert Walker et al. (2010), and Frans de Waal (2005) を参照のこと。

33 ——

2006年6月14日に「ザ・コルベア・リポート」に出演したジョージア州選出の下院議員リン・ウェストモーランド。

34 ——

Christopher Hitchens (2007), p. 99.

35 ——

Sam Harris (2010).

36 ——

イギリスの哲学者サイモン・ブラックバーンはハリスに対する公開の反論の中で、この「愚か者の楽園」の議論を展開した。

www.youtube.com/watch?v=W8vYq6Xm2To&feature=related で閲覧可能。

37 ——

Susan Dudley and Amanda File (2007) による、植物の遺伝的関係の認識。

38 ——

2004年にプリンストン大学のタナー講義の間に行なわれた討論。Stephen Macedo and Josiah Ober (2006) を参照のこと。

39 ——

Michael Specter, "The dangerous philosopher," *The New Yorker*, 6 September 1999.

40 ——

アメリカの哲学者 Mark Johnson (1993), p. 5 はこう書いている。「私たちには肉体から分離された普遍的理性があって、それが絶対的な規則や意思決定の手順、普遍的あるいは無制限の法を生み出す、それによって私たちはどんな状況に遭遇しても善悪を区別できる―― そんなふうに考え、行動するのは道徳的に無責任だ」

41 ——

この議論は私のような、哲学者ではない人間には複雑過ぎて詳しく取り上げることはできない。キッチャーとチャーチランドが名を挙げた書籍の他に、私は Martha Nussbaum (2001) と Richard Joyce

14

ジョシュア・スピードに宛てた1855年8月24日付けの手紙の中で、リンカーンは「[それは]私を惨めにさせる力を持っており、たびたびその力を揮う」と書いている。http://showcase.netins.net/web/creative/lincoln/speeches/speed.htm で閲覧可能。

15

Grit Hein et al. (2010).

16

Dale Langford et al. (2006).

17

Tony Buchanan et al. (2011).

18

Inbal Ben-Ami Bartal et al. (2011), p. 1429.

19

John Darley and Daniel Batson (1973).

20

Teresa Romero et al. (2010).

21

Shinya Yamamoto et al. (2012).

22

Jill Pruetz and Stacy Lindshield (2011).

第六章　十戒、黄金律、最大幸福原理の限界

1

Immanuel Kant (1788), *Critique of Practical Reason*. www.gutenberg.org/cache/epub/5683/pg5683.html で閲覧可能。[『実践理性批判』熊野純彦訳、作品社、2013、他]

2

Edward Westermarck (1912), p. 19.

3

フランスのメディアによれば、トリスターヌ・バノンはDSKを「発情したチンパンジー」になぞらえたという。

4

Philip Kitcher (2006), p. 136 は「wanton」という言葉を Harry Frankfurt (1971) から借りてきた。フランクファートは、自由意思という文脈でこの言葉について論じている。

5

Christophe Boesch (2010).

6

Klaus Scherer (1994), p. 127.

7

皮質の相対的な大きさについては、Katerina Semendeferi et al. (2002) と Suzana Herculano-Houzel (2009) を参照のこと。

8

類人猿における欲求充足の遅延については、Theodore Evans and Michael Beran (2007) を参照のこと。

9

Jesse Prinz (2006), p. 37.

10

Konrad Lorenz (1960).

11

Chris Coe and Leonard Rosenblum (1984) は、下位のオスが「どうやら社会規範に違反したのを認めるようなかたちで」反応した実験を記述している。

12

Frans de Waal (1982), p. 92 より。

13

Jessica Flack et al. (2004).

14

Kevin Langergraber et al. (2007), Joan Silk et al. (2009), and Carl Zimmer, "Friends with benefits," *Time*, 20 February 2012 を参照のこと。

15

David Hume (1739) は、物事のありようの説明から、物事がどうあるべきかという言説に移る文章が多いことを指摘し、p. 335 でこう言い足している。「この変化は微小であるがゆえに目につかない。しかしながら、重大極まりない。なんとなれば、この『であるべし』あるいは『であるべからず』は、何らかの新たな関係ないし主張を表しているので、その関係に注意を払い、それを説明することが欠かせないからだ。それと同時に、根拠を提示するべきである。まったく考えられないように思えること、すなわち、この新たな関係が、他のもの——まったく異なるもの——から演繹されうることの根拠を」

た。仏教徒(81%)とヒンドゥー教徒(80%)は賛同する割合が最も多く、カトリック教徒(58%)と主流派プロテスタント(51%)が中ぐらい、福音派のプロテスタント(24%)とモルモン教徒(22%)が最も少なかった。

22

マチウ・リカールと彼の父親でフランスの著名な哲学者であるジャン=フランソワ・ルヴェルの討論から。その中でリカールは、科学は「些細な必要に対する多大な貢献」を行なうと述べている (Revel and Ricard, 1997)。リカールは最近になって、現在考えは変わり、科学は人間の境遇を素晴らしく発展させたと付け加えている。

23

Leo Tolstoy (1882) は、「私の人生の意味とは?」「私の人生から得られるものとは?」「存在するものすべてはなぜ存在し、なぜ私は存在するのか?」といった疑問への答えを追求した。

24

アルベルト・アインシュタインは、1929年10月25日付けの手紙 (Jammer, 1999, p. 51) に以下のように記した。「スピノザの信奉者である私たちは、この世に存在するすべてのものの素晴らしい秩序と正当性の中や、その秩序と正当性が人間や動物の中に自らの姿を現すときにその魂の中に、神を見出す。人格神の信仰について議論するべきかどうかというのは別の問題だ。……私自身はけっしてそのような仕事に取り組むつもりはない。そうした信仰は、超越的な人生観がまったくないよりは望ましいように思えるし、大多数の人々に、形而上の欲求を満たすためのより崇高な手段を与えることがはたして可能か疑問に思うからだ」

25

2011年のポール・カーツのインタビュー。
www.superscholar.org/interviews/paul-kurtz/

26

Charles Renouvier (1859), p. 390: 「厳密に言えば、確かなものは存在しない。確信している者がいるだけだ」

27

Ursula Goodenough (1999).

28

John Steinbeck (1951), p. 178.

第五章　善きサルの寓話

1

Michel de Montaigne (1877), vol. 1, p. 94.

2

Keith Jensen et al. (2006), p. 1013:「チンパンジーは自分の利益だけに基づいて選択をし、それが仲間にもたらす結果には留意しない」

3

Ernst Fehr and Urs Fischbacher (2003).

4

Joan Silk et al. (2005), p. 1359:「チンパンジーには他者を優先する行為が見られないのだから、そうした行為は[その他の]高度の能力と結びついた、人間由来の特性なのかもしれない」

5

Victoria Horner et al. (2011a).

6

John Skoyles (2011); Victoria Horner et al. (2011b) による返答を参照のこと。

7

仕返しの戦術は Frans de Waal (1992) によって統計的に裏付けられている。

8

David Freedberg and Vittorio Gallese (2007), p. 197.

9

Roy Mukamel et al. (2010) による、人間のミラーニューロンについての初めての神経生理学的実証。

10

B. F. Skinner (1953), p.160.

11

Temple Grandin and Catherine Johnson (2004), p. 11.

12

Ivan Norscia and Elisabetta Palagi (2011).

13

Frans de Waal (2009), p. 61.

4人の宗教批評のベストセラー作家とその信奉者たちで、その4人とは、サム・ハリス、ダニエル・デネット、リチャード・ドーキンス、クリストファー・ヒッチンスだ。

3

Guardian, 3 April 2011 に掲載されたインタビューでの A. C. グレイリングの言葉。

4

1525年にボスと同じ地方で生まれたピーテル・ブリューゲルは、ボスに多大な影響を受けた。もっとも彼は、ボスほど道徳を前面に押し出すことはなく、日々の営みに対する興味のほうが大きかった。おもにアントワープとブリュッセルで暮らし、仕事をした。

5

The O'Reilly Factor, 4 January 2011.
http://www.youtube.com/watch?v=2BCipg71LbI で閲覧可能。

6

Christopher Hitchens (2007) は、無神論者への転身以前は、もともとイングランド国教会信徒で、メソジスト教徒として教育を受け、結婚してギリシア正教徒になり、サイ・ババを信奉し、ラビに結婚式を挙げてもらったことを誇っている。

7

Christopher Hitchens (2007).

8

Sam Harris (2010), p. 74:「とくに手ごろな保守的イスラム教」

9

John Draperの*History of the Conflict between Religion and Science*(1874)[『宗教と科学の闘争史』(平田寛訳、社会思想社、1968)]と、Andrew White の *A History of Warfare of Science with Theology in Christendom*(1896).

10

Olaf Blanke and Shahar Arzy (2005), p. 17.

11

Frans de Waal et al. (1996).

12

ネオ無神論者たちは「宗教がすみやかに絶滅すれば、世の中は良くなると確信している」と述べてから、Daniel Dennett (2006) は次のように付け加えている。「私はその点については依然として懐疑的だ。何が宗教の代わりになれるのか、あるいは何が自然に現れるのかはわからない。だから宗教の改革の見通しについて、ぜひ引き続き探究していこうと思う」

13

Joseph Smith (1938).

14

Bernard Barber (1961), p. 596.

15

Jerry A. Coyne, "Science and religion aren't friends," *USA Today*, 11 October 2010.

16

マイケル・ガザニガのインタビューでの言葉。*Annals of the New York Academy of Sciences*(The Year in Cognitive Neuroscience) 1224 (2011), p. 8 所収。

17

「[ニールス・ボーア他による]この種の議論において私が反感を覚えるのは、基本となっている実証主義的な態度だ。私に言わせれば、これは成り立たない。……『存在』というのは常に私たちが頭の中で作り出すものであり、自由に仮定できるものだ」。Michael Dickson (1999) の学説と観察のもつれに関する論文に引用されたアルベルト・アインシュタインの言葉。

18

Matt Ridley (2001) はロンドン動物園で初めて類人猿が披露されたときの様子を述べている。

19

2011年5月にアメリカで実施されたギャラップ世論調査では、回答者の30パーセントが聖書は神が実際に語った言葉、49パーセントが霊感を受けて書かれた文章、17パーセントが寓話や伝説を収めた書物と答えた。

20

私はレイプについてのこの本を取り上げ、*New York Times Book Review*, 2 April 2000 に書評を書いた。

21

2009年、ピュー・リサーチ・センターが、「進化論は地球における人類の起源を説明するのに最も適している」という考えに賛同するかどうかアメリカ人に質問し

うと、彼はこう答えた。「いや、マダム、私が敵を味方にしたら、滅ぼしたことになりませんか?」(Ury, 1993, p.146).

2
Jean-Baptiste Lamarck (1809), p. 170.

3
ジョルジュ・キュヴィエの「ラマルクへの挽歌」は、1832年11月26日、パリのフランス科学アカデミーで読み上げられた。

4
The Colbert Report, 30 January 2008.

5
Frans de Waal (1997a), p. 84.

6
Richard Wrangham and Dale Peterson (1996), p. 204.

7
Frans de Waal (1989), p. 215.

8
Frans de Waal (1997a), p. 81.

9
http://www.ted.com/talks/ の Isabel Behncke Izquierdo を閲覧のこと。

10
Robert Ardrey (1961) は、「われわれは堕天使から生まれたのではなく、進歩した類人猿から生まれたのであり、しかも、この類人猿は武装した殺し屋だった」と書いている。

11
ゴットフリート・ホーマンの言葉。Parker (2007) での引用。

12
Suzan Block, "Bonobo Bashing in the New Yorker,"*Counterpunch*, 25 July 2007. http://www.counterpunch.org/2007/07/25/bonobo-bashing-in-the-new-yorker/ で閲覧可能。

13
古市剛史の言葉。Parker (2007) での引用。

14
Glenn Shepard (2011).

15
Laurinda Dixon (1981).

16
「ヒエロニムス」は「ジェローム」のラテン語形〔聖ヒエロニムスは英語では「Saint Jerome(聖ジェローム」〕。オランダでは一般にこの画家(ボス)の名前をイェルーンと呼ぶ。一方彼自身は「Jheronimus Bosch(イェロニムス・ボス)」と作品に署名していた。

17
Desiderius Erasmus (1519), p. 66.

18
Takeshi Furuichi (2011), p. 136.

19
Gottfried Hohmann and Barbara Fruth (2011), p. 72.

20
Robert Yerkes (1925), p. 246 には、「もし私が、パンジー[病気のチンパンジー]に対する彼[ボノボ]の利他的で明らかに同情的な行動について語れば、類人猿を理想化しているのではないかと疑われるだろう」とある。

21
紡錘細胞は「フォン・エコノモ・ニューロン」あるいは「VEN細胞」とも呼ばれている。John Allman et al. (2002) を参照のこと。

22
James Rilling et al. (2011), p. 369.

23
Kay Prüfer et al. (2012).「双極性類人猿」についてさらに詳しくは de Waal (2005) を参照のこと。

24
Harold Coolidge (1933), p. 56.

第四章　神は死んだのか、それとも昏睡状態にあるだけなのか?

1
ジョナサン・スウィフト(1667-1745)の言葉。Maturin Murray Ballou (1872), p. 433 での引用。

2
「新無神論者」(私は彼らを「ネオ無神論者」と呼ぶことにしている)というレッテルがおもに当てはまるのは、

ていたハクスリーは、自然淘汰という概念を退け、本物のダーウィン説の考え方は、まったく体現していなかった。……ハクスリーがどれほど混乱していたかを考えると、今日でもなお彼の［倫理についての］論文が、権威あるものであるかのようにしばしば引き合いに出されるのは遺憾である」と書かれている。

10

ジョセフ・フッカーの言葉と、ウィルバーフォース対ハクスリーの討論についてのその他の詳細は、Ronald Numbers (2009), p. 155 を参照のこと。

11

チャールズ・ダーウィンに宛てた1859年11月23日付けのT. H. ハクスリーの手紙より。Leonald Huxley (1901), p. 189 所収。

12

フレデリック・ダイスターに宛てた1854年10月10日付けのT. H. ハクスリーの手紙より。Leonard Huxley (1901), p. 122 所収。

13

Leonard Huxley (1916), p. 322 より。

14

T. H. Huxley (1894), p. 81 より。

15

Adrian Desmond (1994), p. 599.

16

Michael Ghiselin (1974), p. 247.

17

Robert Wright (1994), p. 344.

18

George Williams (1988), p. 180 は自分の評価を擁護して、「道徳的無関心という言葉は物理的な世界の特徴としてうまく当てはまるかもしれないことは認める。だが、生物の世界にはもっと強い言葉が必要だ」としている。

19

Frans Roes (1997), p. 3 によるインタビューに、リチャード・ドーキンスの言葉が引用されている。「T. H. ハクスリーをはじめ、他の大勢の人とともに私はこう言っているのだ。政治生活と社会生活において私たちにはダーウィン説を捨て去る資格がある、ダーウィン説の世界には暮らしたくないという資格がある、と」

20

Francis Collins (2006), p. 218.

21

2008年4月11日、ケーブルテレビHBOのトーク番組*Real Time with Bill Maher*でのリチャード・ドーキンスの発言。

22

T. H. ハクスリーに宛てた1882年3月27日付けのチャールズ・ダーウィンの手紙より。Desmond (1994), p. 519 所収。

23

Charles Darwin (1871), p. 98.

24

Robert Boyd and Peter Richerson (2005) はこれを「大間違い仮説」と呼んでいる。

25

Jessica Flack et al. (2005). De Waal (1992) には公平な仲裁についてのデータが示されている。

26

Roger Fouts and Stephen Mills (1997).

27

Jill Pruetz (2011).

28

Christophe Boesch et al. (2010).

29

Friedrich Nietzsche (1887), p. 51.

30

Marcus Aurelius (2002). 「助けてもらうことに倦《う》む人などいない。そして、他者を助けるといった、自然にかなった行為は、それ自体がその報いである。だとすれば、そうすることで自分自身を助けることになるとき、どうして他者を助けるのに倦むことなどありえようか」

31

Lara Aknin et al. (2012).

第三章　系統樹におけるボノボ

1

エイブラハム・リンカーンが、南部の反乱軍について同情的に語ったあとの言葉の有名な言い換え。ある女性が、敵は味方にするより滅ぼしたほうがいいと言

原注

第一章　快楽の園に生きる

1

Friedrich Nietzsche (1889), p. 5.

2

スヘルトーヘンボスという名でも知られているこの町はオランダ南部にあり、12世紀にはこの地方の首都だった。ボスが生きていたころ(1450年ごろ~1516年)には、ユトレヒトに次ぐ、オランダ第二の都市だった。

3

アル・シャープトンとクリストファー・ヒッチンスは2007年、ニューヨーク公共図書館で宗教について討論した。www.fora.tv を参照のこと。

4

この小論は2010年10月17日に、"The Stone" に掲載された。
http://opinionator.blogs.nytimes.com/2010/10/17/morals-without-god/ で閲覧可能。

5

Marc Kaufman, "Dalai Lama gives talk on science," *Washington Post*, 13 November 2005.

6

Melvin Konner (2002), p. 199 は、ボノボではなくチンパンジーに注意を向けることを提唱し、「それに、いずれにせよ、ボノボよりチンパンジーのほうがずっとうまくやってきた。ボノボは絶滅の瀬戸際に立たされているのだから」としている。

7

「ホミニン(ヒト族)」とは、ヒトと、二足歩行をしていたその祖先を指す新しい呼び名で、かつては「ホミニド」という言葉が使われていた。

8

Jürgen Habermas (2001). ドイツ出版協会平和賞の受賞スピーチでの発言。ドイツ語の原文では「Schuld」という単語が使われており、それには、「非難に値する」と「有罪である」という両方の意味がある。"Als sich Sünde in Schuld verwandelte, ging etwas verloren." www.csudh.edu/dearhabermas/habermas11.htm での英訳より。

9

John Gray (2011), p. 235.

10

Allain de Botton (2012), p. 11.

11

Karl Pearson (1914), p. 91.

12

Sam Harris (2010) は自著に「科学はどのように人間の価値観を定めうるか」というサブタイトルをつけている。

13

PLoS Medicine Editors (2011).

第二章　思いやりについて

1

Charles Darwin (1871), p. 72.

2

Catherine Crockford et al. (2012).

3

J. B. S. ホールデーンの言葉。Oren Harman (2009), p. 158.

4

ジョン・メイナード・スミスのものとされる言葉。Harman (2009), p. 167.

5

ロナルド・フィッシャーとジョン・フォン・ノイマンについては Harman (2009), p. 110 を参照のこと。

6

Frans de Waal (1996), p. 25.

7

近代的特殊創造説の父であるヘンリー・モリスに宛てた1971年のジョージ・プライスの手紙より。Harman (2009), p. 248 での引用。

8

Guardian, 7 October 2011 に掲載された、キャロル・ジャーミーとのインタビューでのロバート・トリヴァースの言葉。

9

Ernst Mayr (1997), p. 250 には、「目的因を信じ

著者

フランス・ドゥ・ヴァール Frans de Waal

1948年オランダ生まれ。エモリー大学心理学部教授、ヤーキーズ国立霊長類研究センターのリヴィング・リンクス・センター所長。霊長類の社会的知能研究における第一人者であり、その著書は15か国語以上に翻訳されている。2007年には「タイム」誌の「世界で最も影響力のある100人」の一人に選ばれた。米国科学アカデミー会員。邦訳された著書に、『共感の時代へ』（紀伊國屋書店）、『チンパンジーの政治学』（産經新聞出版）、『あなたのなかのサル』（早川書房）、『サルとすし職人』（原書房）、『利己的なサル、他人を思いやるサル』（草思社）ほかがある。

訳者

柴田裕之（しばた・やすし）

1959年生まれ。翻訳家。訳書に、ブラットナー『極大と極小への冒険』（監訳）、ベジャン&ゼイン『流れとかたち』、ハンフリー『ソウルダスト』、ドゥ・ヴァール『共感の時代へ』（以上、紀伊國屋書店）、チャンギージー『ひとの目、驚異の進化』（インターシフト）、ペントランド『正直シグナル』（みすず書房）、リドレー『繁栄』（共訳、早川書房）、ファーガソン『ピュタゴラスの音楽』（白水社）ほか多数。

道徳性の起源 ボノボが教えてくれること

2014年12月11日　第1刷発行
2018年12月25日　第5刷発行

発行所…………株式会社 紀伊國屋書店
東京都新宿区新宿3-17-7
出版部(編集) 03(6910)0508
ホールセール部(営業) 03(6910)0519
〒153-8504　東京都目黒区下目黒3-7-10

装幀……………芦澤泰偉＋五十嵐 徹
印刷・製本………中央精版印刷

ISBN978-4-314-01125-9 C0045　Printed in Japan

定価は外装に表示してあります

紀伊國屋書店

共感の時代へ
動物行動学が教えてくれること

F・ドゥ・ヴァール
柴田裕之訳、西田利貞解説

動物行動学の世界的第一人者が、動物たちにも見られる「共感」を基礎とした信頼と「生きる価値」を重視する新しい時代を提唱する。

四六判／368頁・本体価格2200円

動物の賢さがわかるほど人間は賢いのか

F・ドゥ・ヴァール
松沢哲郎 監訳、柴田裕之訳

ラットが自分の決断を悔やむ、カラスが道具を作る――ドゥ・ヴァールが提唱する《進化認知学》とは？ 動物たちの驚きの認知能力に迫る。

四六判／416頁・本体価格2200円

利己的な遺伝子
40周年記念版

R・ドーキンス
日高敏隆、他訳

すべての生物は遺伝子を運ぶための生存機械だ――世界の見方を一変させた革命の書。新たなあとがきを付した世界的ベストセラーの最新版。

四六判／584頁・本体価格2700円

やわらかな遺伝子

マット・リドレー
中村桂子、斉藤隆央 訳

遺伝子は神でも運命でも設計図でもなく、環境にしなやかに対応して働く装置だった。ゲノム解読で見えてきた新しい人間・遺伝子観の誕生。

四六判／412頁・本体価格2400円

魚は痛みを感じるか？

V・ブレイスウェイト
高橋 洋 訳

魚の〈意識〉という厄介な問題に踏み込み、英国で話題を呼んだこの研究は、「魚の福祉」という難問を読者に提示する。

四六判／262頁・本体価格2000円

社会はなぜ左と右にわかれるのか
対立を超えるための道徳心理学

ジョナサン・ハイト
高橋 洋 訳

政治的分断状況の根にある人間の道徳心を、自身の構築した新たな道徳心理学で多角的に検証し、わかりやすく解説した全米ベストセラー。

四六判／616頁・本体価格2800円